黑龙江建筑职业技术学院
国家示范性高职院校建设项目成果

普通高等教育土建学科专业“十二五”规划教材
国家示范性高职院校工学结合系列教材

建设工程招标投标与合同管理实务

（建筑工程技术专业）

王春宁　主编
任军　谷学良　主审

中国建筑工业出版社

图书在版编目（CIP）数据

建设工程招标投标与合同管理实务/王春宁主编．—北京：中国建筑工业出版社，2009

普通高等教育土建学科专业“十二五”规划教材．国家示范性高职院校工学结合系列教材（建筑工程技术专业）

ISBN 978-7-112-11513-6

Ⅰ.建… Ⅱ.王… Ⅲ.①建筑工程-招标-高等学校：技术学校-教材 ②建筑工程-投标-高等学校：技术学校-教材 ③建筑工程-合同-管理-高等学校：技术学校-教材 Ⅳ.TU723

中国版本图书馆CIP数据核字（2009）第192820号

本书依据《中华人民共和国招标投标法》和《中华人民共和国合同法》以及国家有关部门颁布的招投标、合同管理方面的法律法规等规定，全面系统地阐述了工程建设领域的招标投标与合同管理的理论和法律知识及操作方法，重点放在建设工程招标投标与合同实际操作的应用方面。全书共分三个单元和附录：建设工程项目招标组织、建设工程施工投标组织、建设工程施工合同及国家相关的法律法规。

本书是国家示范性高职院校工学结合系列教材之一。可作为建筑工程技术、建筑工程监理、建筑工程管理、建筑工程造价、房地产经营与估价、物业管理等相关专业的教学用书，也可供从事建设工程招标投标与合同管理人员和有关岗位培训人员学习参考。

* * *

责任编辑：朱首明　李　明
责任设计：赵明霞
责任校对：袁艳玲　陈晶晶

普通高等教育土建学科专业“十二五”规划教材
国家示范性高职院校工学结合系列教材
建设工程招标投标与合同管理实务
（建筑工程技术专业）
王春宁　主编
任　军　谷学良　主审

*

中国建筑工业出版社出版、发行（北京西郊百万庄）
各地新华书店、建筑书店经销
北京密云红光制版公司制版
北京建筑工业印刷厂印刷

*

开本：787×1092毫米　1/16　印张：16　字数：398千字
2009年11月第一版　2017年6月第六次印刷
定价：**35.00**元
ISBN 978-7-112-11513-6
(18758)

前　　言

本书依据《中华人民共和国招标投标法》和《中华人民共和国合同法》以及国家有关部门颁布的标招投标、合同管理方面的法律法规等规定，遵循理论与实践相结合的原则，全面系统地阐述了工程建设领域的招标投标与合同管理的理论和法律知识及操作方法，重点放在建设工程招标投标与合同实际操作的应用方面。本书的最大特点是将我国2007年版本的标准施工招标资格预审文件、招标文件和黑龙江省建设工程合同示范文本的应用及操作要点，进行了较详细的叙述；另外，还对《最高人民法院关于审理建设工程施工合同纠纷案件适用法律问题的解释》的有关规定和应用要点进行了讲解。本书力图为师生和广大从事招投标与合同管理人员提供系统的理论知识和适用的操作方法，广大师生以及从事工程招投标与合同管理人员通过本书，能够了解、掌握建设工程招投标与合同管理的一般规律和技巧。

建设工程招投标与合同管理工作涉及的知识面很宽，跨越技术、经济、法律及管理等专业领域，是一项综合性很强的技术经济管理工作。本书主要分为建设工程项目招标组织、建设工程施工投标组织和建设工程施工合同三大部分。本书力求按工作过程进行编写，将工程招投标与合同实施中遇到的实际问题和处理方法融入到教学中，以加强教材的通用性、实用性和可操作性。

本书是国家示范性高等职业院校项目建设单位——黑龙江建筑职业技术学院建筑工程技术重点专业的教研成果，主要适用于建筑工程技术、建筑工程监理、建筑工程管理、建筑工程造价、房地产经营与估价、物业管理等相关专业的教学用书，也可供从事建设工程招投标与合同管理人员和有关岗位培训人员学习参考。

本书单元一中的任务一、单元二中的任务一部分内容和任务二、单元三中的任务二和任务三由王春宁编写，单元一中的任务二、单元三中的任务一由郭宏伟编写，单元一中的任务三、任务四、单元二中的任务一部分内容由徐晓娜编写。全书由王春宁主编和统稿。

本书由任军（黑龙江海富集团公司高级工程师）和谷学良（黑龙江建筑职业技术学院教授）主审。

本书在编写过程中，参考了大量国家颁发的有关法律法规文件和书籍等资料，在此向作者及主编单位表示衷心感谢。

由于时间紧迫，编者水平有限，书中难免有疏漏和不当之处，恳请广大读者批评指正。

目　录

单元一　建设工程项目招标组织

任务一　建设工程项目招标

【引导问题】

1. 建设工程项目如何分类？
2. 建设项目遵循哪些建设程序？
3. 建设工程项目发承包管理模式主要有哪几种？
4. 工程招投标的原则和招标范围有何规定？
5. 工程招标形式和招标方式是什么？

【工作任务】

了解建设工程项目的分类、程序，发承包管理模式和招标的作用、原则；掌握国家有关建设工程招投标范围的规定和工程招标形式及招标方式。

【学习参考资料】

1. 建设工程项目管理规范　GB/T 50326—2001；
2. 工程项目建设指南　张毅主编；
3. 《中华人民共和国招标投标法》的第一章、第二章；
4. 国家颁发的各种招标投标的法律法规文件。

一、建设工程项目概述

（一）建设工程项目的特征和分类

1. 建设工程项目的特征

建设工程是发展国民经济的物质技术基础，是实现社会主义扩大再生产的重要手段。因此，建设工程在国家的社会主义现代化建设中占据重要地位。

项目是指按限定时间、限定资源和限定质量标准等约束条件完成的具有明确目标的一次性任务。

建设工程项目是指在建设领域中投资建造固定资产和形成物质基础的经济活动，凡是完成固定资产扩大再生产的新建、扩建、改建等各类工程项目及与之有关受控活动组成的特定过程，包括策划、勘察、设计、采购、施工、试运行、竣工验收和考核评价等活动均称为建设工程项目。

建设工程项目具有如下基本特征。

（1）建设目标的明确性

建设工程项目以形成固定资产为特定目标。对于这一目标的实现，政府主要是审核建设项目的宏观经济效益和社会效益；发包方主要是在降低工程成本、保证工程质量的前提下，达到预期的使用效果；而承包方则更看重盈利能力等微观的财务目标。

(2) 建设工程项目的综合性（整体性）

建设工程项目是在一个总体设计或初步设计范围内，由一个或若干个互相有内在联系的单项工程所组成；另外建设工程项目的建设环节较多，因而在工程建设过程中涉及的内部专业多，外界单位广，综合性强，协调配合关系复杂。所以，建设工程项目的建设必须进行综合分析、统筹管理。

(3) 建设过程的程序性

建设工程项目的实施必须遵循科学合理的建设程序和经过特定的建设过程。通常建设工程项目的全过程要经过项目建议书、可行性研究、勘察设计、建设准备、工程施工和竣工验收交付使用等六个阶段。

(4) 建设工程项目的约束性

建设工程项目实施过程的主要约束条件有：

1) 时间约束。工程建设必须在合理的建设工期时限内完成。

2) 资源约束。工程建设应控制在一定的人力、物力和投资总额等条件范围内。

3) 质量约束。工程建设通过科学合理的管理，必须达到预期的生产能力、产品质量、技术水平和使用效益目标。

(5) 建设工程项目的一次性

建设工程项目是一项特定的建设任务，它具有区域性、固定性、单件性和大体量等特点。因此，必须根据每一建设项目的不同特点，进行单独设计和独立组织施工生产活动。

(6) 建设工程项目的风险性

由于建设工程项目具有体型庞大、建设周期长，受自然条件、区域条件和经济条件等因素影响较大，故建设工程项目的投资额巨大。特别是建设期间的人力、物力的市场需求，价格的变动及资金利率的变化，对工程项目的建设会带来很大的风险。

2. 建设工程项目的分类

建设工程项目的种类繁多，其分类方式多种多样。根据管理的需要，建设工程项目可大致分为以下几类：

(1) 按建设工程项目的性质分类

1) 新建项目。是指开始建设的项目，或对原有建设项目重新进行总体设计，经扩大建设规模后，其新增加的固定资产价值超过原有固定资产价值三倍以上的建设项目。

2) 扩建项目。是指原有建设项目，为了扩大原有主要产品的生产能力或效益，或增加新产品生产能力，在原有固定资产的基础上兴建一些主要车间或其他固定资产。

3) 改建项目。是指为了提高生产效率，对原有设备、工艺流程进行技术改造的项目。

4）迁建项目。是指原有企业、事业单位，由于某些原因报经上级批准进行搬迁建设，不论规模是维持原状还是扩大建设，均属于迁建项目。

5）恢复项目。是指企业、事业单位因受自然灾害、战争等特殊原因，使原有固定资产已全部或部分报废，须按原有规模重新建设，或在恢复中同时进行扩建的项目，均称作恢复项目。

(2) 按建设工程项目的建设阶段分类

1）筹建项目。是指正在准备建设的项目。

2）施工项目。是指正在施工中的项目。

3）收尾项目。是指工程主要项目已完工，只有一些附属的零星工程正在施工的项目。

4）竣工项目。是指工程已全部竣工验收完毕，并已交付建设单位的项目。

5）投产或使用项目。是指工程已投入生产或使用的项目。

(3) 按建设工程项目的用途分类

1）生产性建设工程项目。如工业矿山、地质资源、农田水利、运输、邮电等项目。

2）非生产性建设项目。即消费性建设项目，如住宅、文教卫生、电视、疗养、排水管道、燃气等。

(4) 按建设工程项目的规模分类

1）大型建设工程项目。是指建设工程项目在规定年产量数值以上的项目。

2）中型建设工程项目。是指建设工程项目在规定年产量数值之间的项目。

3）小型建设工程项目。是指建设工程项目在规定年产量数值以下的项目。

划分大、中、小型项目，并不是固定不变的，而是随着技术能力的提高和投资的提高而改变。

(5) 按建设工程项目和隶属关系分类

1）部属项目。是属于国家各部直属管理的投资建设项目。

2）地方项目。属于各省（市）管辖的投资建设项目。

3）联合项目。是中央与地方、省（市）与各地区自筹资金共同投资的建设项目等。

(6) 按建设工程项目资金来源和渠道分类

1）国有（政府）投资项目。是指国家财政预算中直接投资的建设项目。

2）自筹投资项目。是指除国家财政预算外的投资项目，它可以是地方自筹和单位自筹建设项目。

3）银行贷款筹资项目。指建设项目的主要资金来源是银行借贷。

4）外商投资项目。指建设项目的资金来源是靠外商投资。

5）债券投资项目。指建设项目是靠金融债券筹集的资金建设的项目。

(7) 按所属行业分类

按所属行业不同，可分为工业项目，交通项目、电力项目、水利项目、农业项目、林业项目、能源项目、商业和服务项目、生态和环境保护项目、科技项目、文教项目、卫生医疗项目等。

(8) 按建设工程项目的构成层次分类

一个建设工程项目是一个完整配套的综合性产品，可划分为诸多个项目。

1）建设工程项目。一般是指具有设计任务书，按一个总体设计进行施工，经济上实行独立核算，行政上有独立组织建设的管理单位，并且是由一个或一个以上的单项工程组成的新增固定资产投资项目，如一座工厂、一座矿山、一条铁路、一所医院、一所学校等。

2）单项工程。是指能够独立设计、独立施工，建成后能够独立发挥生产能力或使用效益的工程项目，如生产车间、办公楼、影剧院、教学楼、食堂、宿舍楼等。它是建设工程项目的组成部分。

3）单位工程。单位工程是可以独立设计，也可以独立施工，但不能独立形成生产能力或发挥使用效益的工程。它是单项工程的组成部分，如一个车间由土建工程和设备安装工程组成。

4）分部工程。分部工程是单位工程的组成部分，它是按照建筑物或构筑物的结构部位或主要的工种工程划分的工程分项，如基础工程、主体工程、钢筋混凝土工程、楼地面工程、屋面工程等。

5）分项工程。是分部工程的细分，是建设项目最基本的组成单元，也是最简单的施工过程。一般是按照选用的施工方法，所使用的材料、结构构件规格等不同因素划分的施工分项。例如，在砖石工程中可划分为砖基础、内墙、外墙等分项工程。

总之，划分建设工程项目一般是分析它包含几个单项工程（也可能一个建设项目只有一个单项工程），然后按单项工程、单位工程、分部工程、分项工程的顺序逐步细分，即由大项到细项的划分。如在一所学校的建设项目中，一栋教学楼、一栋办公楼为单项工程，单项工程又可分解为土建工程、给水排水工程等单位工程，单位工程又可以分解为砌筑工程、楼地面工程等分部工程，分部工程中砌筑工程还可分解为某种砖墙等分项工程，如图 1-1-1 所示。

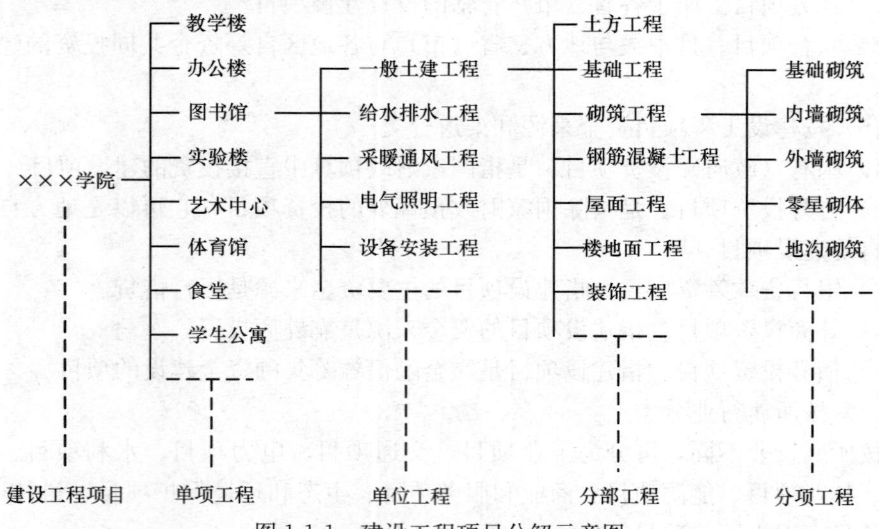

图 1-1-1　建设工程项目分解示意图

（二）建设工程项目程序

任何一项事物的发展过程，就其内部变化情况，可分为若干阶段。这些阶段是紧密相连而又有先后顺序，从而构成这项事物的发展程序。建设工程项目程序是在建设工程项目的工作中必须遵循的先后次序。不同的阶段有不同的内容，既不能互相代替，也不能互相颠倒或跨越。只有循序渐进，才能达到预期的成果。总之，建设工程项目是一项综合性很强的工作，必须按其固有的规律和程序进行建设。

1. 国内建设工程项目程序

国内建设工程项目程序可分为以下几个相互联系的过程。

（1）项目建议书阶段

项目建议书是项目建设程序中的最初阶段工作，是由建设单位向国家提出要求建设某一建设工程项目的建设文件，是对建设工程项目的轮廓设想；它是从拟建项目的必要性及大方面的可能性加以考虑的。在宏观上，建设工程项目要符合国民经济长远规划，符合部门、行业和地区规划的要求，初步分析拟建项目的可行性。项目建议书的内容如下：

1）建设工程项目提出的必要性和依据，若是引进技术和进口设备的项目，要说明国内外技术差距和概况以及进口设备的理由。

2）产品方案，拟建规模和建设地点的初步设想。

3）资源情况、建设条件、协作关系。需要引进技术和进口设备的，要作出引进国别、厂商的初步分析和比较。

4）投资估算和资金筹措设想。利用外资项目要说明利用外资的理由、可能性，以及作出偿还能力的大体测算。

5）项目进度安排。

6）经济效益和社会效益的初步估计。

项目建议书编制完成后应当报批。大中型或限额以上项目的项目建议书，首先要报送行业归口主管部门，抄送国家发改委。行业归口主管部门根据国家中长期规划的要求，着重从资金来源、建设布局、资源合理利用、经济合理性、技术政策等方面进行审批，初审通过后报国家发改委。国家发改委再从建设总规模、生产力总布局、资源优化配置、资金供应的可能、外部条件等方面进行综合平衡，委托有资格的工程咨询单位评估，然后审批。

（2）可行性研究阶段

项目建议书经批准后，即可进行项目建设可行性研究的论证工作。它是根据国民经济长期发展规划、地区和行业经济发展规划的基本要求与市场需要，对拟建项目在工艺和技术上是否先进可靠和适用，在经济上是否合理有效，对社会是否有利，在环境上是否允许，在建造能力上是否具备等各方面进行系统的分析论证，提出研究结果，进行方案优选，从而提出拟建项目是否值得投资建设和怎样建设的意见，为项目投资决策提供可靠的依据。可行性研究内容如下：

1）项目提出的背景，投资的必要性和经济效益，研究工作的依据和范围。

2）需求预测和拟建规模。包括国内、外需求情况的预测；国内现有项目及在建项目生产能力的估计；销售预测、价格分析、产品竞争能力、进入国际市场的前景；拟建项目的规模、产品方案和发展方向的技术经济比较与分析。

3）资源、原材料、燃料及公用设施分析，包括原料、辅助材料、燃料的种类、数量、来源和供应可能；所需公用设施的数量、供应方式与供应条件等的分析。

4）建厂条件和厂址方案。建厂的地理位置，气象、水文、地质、地形条件和社会经济现状；交通、运输及水、电、气的现状和发展趋势；以及厂址比较与选择的意见。

5）设计方案。包括项目的构成范围、技术来源和生产方法，主要技术工艺和设备选型方案的比较，引进技术、设备的来源国别；全厂布置方案的初步选择和土建工程量情况；公用辅助设施和厂内外交通运输方式的比较和初步选择。

6）环境保护。调查环境现状，预测项目对环境的影响，提出环境保护和“三废”治理初步方案，防震要求等。

7）项目生产管理的组织设置、劳动定员和人员培训计划。

8）项目建设实施进度的建议。

9）投资估算和资金筹措。含建设投资和生产流动资金的估算；资金来源，筹措方式、贷款的偿付方式。自筹投资应附财政部门的审查意见。

10）项目经济评价。包括财务和国民经济及综合评价。

可行性研究论证后，即可做出可行性研究报告并上报，作为投资决策机构评判拟建项目是否可行的依据。可行性研究报告应对拟建项目的一些主要问题，包括建成投产后市场需求情况、建设条件、生产条件和工艺技术条件、投资效果，以及对有关部门和地区发展的影响等等，充分进行技术经济论证和方案比较，提出这个项目是否可行的结论和建设。经批准后，方可作为编制计划任务书的依据。

（3）计划任务书阶段

计划任务书（又称设计任务书），是确定建设工程项目，编制设计文件的主要依据。所有的新建、扩建、重建和改建等项目，都要根据国民经济长远规划、地区规划、行业规划和建设布局，按照项目隶属关系，由主管部门组织计划、设计等单位提前编制设计任务书。

设计任务书的内容，以大中型工业项目的设计任务为例：

1）建设的目的和根据；

2）建设的规模，产品方案或纲领，生产方式或工艺原则；

3）原材料、燃料、动力、供水、运输、矿产资源、水文、地质等协作配合条件；

4）资源综合利用和“三废”治理的要求；

5）投资额和劳动定员控制数；

6）建设进度和工期；

7）防空、防震要求；

8）初步选定建设地区和地点；

9）估算拆迁及占地面积；

10）要求达到的经济效益和技术水平。

改建、扩建的大中型项目设计任务书中应包括原有固定资产的利用程度和现有生产潜力发挥情况。

（4）设计阶段

设计文件的编制是以批准的可行性研究报告和计划任务书为依据，将建设工程项目的要求逐步具体化，成为可用于指导建设与施工的工程图纸和说明书。对一般不太复杂的中小型建设工程项目多采用两个阶段的设计，即初步设计和施工图设计；对重要的、复杂的、大型的建设工程项目经主管部门指定，可以采用三个阶段的设计，即初步设计、技术设计（扩大初步设计）和施工图设计。

1）初步设计。设计任务书一经批准，建设工程项目初步拟定后，就要进行初步设计，对计划项目的一切基本问题作出决定，并说明拟建项目在技术上的可行性和经济上的合理性。同时编制建设工程项目总概算。初步设计的主要内容包括：

①设计指导思想。

②建设地点的选择。

③建设规模，产品方案或纲领。

④总体布置和工艺流程。

⑤设备选型。主要设备的规格、型号和主要材料用量。

⑥主要技术经济指标，劳动定员。

⑦主要建筑物、构筑物，公用设施，综合利用与“三废”治理，生活区建设。

⑧占地面积和征地数量。

⑨建设工期。

⑩分析生产成本和利润、预计投资收回期限。

⑪编制总概算文字说明和图纸。

初步设计是继设计任务书后进入实质性的规划设计；建设主管部门根据这些资料来评价决定这个项目是否可建，并提出修改补充意见。

2）技术设计。技术设计是根据批准的初步设计和更详细的调查研究资料编制的，进一步解决初步设计中的重大技术问题，如工艺流程、建筑结构、设备选型及数量确定等，以使建设工程项目的设计更具体、更完善，技术经济指标更好。技术设计应满足下列要求：

①各项工艺方案逐项落实，主要关键生产工艺设备可以根据提供的规格、型号、数量进行订货。

②为建筑安装和有关的土建、公用设施建设提供必要的技术数据。提供建设项目的全部投资和总定员，从而可以编制施工组织总设计。

③编制修正总概算，并提出符合建设总进度的分年度所需资金的数额，作为投资包干的依据。修正总概算金额应控制在初步设计概算金额之内。

④列举配套工程项目、内容、规模和要求配合建成的期限。

⑤为使建设工程项目能顺利建设投产，做好各项组织准备而提供必要的数据。

3）施工图设计。施工图设计是在初步设计或技术设计的基础上将设计的工程加以形象化和具体化，完整地表现建筑物外形、内部空间分割、结构体系、构成状况以及建筑群的组成和周围环境的配合，具有详细的构造尺寸。它还包括各种运输、通信、管道系统、建筑设备的设计。在工艺方面，应具体确定各种设备的型号、规格及各种非标准设备的制造加工图。正确、完整和尽可能详尽绘制建筑、结构、安装图纸。设计图纸一般包括：施工总平面图，建筑平、立、剖面图，结构构件布置图，安装施工详图，非标准的设备加工详图及设备明细表。施工图设计应全面贯彻初步设计的各项重大决策，是现场施工的依据。

设计方案还应在多种设计方案进行比较的基础上加以选择，且应可行；结构设计必须安全可靠；设计要求的施工条件应符合实际，设计文件的深度应符合建设和生产的要求。

设计文件完成后，应报请有关部门审批，批准后，不得随意变动；如有变动，必须经有关部门批准方可。

（5）建设准备阶段

建设工程项目设计任务书批准之后，便进入建设准备阶段。建设准备包括建设单位准备、施工单位准备。

1）建设单位准备。建设单位准备的主要工作内容包括：

①征地、拆迁和场地平整；

②完成施工用水、电、路等工程；

③组织设备、材料订货；

④准备必要的施工图纸；

⑤组织施工招标投标，择优选择施工单位。

2）施工单位准备。施工单位准备的主要工作内容包括：

①组织管理机构，制定管理制度和有关规定；

②招收并培训生产人员，组织生产人员参加设备的安装、调试和工程验收；

③签订原料、材料、协作产品、燃料、水电等供应及运输的协议；

④进行工具、器具、备品、备件等的制造或订货；

⑤其他必须的生产准备。

（6）建设实施阶段

在完成建设准备工作后，具备开工条件，正式开工建设工程。施工单位按施工顺序合理地组织施工。施工中，应严格按照设计要求和施工规范进行施工，确保工程质量，努力推广应用新技术，按科学的施工组织与管理方法组织施工，文明施工，努力降低造价，缩短工期，提高工程质量和经济效益。

（7）竣工验收阶段

建设工程项目的竣工验收是投资成果转入生产或使用的标志。符合竣工验收条件的施工项目应及时办理竣工验收，竣工投产或交付使用，以促进建设项目及时投产、发挥效益、总结建设经验、提高建设水平。

按批准的设计文件和合同规定的内容建设成的工程项目，其中生产性项目经负荷试运转和试生产合格，并能够生产合格产品；非生产性项目符合设计要求，能够正常使用的，都要及时组织验收，办理移交固定资产手续。

竣工验收前，应及时整理各项交工验收资料。建设单位编制工程决算，组织设计、施工等单位进行初验。在此基础上，向主管部门提出竣工验收报告，并由建设单位组织验收，验收合格后，交付使用。

（8）后评价阶段

后评价阶段是指建设工程项目竣工验收若干年后，国家规定对工程项目（特别是重大项目）要进行后评价工作，并正式列为建设工程项目程序之一。后评价的目的是为了总结项目建设的成功和失败的经验教训，供以后项目建设借鉴。

2. 国外建设工程项目的基本程序

国外工程建设按照时间顺序，可依次划分为四大阶段，即项目决策阶段；项目组织、计划、设计阶段；项目实施阶段；项目试生产、竣工验收阶段。

（1）项目决策阶段

本阶段的主要目标是通过投资机会的选择、可行性研究、项目评估和报请主管部门审批，对项目投资的必要性、可能性，以及为什么要投资、何时投资、如何实施等重大问题，进行科学论证和多方案比较。本阶段是为投资前期准备而进行的机会研究、初步可行性研究和可行性研究。本阶段工作量不大，但是投资决策却是投资者最重视的，因为它对项目的长远经济效益和战略方向起决定作用。

（2）项目组织、计划与设计阶段

本阶段的主要工作包括：

1）项目初步设计和施工图设计；

2）项目招标及承包商的选定；

3）签订项目承包合同；

4）项目实施总体计划的制定；

5）项目征地及建设条件的准备。

本阶段是战略决策的具体化，它在很大程度上决定了项目实施的成败及能否高效率地达到预期目标。

（3）项目实施阶段

本阶段的主要任务是将“蓝图”变成项目实体，实现投资决策意图。在这一阶段，通过施工，在规定的工期、质量、造价范围内，按设计要求高效率地实现项目目标。本阶段在项目周期中工作量最大，投入的人力、物力和财力最多，项目管理的难度也最大，因此它是项目管理的重要阶段。

（4）项目试生产、竣工验收阶段

本阶段应完成项目的竣工验收、试生产。项目试生产正常并经业主认可后，项目即告结束。

（三）建设工程项目发承包方式

建设工程项目发承包方式是指发包人与承包人双方之间的经济关系形式。其发承包方式主要有以下几种类型。

1. 平行发承包方式

平行发承包方式是指发包方将建设工程的设计、施工及材料设备采购的任务经过分解分别包给若干个地质勘察单位、设计单位、施工单位和材料设备供应单位，并分别与各承包方签订合同。各承包单位之间的关系是平行的，如图 1-1-2 所示。

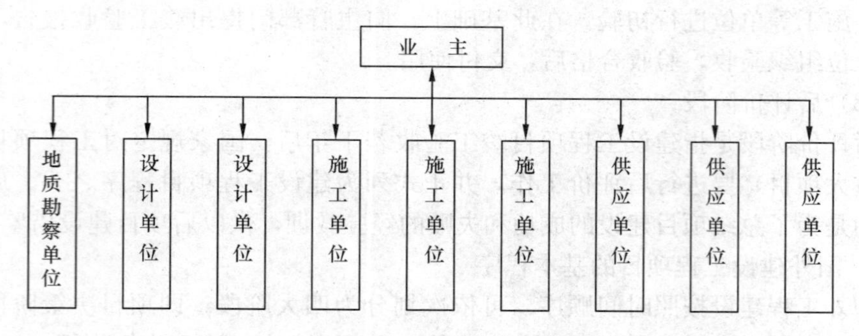

图 1-1-2　建设工程平行发承包方式

2. 按发承包范围（内容）划分发承包方式

（1）建设全过程发承包（又称统包、一揽子承包、交钥匙承包）

建设全过程发承包是指发包人将建设工程项目从筹建到竣工验收交付使用后的建设全过程全部发包给工程承包人进行工程建设。根据发包人对工程提出的使用要求、质量标准、投资限额、竣工期限等条件，承包人对项目建议书、可行性研究、勘察设计、材料设备采购、工程施工、竣工验收交付使用及建设后评估等全过程，进行统一组织和协调，统筹安排和管理，直至完成工程项目的建设任务交付发包人投入使用。

（2）阶段发承包

阶段发承包是指业主将工程建设过程中的某一阶段或某些阶段的工作（勘察、设计、材料设备采购、工程施工等），分别发包给承包单位而完成各阶段的建设任务。在施工阶段根据发承包的具体内容不同，又可分为以下三种方式：

1）包工包料。即工程施工所需的全部人工和材料均由承包人负责。其特点是便于承包人对人工、材料统一协调和管理，有利于组织工程施工，降低工程施工成本，提高施工企业利润；但对于发包人来说要特别注意主要材料的认质认价问题，否则，对工程的质量不利，并且还能增加发包人的投资额。

2）包工部分包料。即工程施工所需的全部人工和大部分材料由承包人负责，而部分主要材料由发包人或总承包人供应。其特点是便于发包人控制工程主要材料的质量和价格，有利于降低工程投资成本，提高工程建设的经济效益。

3）包工不包料（又称包清工，属于劳务承包）。即工程施工所需的人工由承包人（通常是劳务分包人）负责，而不承担材料供应的义务。

（3）专项发承包（又称专业承包）

专项发承包是指发包人或总承包人将工程建设某一阶段中的某一专门项目进行发承包。对于专业性较强的工程，一般采用专项发承包方式。例如，勘察设计阶段的工程地质勘察、生产工艺设计；施工阶段的深基础基坑支护、金属结构构件制作和安装、地下和地上工程防水、大型工程高级装饰等项目。由于专门项目的专业性强，技术标准高，通常由发包人或总承包人将这类工程发包给专业分包人承包。

（4）BOT 发承包（Build-Operate-Transfer）

BOT发承包是指发包人在项目决策阶段或设计或施工阶段，将工程以建造—经营—转让的形式发包给承包人，由承包人进行工程建设，竣工后还由承包人进行投产或使用，承包人经营管理若干年后（由发承包双方在合同中确定经营年限），承包人再将工程转让给发包人。这种发承包方式的最大特点，是发包人在工程建设期间不用投资，而由承包人对工程进行投资建设，竣工后承包人不能马上将工程交给发包人，而由承包人进行使用和经营管理。在承包人进行经营管理期间，发包人按双方签订合同规定的费率，每年支付承包人一定比例的工程投资成本和利息，直到承包人经营期满为止。BOT发承包方式，适用于发包人资金不足，但又必须建设的工程项目。

3. 按承包人所处的地位划分发承包方式

（1）总承包（简称总包）

总承包是指发包人将一个建设工程项目的建设全过程或其中某个或某几个阶段的全部建设任务，发包给一个总承包人承包。该总承包人根据工程实际情况和本企业实力，可将自己承包范围内的若干专业性工程，再发包给不同的专业承包人完成，总承包人对其进行统一协调和监督管理。总承包人与业主发生直接关系，并对业主负责；而各专业承包人只对总承包人负责，与业主不发生直接关系。

总承包主要有两种形式：一是建设工程项目全过程总承包；二是建设工程项目的阶段总承包。

1）建设工程项目全过程总承包。主要有建设工程项目管理总承包和建设工程项目总承包两种方式。

①建设工程项目管理总承包（也称建设工程项目代建制承包或工程托管）。是指业主将建设工程项目从筹建到竣工验收交付使用全部建设过程发包给项目管理总承包公司承包。项目管理总承包公司根据业主对工程项目的使用要求、质量标准、投资总限额及竣工期限等条件，负责组织实施项目建议书、可行性研究、勘察设计、材料设备采购、建设工程施工、生产职工培训、竣工验收，直到投产或交付使用及建设后评估等全过程的建设任务，如图1-1-3所示。这种方式是由具备

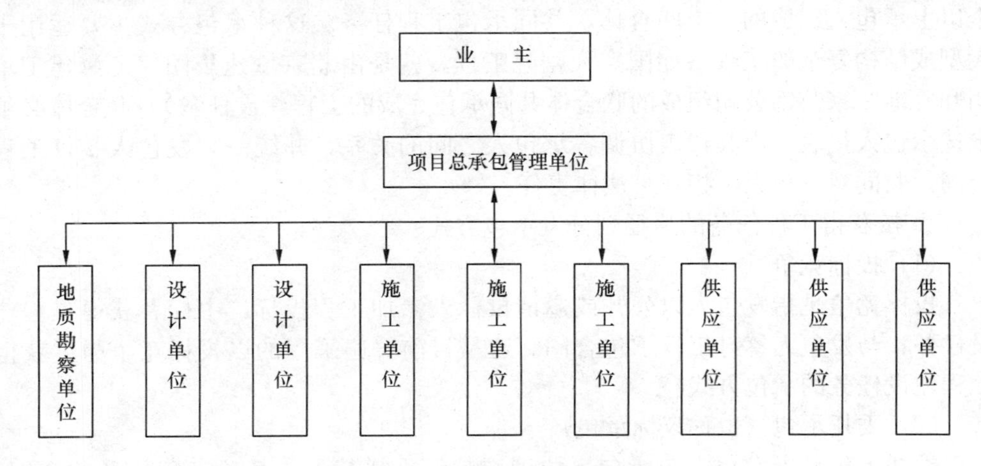

图1-1-3　建设工程项目管理总承包

总承包管理资质的工程管理咨询公司担任项目管理总承包单位。其特点是该公司没有自己的设计和施工力量，不直接进行设计与施工，而是将工程的设计和施工任务全部发包出去，他们只是代替业主进行建设工程项目的全过程管理。

②建设工程项目总承包。是指业主完成项目建议书、可行性研究后，将勘察、设计、材料设备采购、建设工程施工、竣工验收，直到投产或交付使用等过程的建设任务发包给项目总承包公司。这种承包方式是由具备工程项目总承包资质的公司担任项目的总承包。其特点是：总承包单位有自己的勘察设计和工程施工实体，可以直接承担工程设计、材料设备采购及工程施工任务，其图示与图 1-1-3 基本相同，只是将图 1-1-3 中的“项目总承包管理单位”改为“项目总承包单位”。

2）建设工程项目的阶段总承包。阶段总承包主要有：勘察、设计、材料设备采购、施工总承包；勘察、设计、施工总承包；勘察、设计总承包；材料设备采购、施工总承包；施工总承包；投资、设计、施工总承包，即建设工程项目由承包人投资，并负责设计、施工，建成后再转让给发包人；投资、设计、施工、经营一体化总承包（BOT 总承包）。

（2）分承包（简称分包）

分承包是相对于总承包而言，是指总承包人将其承包范围内的某一分部分项工程（如深基坑支护工程、金属构件制作和安装工程、地下或屋面防水工程及高级装饰工程等）发包给分承包人完成。分承包人不与业主发生直接关系（但总承包人选定的分包人，必须经业主同意认可），只对总承包人负责，由总承包人统一安排分承包人施工。

对于总承包范围内的主体结构工程，必须由总承包人自行完成，不得分包。

（3）独立承包

独立承包是指承包人依靠自身的力量独立完成工程承包任务，而不需要进行工程分包。这种承包方式适用于规模较小，技术要求比较简单的工程。

（4）联合体承包

联合体承包是相对于独立承包而言，是指发包人将一个工程项目发包给由两个以上承包人组成的一个联合体，共同承包工程任务。这种承包方式主要适用于大型或结构复杂的工程（如国家大剧院工程，就是由北京城建集团、上海建工集团和香港一家装饰公司组成的联合体共同承包完成的工程建设任务）。联合体必须推选承包人代表，由其代表协调各承包人之间的关系，并统一与发包人签订工程合同，共同对发包人承担连带法律责任。

4. 按获得工程任务的途径划分发承包方式

（1）投标竞争

投标竞争是指发包人以公开或邀请投标人参加工程投标，中标者获得工程建设任务，与发包人签订工程承包合同。这是目前普遍采用的以投标竞争为主获得工程建设任务的承包方式。

（2）委托承包（也称议标承包）

委托承包是指发包人与承包人协商，签订委托其承包某项工程任务的合同。主要用于投资额度小于国家规定必须招标的小型工程。

（3）指令承包

指令承包根据国家七部委30号令《工程建设项目施工招标投标办法》第12条规定要求，对于某些特殊工程（如国家安全保密工程、抢险救灾工程等）可以不进行施工招标，由政府主管部门依法指定工程承包人承包工程建设任务。

5．按合同计价方法划分发承包方式

（1）固定价合同

固定价合同是指合同中确定的工程价格，在实施期间不因价格变化而调整合同价格。固定价合同可分为固定总价合同和固定单价合同两种形式。

（2）可调价合同

可调价合同是指合同中确定的工程价格，在实施期间因市场价格的变化可以调整合同价格。可调价合同可分为可调总价合同和可调单价合同两种形式。

（3）成本加酬金合同（也称成本补偿合同）

成本加酬金合同是指按工程实际发生的成本进行结算外，发包人按合同规定另加一笔酬金（总包管理费和利润）支付给承包人的一种发承包方式。其酬金可以是固定酬金、按成本的百分数酬金、浮动酬金等。

二、建设工程项目招标

（一）工程招投标的作用和原则

招标投标是在市场经济条件下采购人事先提出大宗货物、工程或服务采购的条件和要求，邀请众多投标人参加投标并按照规定程序从中选择交易对象的一种市场交易方式。

1．工程招投标的作用

（1）工程招投标有利于发包人选择较好的承包人。通过工程招投标，可以吸引众多投标人参加投标竞争，致使发包人在众多投标人中择优选出社会信誉好、技术和管理水平高的企业承揽工程建设任务。

（2）工程招标可以保证发包人对工程建设目标的实现。发包人在招标文件中明确了竣工期限、质量标准、投资限额等目标，投标人必须响应招标文件的要求参与投标，这使投标人在中标后的履约行为起到了约束性的作用，从而保证了发包人对工程建设目标的实现。

（3）有利于发包人确保工程质量，降低工程建设成本，提高投资效益。发包人为了降低工程成本，避免投标人以不正当的各种行为（如相关人泄露标底、投标人互相串通、围标等）抬高报价，在工程招标文件中采用控制价的形式限制投标人投报高价。评标时，在技术标满足施工期限和质量标准等指标的前提下，选择经济合理的投标报价确定中标人，从而达到发包人确保工程质量，降低工程建设成本，提高投资效益的目的。

（4）工程招投标体现了公平竞争的原则。通过工程招投标确定承包人，这种公平原则，不仅体现在招投标人之间的地位上，更体现在投标人之间的地位上，不存在各方之间的行政级别高低，企业规模大小，而是在招投标这个市场经济的平台上平等竞争。

(5) 工程招投标能最大限度地避免人为因素的干扰。公开进行招投标是投标者的实力与利益的竞争，发包人不能以“内定”的方式确定中标人，从而避免了各种不正当的人为因素对工程承包的干扰。

(6) 工程招投标有利于推进企业管理步伐，不断提高企业素质和社会信誉，增强企业的竞争力。承揽工程建设任务是建筑企业生存的基础，只有企业的技术和管理水平的不断提高，社会信誉好，才有可能在投标竞争中获取工程承包的建设任务。

2. 工程招标投标的原则

根据《中华人民共和国招标投标法》第5条规定：“招标投标活动应当遵循公开、公平、公正和诚实信用的原则”。

(1) 公开原则

工程招投标活动必须具有一定的透明度，要求招标投标的法律法规和政策公开、招标投标程序公开、招标投标的具体过程公开（如招标信息公开、开标要公开进行、评标和中标结果要公开）。

(2) 公平原则

要求给予所有投标人平等的机会，使其享有同等的权利，履行同等的义务，不得以任何理由排斥或歧视任何一方。而且投标人不得采用不正当的竞争手段参加投标竞争。

(3) 公正原则

在招标投标过程中招标人的行为应当公正，对所有的投标人要平等对待，不能有特殊。特别是在评标时，招投标双方的地位平等，任何一方不得向另一方提出不合理的要求，不得将自己的意愿强加给对方。评标结果要公正，对所有投标人应当一视同仁，严守法定的评标规则和统一的衡量标准，保证各投标人在平等的基础上充分竞争。真正做到保护招标投标活动当事人的合法权益，保证招标投标活动的目的实现。

(4) 诚实信用原则

在《中华人民共和国民法通则》和《中华人民共和国合同法》等民事基本法律中，也都明确规定了“诚实信用”的基本原则，所以“诚实信用”是民事活动的基本原则之一。在招标投标活动中，招标人、招标代理机构、投标人等均应以诚实的态度参与招投标活动，坚持良好的信用，不得以欺诈手段虚假进行招标或投标，牟取不正当利益。发承包人要恪守诺言，严格履行有关义务。

（二）建设工程招标范围

1. 建设工程项目强制性招标范围

强制性招标是指某些特定类型的采购项目，其规模达到国家法律法规规定标准的，必须通过招标进行采购，否则采购单位要承担法律责任。根据《中华人民共和国招标投标法》第3条规定，在中华人民共和国境内进行下列工程建设项目包括项目的勘察、设计、施工、监理以及与工程建设有关的重要设备、材料等的采购，必须进行招标。

(1) 大型基础设施、公用事业等关系社会公共利益、公众安全的项目。根据国家发展计划委员会2000年5月1日发布的第3号令《工程建设项目招标范围和规模标准规定》：

关系社会公共利益、公众安全的基础设施项目的范围包括：煤炭、石油、天然气、电力、新能源等能源项目；铁路、公路、管道、水运、航空以及其他交通运输业等交通运输项目；邮政、电信枢纽、通信、信息网络等邮电项目；防洪、灌溉、排涝、引（供）水、滩涂治理、水土保持、水利枢纽等水利项目；道路、桥梁、地铁和轻轨交通、污水排放及处理、垃圾处理、地下管道、公共停车场等城市设施项目；生态环境保护项目；其他基础设施项目。

关系社会公共利益、公众安全的公用事业项目的范围包括：供水、供电、供气、供热等市政工程项目；科技、教育、文化等项目；体育、旅游等项目；卫生、社会、福利等项目；商品住宅，包括经济适用住房；其他公用事业项目。

（2）全部或者部分使用国有资金投资或者国家融资的项目。根据《工程建设项目招标范围和规模标准规定》：

国有资金投资项目的范围包括：使用各级财政预算资金的项目；使用纳入财政管理的各种政府专项建设基金的项目；使用国有企业事业单位自有资金，并且国有资产投资者实际拥有控制权的项目。

国家融资项目的范围包括：使用国家发行债券所筹资金的项目；使用国家对外借款或者担保所筹资金的项目；使用国家政策性贷款的项目；国家授权投资主体融资的项目；国家特许的融资项目。

（3）使用国际组织或者外国政府贷款、援助资金的项目。根据《工程建设项目招标范围和规模标准规定》：

国际组织或者外国政府资金项目的范围包括：使用世界银行、亚洲开发银行等国际组织贷款资金的项目；使用外国政府及其机构贷款资金的项目；使用国际组织或者外国政府援助资金的项目。

2. 建设工程项目招标规模标准

根据《工程建设项目招标范围和规模标准规定》范围内的各类工程建设项目，包括项目的勘察、设计、施工、监理以及与工程有关的重要设备、材料等的采购，达到下列标准之一的，必须进行招标：

（1）施工单项合同估算价在200万元人民币以上的；

（2）重要设备、材料等货物的采购，单项合同估算价在100万元人民币以上的；

（3）勘察、设计、监理等服务的采购，单项合同估算价在50万元人民币以上的；

（4）单项合同估算价低于第（1）、（2）、（3）项规定的标准，但项目总投资额在3000万元人民币以上的。

3. 建设工程项目可以不进行招标的范围

（1）根据《工程建设项目招标范围和规模标准规定》第8条规定："建设项目的勘察、设计采用特定专利或者专有技术的，或者其建筑艺术造型有特殊要求的，经项目主管部门批准，可以不进行招标。"

（2）根据《中华人民共和国招标投标法》第66条和国家七部委第30号令《工程建设项目施工招标投标办法》第12条规定，有下列情形之一的，可以不进行施工招标：

1）涉及国家安全、国家秘密或者抢险救灾而不适宜招标的；

2）属于利用扶贫资金实行以工代赈需要使用农民工的；

3）施工主要技术采用特定的专利或者专有技术的；

4）施工企业自建自用的工程，且该施工企业资质等级符合工程要求的；

5）在建工程追加的附属小型工程或者主体加层工程，原中标人仍具备承包能力的；

6）法律、行政法规规定的其他情形。

（三）建设工程招标分类

建设工程招标可以从不同的角度和标准进行分类。

1. 按工程建设程序分类

建设工程项目可行性研究招标、建设工程勘察设计招标、建设工程材料设备采购招标、建设工程施工招标。

2. 按不同行业分类

建设工程勘察设计招标、建设工程监理招标、建设工程材料设备采购招标、建设工程施工招标。

3. 按工程范围分类

建设工程项目全过程招标、阶段招标、专项招标、BOT工程招标。

4. 按有无涉外关系分类

国内工程承包招标、境内国际工程承包招标、国际工程承包招标。

（四）建设工程招标形式和招标方式

1. 工程招标形式

（1）建设工程项目全过程招标

从项目建议书、可行性研究、勘察设计、材料设备采购、工程施工、竣工验收交付使用实行全面招标。

（2）单项工程招标

针对一个单项工程进行招标，包括土建、装饰、给水、排水、采暖、通风、电气照明、消防、弱电等单位工程。

（3）材料、设备采购招标

工程建设的主要材料和各种机电设备等采购的招标。

2. 工程招标方式

根据《中华人民共和国招标投标法》第10条规定，招标分为公开招标和邀请招标两种法定招标方式。

（1）公开招标（也称无限竞争性招标）

公开招标是指招标单位通过招标公告的方式邀请不特定的法人或其他组织投标。招标人按照法定程序，在规定的公开媒体上（报刊、信息网络等）发布招标公告，公开提供招标文件，使所有符合条件的潜在投标人都可以平等参加投标竞争，招标人从中择优确定中标人的一种方式。

公开招标的优点：公开发布招标公告，针对的对象是所有对招标项目感兴趣的法人或其他组织，对投标人的数量没有限制，具有广泛性，对整个投标活动有一定的透明度，对投标过程中的不正当交易行为起到了较强的抑制作用。由于投标的承包商多、范围广、竞争激烈，招标人有较大的选择范围，可以在众多的投标人之间选择报价合理，工期短，社会信誉好的供货商或承包人。从而有利于业主降低工程造价，缩短工期和提高工程质量。

缺点：由于投标的承包商多，招标工作量大，组织工作复杂，投入的人力、物力多，招标过程时间长。投标人竞争激烈，中标机率小，投标风险大。

公开招标的适用范围：依法必须进行招标的项目，全部使用国有资金投资或者国有资金投资占控股或者主导地位的，应当公开招标。

（2）邀请招标（也称有限竞争性招标或限制性招标）

邀请招标是指招标人以投标邀请书的方式邀请特定的法人或着其他组织投标。根据《中华人民共和国招标投标法》第 17 条规定："招标人采用邀请招标方式的，应当向三个以上具备承担招标项目的能力、资信良好的特定的法人或者其他组织发出投标邀请书。"采用邀请招标的招标人，通常根据自己掌握的承包商资料，预先选择一定数量的符合招标项目条件的潜在投标人并向其发出投标邀请书，由被邀请的潜在投标人参加投标竞争，招标人从中择优确定中标人的一种方式。

邀请招标的优点：参加竞争的投标商数目由投标单位控制，目标集中，招标的组织工作较容易，招标工作量小，投标时间相对缩短，招标费用较少。经过招标人选择的投标单位在施工经验、技术力量、社会信誉上都比较好，从而对工程进度、工程质量有可靠的保障。

缺点：由于参加的投标单位相对少，竞争性范围较小，使招标单位对投标单位的选择余地较少，如果招标单位在选择邀请单位前所掌握的信息资料不足，则会失去发现最适合承担该项目承包商的机会。

复习思考题

1. 什么是建设工程项目？它有哪些特征？
2. 建设工程项目如何分类？
3. 我国建设工程项目应遵循哪些程序？
4. 建设工程项目的发承包方式有哪些类型？
5. 工程招标投标的作用是什么？
6. 建设工程招标投标应遵循哪些原则？
7. 哪些建设工程项目属于强制性招标范筹？
8. 我国对建设工程项目的招标规模标准有何规定？
9. 哪些建设工程项目可以不进行招标？
10. 建设工程招标如何分类？
11. 工程招标的形式有哪些？
12. 我国工程招标方式有哪些？

13. 什么是公开招标？哪些工程必须进行公开招标？

14. 什么是邀请招标？哪些工程可以进行邀请招标？

任务二　建设工程施工招标准备工作

【引导问题】

1. 工程施工招标的程序是什么？
2. 工程施工招标应具备哪些条件？
3. 如何编制招标要点报告？
4. 建设工程项目施工规划的主要内容有哪些？
5. 招标控制价主要由哪些内容组成？
6. 如何编制招标公告和投标邀请书？
7. 如何编制施工招标资格预审文件？
8. 如何编制建设工程招标文件？

【工作任务】

掌握施工招标准备工作的内容及招标程序，能操作完成招标公告、投标邀请书、招标资格预审文件及招标文件的编制工作。

【学习参考资料】

1. 《中华人民共和国招标投标法》第二章；
2. 国家七部委颁发的第 30 号令《工程建设项目施工招标投标办法》；
3. 中华人民共和国 2007 年版标准施工招标资格预审文件使用指南。

一、工程施工招标的程序

招标是招标人选择中标人并与其签订合同的过程，而投标则是投标人力争获得实施合同的竞争过程，招标人和投标人均需遵循招标投标法律和法规的规定进行招标投标活动。按照招标人和投标人参与程度，可将工程施工招标的程序粗略划分成准备阶段、招标阶段和评标阶段。

1. 准备阶段

招标准备阶段的工作由招标人单独完成，投标人不参与。主要工作包括以下几个方面：

（1）选择招标方式

1）根据工程特点和招标人的管理能力确定发包范围。

2）依据工程建设总进度计划确定项目建设过程中的招标次数和每次招标的工作内容。如监理招标、设计招标、施工招标、设备采购招标等。

3）按照每次招标前准备工作的完成情况，选择合同的计价方式。如施工招标时，已完成施工图设计的小型工程，可采用总价合同；若为初步设计完成后的大中型复杂工程，则应采用估计工程量单价合同。

4）依据工程项目的特点、招标前准备工作的完成情况、合同类型等因素的影响程度，最终确定招标方式。

(2) 办理招标备案

招标人向建设行政主管部门办理申请招标手续。招标备案文件应说明：招标工作范围；招标方式；计划工期；对投标人的资质要求；招标项目的前期准备工作的完成情况；自行招标还是委托代理招标等内容。获得认可后才可以开展招标工作。

(3) 编制招标有关文件

招标准备阶段应编制好招标过程中可能涉及的有关文件，保证招标活动的正常进行。这些文件大致包括：招标公告、资格预审文件、招标文件、合同协议书和评标的方法。

2. 招标阶段

公开招标时，从发布招标公告开始（若为邀请招标，则从发出投标邀请函开始），到投标截止日期为止的期间称为招标阶段。在此阶段，招标人应做好招标的组织工作，投标人则按招标有关文件的规定程序和具体要求进行投标报价竞争。

(1) 发布招标公告

招标公告的作用是让潜在投标人获得招标信息，以便进行项目筛选，确定是否参与竞争。招标公告或投标邀请函的具体格式可由招标人自定，内容一般包括：招标单位名称；建设项目资金来源；工程项目概况和本次招标工作范围的简要介绍；购买资格预审文件的地点、时间和价格等有关事项。

(2) 资格预审

资格预审通常按下列程序进行：

1) 招标人依据项目的特点编写资格预审文件。资格预审文件分为资格预审须知和资格预审表两大部分。资格预审须知内容包括招标工程概况和工作范围介绍，对投标人的基本要求和指导投标人填写资格预审文件的有关说明。资格预审表列出对潜在投标人资质条件、实施能力、技术水平、商业信誉等方面需要了解的内容，以应答形式给出的调查文件。资格预审表开列的内容要完整、全面，能反映潜在投标人的综合素质。因为资格预审中评定过的条件在评标时一般不再重复评定，应避免不具备条件的投标人承担项目的建设任务。

2) 投标人购买投标资格预审文件。资格预审文件是以应答方式给出的调查文件，所有申请参加投标竞争的潜在投标人都可以购买资格预审文件，并按要求填报后作为投标人的资格预审申请文件。

3) 招标人进行资格预审。招标人依据工程项目特点和发包工作性质划分评审的几大方面，如资质条件、人员能力、设备和技术能力、财务状况、工程经验、企业信誉等，并分别给予不同权重。对其中的各方面再细化评定内容和分项评分标准，通过对各投标人的评定和打分，确定各投标人的综合素质得分。

4) 资格预审合格的条件。首先投标人必需满足资格预审文件规定的必要合格条件和附加合格条件，其次评定分必须在预先确定的最低分数线以上。目前采用的合格标准有两种方法：

①限制资格合格者数量，以便减小评标的工作量（如5～7家），招标人按得分高低次序向预定数量的投标人发出邀请投标函并请其予以确认，如果某一家放

弃投标则由下一家递补维持预定数量。

②不限制资格合格者的数量，凡满足80%以上要求的潜在投标人均视为合格，保证投标的公平性和竞争性。

后一种方法的缺点是如果合格者数量较多时，增加评标的工作量。不论采用哪种方法，招标人都不得向他人透露有权参与竞争的潜在投标人的名称、人数以及与招标投标有关的其他情况。

(3) 投标人必须满足的基本资格条件

资格预审须知中明确列出投标人必须满足的基本条件，可分为必要合格条件和附加合格条件两类。

1) 必要合格条件通常包括法人地位、资质等级、财务状况、企业信誉、分包计划等具体要求，是潜在投标人应满足的最低标准。

2) 附加合格条件视招标项目是否对潜在投标人有特殊要求决定有无。普通工程项目一般承包人均可完成，可不设置附加合格条件。对于大型复杂项目尤其是需要有专门技术、设备或经验的投标人才能完成时，则应设置此类条件。附加合格条件是为了保证承包工作能够保质、保量、按期完成，按照项目特点设定而不是针对外地区或外系统投标人，它不违背《中华人民共和国招标投标法》的有关规定。招标人可以针对工程所需的特别措施或工艺的专长、专业工程施工资质、环境保护方针和保证体系、同类工程施工经历、项目经理资质要求、安全文明施工要求等方面设立附加合格条件。对于同类工程施工经历，一般以潜在投标人是否完成过与招标工程同类型和同容量工程作为衡量标准。标准不应定得过高，否则会使合格投标人过少影响竞争；也不应定得过低，可能让实际不具备能力的投标人获得合同而导致不能按预期目的完成，只要实施能力、工程经验与招标项目相符即可。

(4) 工程现场踏勘和标前会议

招标人应在投标须知规定的时间组织投标人进行现场考察和标前会议，其目的和要求详见本单元任务四。

3. 评标阶段

从开标日到签订合同这一期间称为评标阶段，是对各投标书进行评审比较，最终确定中标人的过程。评标阶段的具体工作详见本单元任务四。

二、工程施工招标应具备的条件

1. 建设单位招标应具备的条件

为了保证招标行为的规范化及科学地评标，达到招标选择承包人的预期目的，招标人应满足以下的要求：

(1) 有与招标工作相适应的技术、经济管理和法律咨询人员；

(2) 有组织编制招标文件的能力；

(3) 有审查投标单位资质的能力；

(4) 有组织开标、评标、定标的能力。

利用招标方式选择承包单位，属于招标单位自主的市场行为。《中华人民共和国招标投标法》规定，招标人具有编制招标文件和组织评标能力的，可以自行办理招标事宜，向有关行政监督部门进行备案即可；如果招标单位不具备上述要求，则需委托具有相应资质的中介机构代理招标。

2. 建设工程项目招标应具备的条件

在招标开始前应完成的准备工作和应满足的有关条件主要有两项：一是履行审批手续，二是落实资金来源。

《中华人民共和国招标投标法》规定：招标项目按照国家有关规定需要履行项目审批手续的，应当先履行审批手续，取得批准。招标人应当有进行招标项目的相应资金或者资金来源已经落实，并应当在招标文件中如实载明。

《工程建设项目施工招标投标办法》又作出了进一步的说明，依法必须招标的工程建设项目，应当具备下列条件才能进行施工招标：

(1) 招标人已经依法成立；

(2) 初步设计及概算应当履行审批手续的，已经批准；

(3) 招标范围、招标方式和招标组织形式等应当履行核准手续的，已经核准；

(4) 有相应资金或资金来源已经落实；

(5) 有招标所需的设计图纸及技术资料。

三、招标要点报告的编制

1. 建设工程项目的资金落实

资金来源包括国家拨款和贷款、地方财政拨款和贷款、社会集资式股票和债券，以及项目法人单位生产经营资金，利用国际金融组织贷款，外国政府的贷款和赠款等等。其资金额度包括拨款和贷款比例，中央和地方资金额度和比例，内资和外资的额度和比例。还要对这些资金的投向和采购范围作出规划。以便主管部门、项目法人和投标人等单位作出决策。

招标人应当有进行招标项目的相应资金或者资金来源已经落实（是指进行某一单项建设工程、货物或服务采购所需的资金已经到位，或者尽管资金没有到位，但来源已经落实），并在招标文件中如实载明。对一些建设周期比较长的项目，经常发生合同在执行过程中，资金无法到位，建设单位无法给施工企业或供货企业支付价款，甚至要求企业先行垫款，致使合同无法顺利履行的现象。作此规定是便于投标企业了解和掌握项目情况，作为是否投标的决策依据。

2. 项目分标

项目分标是依据工程初步设计和施工组织设计，进行分标方案的优劣比较，确定方案。分标的基本原则是：便于管理，有利于招标竞争，易划清责任界限，按整体单项工程或者分区分段来分标，把施工作业内容和施工技术相近的工程项目合在一个标段中。

以上分标原则是相互制约的，要以既确保投资效益，按合理工期控制总进度，又能达到质量标准为前提来分标。

3. 主要材料、设备的供应方式和价格

招标人应当将投标人关心的工程所需各种材料、设备等的价格、质量、供应方式等进行简要的介绍。

4. 当地运输

依据工程地理位置、工程特点和性质、货物的种类和运输条件等确定其运输方式，包括海运、水运、公路和铁路运输等。

5. 劳务来源、提供方式及劳务价格

劳务来源有两种情况：一是成建制的劳务公司，相当于劳务分包，一般费用较高，但素质较可靠，工效较高，承包商的管理工作较轻；另一种是劳务市场招募零散劳动力，根据需要进行选择，这种方式虽然劳务价格低廉，但有时素质达不到要求或工效降低，且承包商的管理工作较繁重。

招标人应当提供相关的信息，以便投标人在对劳务市场充分了解的基础上决定采用哪种方式，并以此为依据进行投标报价。

6. 招标人为投标人可能提供的条件

包括场内外交通、水、电、通信和住房等。

7. 投标人的资质和资格条件

招标人可以根据招标项目本身的特点和需要，要求潜在投标人或者投标人提供满足其资格要求的文件，对潜在投标人或者投标人进行资格审查。采取资格预审的，招标人应当在资格预审文件中载明资格预审的条件、标准和方法；采取资格后审的，招标人应当在招标文件中载明对投标人资格要求的条件、标准和方法。招标人不得改变载明的资格条件或者以没有载明的资格条件，对潜在投标人或者投标人进行资格审查。除招标文件另有规定外，进行资格预审的，一般不再进行资格后审。资格预审和后审的内容与标准是相同的，下文主要介绍资格预审。

8. 确定招标方式

对于公开招标和邀请招标两种方式，按照《工程建设项目施工招标投标办法》的规定，国务院发展计划部门确定的国家重点建设项目和省、自治区、直辖市人民政府确定的地方重点项目，以及全部使用国有资金投资或者国有资金投资占控股或者主导地位的工程建设项目，应当公开招标。

根据《工程建设项目施工招标投标办法》第 11 条规定，有下列情形之一的，经批准可以进行邀请招标：

（1）项目技术复杂或有特殊要求，只有少量几家潜在投标人可供选择的；

（2）受自然地域环境限制的；

（3）涉及国家安全、国家秘密或者抢险救灾，适宜招标但不宜公开招标的；

（4）拟公开招标的费用与项目的价值相比，不值得的；

（5）法律、法规规定不宜公开招标的。

国家重点建设项目的邀请招标，应当经国务院发展计划部门批准；地方重点建设项目的邀请招标，应当经各省、自治区、直辖市人民政府批准。

9. 合同类型的选择

合同类型选择应根据以下各种因素确定：

（1）项目规模和工期长短。如果项目的规模较小，工期较短，则合同类型的选择余地较大，总价合同、单价合同及成本加酬金合同都可选择。由于选择总价合同发包人承担的风险较小，发包人较愿意选用；对这类项目，承包人同意采用总价合同的可能性较大，因为这类项目风险小，不可预测因素少。

如果项目规模大、工期长，则项目的风险也大，合同履行中的不可预测因素也多。这类项目不宜采用总价合同。

（2）项目的竞争情况。如果在某一时期和某一地点，愿意承包某一项目的承包人较多，则发包人拥有较多的主动权，可按照总价合同、单价合同、成本加酬金合同的顺序进行选择。如果愿意承包项目的承包人较少，则承包人拥有的主动权较多，可以尽量选择承包人愿意采用的合同类型。

（3）项目的复杂程度。如果项目的复杂程度较高，则意味着对承包人的技术水平要求高，项目的风险较大。因此，承包人对合同的选择有较大的主动权，总价合同被选用的可能性较小。如果项目的复杂程度低，则发包人对合同类型的选择握有较大的主动权。

（4）项目的单项工程的明确程度。如果单项工程的类别和工程量都已十分明确，则可选用的合同类型较多，总价合同、单价合同、成本加酬金合同都可以选择。如果单项工程的分类已详细而明确，但实际工程量与预计的工程量可能有较大出入时，则应优先选择单价合同，此时单价合同为最合理的合同类型。如果单项工程的分类和工程量都不甚明确，则无法采用单价合同。

（5）项目准备时间的长短。项目的准备包括发包人的准备工作和承包人的准备工作。对于不同的合同类型，则需要不同的准备时间和准备费用。总价合同需要的准备时间和准备费用最高，成本加酬金合同需要的准备时间和准备费用最低。对于一些非常紧急的项目如抢险救灾等项目，给予发包人和承包人的准备时间都非常短，只能采用成本加酬金的合同形式。反之，则可采用单价或总价合同形式。

（6）项目的外部环境因素。项目的外部环境因素包括：项目所在地区的政治局势是否稳定、经济局势因素（如通货膨胀、经济发展速度等）、劳动力素质（当地）、交通、生活条件等。如果项目的外部环境恶劣则意味着项目的成本高、风险大、不可预测的因素多，承包人很难接受总价合同方式，而较适合采用成本加酬金合同。

总之，在选择合同类型时，一般情况下是发包人占有主动权。但发包人不能单纯考虑自己的利益，应当综合考虑项目的各种因素，考虑承包人的承受能力，确定双方都能认可的合同类型。

四、编制建筑工程项目施工规划

1. 编制施工规划的目的

施工规划是工程投标报价的重要依据，施工规划应分为施工规划大纲和施工管理实施规划。当承包商以编制施工组织设计代替施工规划时，施工组织设计应满足施工管理规划的要求。

2. 编制施工规划的方法

施工管理实施规划是指在开工之前由项目经理主持编制的，旨在指导施工项目施工阶段管理的文件。施工管理实施规划必须由项目经理组织项目经理部在工程开工之前编制完成。应包括下列内容：工程概况；施工部署；施工方案；施工进度计划；资源、供应计划；施工准备工作计划；施工平面图；技术组织措施计划；项目风险管理；信息管理；技术经济指标分析。

五、编制工程招标控制价

1. 招标控制价的概念

招标控制价是招标人根据国家或省级、行业建设主管部门颁发的有关计价依据和办法，按设计施工图纸计算的，对招标工程限定的最高工程造价，也可称其为拦标价、预算控制价或最高报价等。

2. 编制招标控制价的目的

招标控制价是《建设工程工程量清单计价规范》(GB 50500—2008) 修订中新增的专业术语，它是在建设市场发展过程中对传统标底概念的性质进行的界定，这主要是由于我国工程建设项目施工招标从推行工程量清单计价以来，对招标时评标定价的管理方式发生了根本性的变化。具体表现在：从 1983 年建设部试行施工招标投标制到 2003 年 7 月 1 日推行工程量清单计价这一时期，各地对中标价基本上采取不得高于标底的 3%，不得低于标底的 3%～5%的限制性措施评标定标。在这一评标方法下，标底必须保密，这一原则也在 2000 年实施的《中华人民共和国招标投标法》中得到了体现。但在 2003 年推行工程量清单计价以后，由于各地基本取消了中标价不得低于标底多少的规定，从而出现了新的问题，即根据什么来确定合理报价。实践中，一些工程项目在招标中除了过度的低价恶性竞争外，也出现了所有投标人的投标报价均高于招标人的标底，即使是最低的报价，招标人也不能接受，但由于缺乏相应的制度规定，招标人如不接受投标又产生了招标的合法性问题。针对这一新的形式，为避免投标人串标、哄抬标价，我国多个省、市相继出台了控制最高限价的规定，但在名称上有所不同，包括拦标价、最高报价、预算控制价、最高限价等，并大多要求在招标文件中将其公布，并规定投标人的报价如超过公布的最高限价，其投标将作为废标处理。由此可见，面临新的招标形式，在修订 2008 版清单计价规范时，为避免与招标投标法关于标底必须保密的规定相违背，因此采用了“招标控制价”这一概念。

3. 招标控制价的内容及编制要求

招标控制价的编制内容包括分部分项工程费、措施项目费、其他项目费、规费和税金，各个部分有不同的计价要求。

(1) 分部分项工程费的编制要求

1) 分部分项工程费应根据招标文件中的分部分项工程量清单及有关要求，按《建设工程工程量清单计价规范》有关规定确定综合单价计价。这里所说的综合单价，是指完成一个规定计量单位的分部分项工程量清单项目（或措施清单项目）所需的人工费、材料费、施工机械使用费和企业管理费与利润，以及一定范围内的风险费用。

2) 工程量依据招标文件中提供的分部分项工程量清单确定。

3) 招标文件提供了暂估单价的材料，应按暂估的单价计入综合单价。

4）为使招标控制价与投标报价所包含的内容一致，综合单价中应包括招标文件中要求投标人承担的风险内容及其范围（幅度）产生的风险费用。

（2）措施项目费的编制要求

1）措施项目费中的安全文明施工费应当按照国家或省级、行业建设主管部门的规定标准计价。

2）措施项目应按招标文件中提供的措施项目清单确定，措施项目采用分部分项工程综合单价形式进行计价的工程量，应按措施项目清单中的工程量，并按与分部分项工程工程量清单单价相同的方式确定综合单价；以“项”为单位的方式计价的，依有关规定按综合价格计算，包括除规费、税金以外的全部费用。

（3）其他项目费的编制要求：

1）暂列金额。暂列金额可根据工程的复杂程度、设计深度、工程环境条件（包括地质、水文、气候条件等）进行估算，一般可以分部分项工程费的10%～15%为参考。

2）暂估价。暂估价中的材料单价应按照工程造价管理机构发布的工程造价信息中的材料单价计算，工程造价信息未发布的材料单价，其单价参考市场价格估算；暂估价中的专业工程暂估价应分不同专业，按有关计价规定估算。

3）计日工。在编制招标控制价时，对计日工中的人工单价和施工机械台班单价应按省级、行业建设主管部门或其授权的工程造价管理机构公布的单价计算；材料应按工程造价管理机构发布的工程造价信息中的材料单价计算，工程造价信息未发布材料单价的材料，其价格应按市场调查确定的单价计算。

4）总承包服务费。总承包服务费应按照省级或行业建设主管部门的规定计算，在计算时可参考以下标准：

①招标人仅要求对分包的专业工程进行总承包管理和协调时，按分包的专业工程估算造价的1.5%计算；

②招标人要求对分包的专业工程进行总承包管理和协调，并同时要求提供配合服务时，根据招标文件中列出的配合服务内容和提出的要求，按分包的专业工程估算造价的3%～5%计算；

③招标人自行供应材料的，按招标人供应材料价值的1%计算。

（4）规费和税金的编制要求。规费和税金必须按国家或省级、行业建设主管部门的规定计算。

六、编制招标公告或投标邀请书

1. 编制招标公告

招标公告是指采用公开招标方式的招标人（包括招标代理机构）向所有潜在的投标人发出的一种广泛的通告。招标公告的目的是使所有潜在的投标人都具有公平的投标竞争的机会。招标人采用公开招标方式的，应当发布招标公告。招标公告应当在国家指定的报刊和信息网络上发布。

（1）招标公告的内容

按照《中华人民共和国招标投标法》和《工程建设项目施工招标投标办法》

的规定，招标公告与投标邀请书应当载明同样的事项，具体包括以下内容：

1）招标人的名称和地址；

2）招标项目的内容、规模、资金来源；

3）招标项目的实施地点和工期；

4）获取招标文件的或者资格预审文件的地点和时间；

5）对招标文件或者资格预审文件收取的费用；

6）对投标人的资质等级的要求。

(2) 公开招标项目招标公告的发布

为了规范招标公告发布行为，保证潜在投标人平等、便捷、准确地获取招标信息。国家计划委员会发布自2000年7月1日起生效实施的《招标公告发布暂行办法》，对招标公告的发布作出了明确的规定。

1）对招标公告发布的监督。国家计划委员会根据国务院授权，按照相对集中、适度竞争、受众分布合理的原则，指定发布依法必须招标项目招标公告的报纸、信息网络等媒介（以下简称指定媒介），并对招标公告发布活动进行了监督。

2）对招标人的要求。依法必须公开招标项目的招标公告必须在指定媒介发布。招标公告的发布应当充分公开，任何单位和个人不得非法限制招标公告的发布地点和发布范围。拟发布的招标公告文本应当由招标人或其委托的招标代理机构的主要负责人签名并加盖公章。招标人或其委托的招标代理机构发布招标公告，应当向指定媒介提供营业执照（或法人证书）、项目批准文件的复印件等证明文件。

招标人或其委托的招标代理机构在两个以上媒介发布的同一招标项目的招标公告的内容应当相同。

3）对指定媒介的要求。招标人或其委托的招标代理机构应至少在一家指定的媒介发布招标公告，指定媒介发布依法必须公开招标项目的招标公告，不得收取费用，但发布国际招标公告的除外。

在指定报纸免费发布的招标公告所占版面一般不超过整版的四十分之一，且字体不小于六号字。指定报纸在发布招标公告的同时，应将招标公告如实抄送指定网络。指定报纸和网络应当在收到招标公告文本之日起7日内发布招标公告。

指定媒介应与招标人或其委托的招标代理机构就招标公告的内容进行核实，经双方确认无误后在规定的时间内发布。指定媒介应当采取快捷的发行渠道，及时向订户或用户传递。

2. 编制投标邀请书

投标邀请书是指采用邀请招标方式的招标人，向三个以上具备承担招标项目的能力、资信良好的特定法人或者其他组织发出的参加投标的邀请。

投标邀请书的主要内容同招标公告。

七、施工招标资格预审文件的编制

1. 引言和简况

包括项目说明、建设条件、建设要求和其他需要说明的情况。

2. 申请人资格要求

资格预审的内容包括基本资格审查和专业资格审查两部分。基本资格审查是指对申请人合法地位和信誉等进行的审查，专业资格审查是对已经具备基本资格的申请人履行拟定招标采购项目能力的审查，具体地说，投标申请人应当符合下列条件：

（1）具有独立订立合同的权利；

（2）具有履行合同的能力，包括专业、技术资格和能力，资金、设备和其他物质设施状况，管理能力，经验、信誉和相应的从业人员；

（3）没有处于被责令停业，投标资格被取消，财产被接管、冻结，破产状态；

（4）在最近三年内没有骗取中标和严重违约及重大工程质量问题；

（5）法律、行政法规规定的其他资格条件。

3. 资格预审文件

发出资格预审公告后，招标人向申请参加资格预审的申请人出售资格审查文件。

资格预审文件的内容主要包括：资格预审公告、申请人须知、资格审查办法、资格预审申请文件格式、项目建设概况等内容，同时还包括关于资格预审文件澄清和修改的说明。

八、施工招标文件的编制

1. 招标文件的概念

建设工程施工招标投标活动的核心是竞争，而竞争所遵循的原则是“公开、公平、公正和诚实信用”。施工招标投标是一项复杂、细致和政策性很强的工作，如何把这项工作建立在公开、公平、公正的基础上，使投标人都能按照统一的要求进行投标，使评标工作能在统一的标准下进行，这就需要由招标人在开始招标时，提出一个具有要约性质的文件，向所有投标人告知在投标过程中，应按照招标人提供的工程情况和提出的投标要求进行投标，这个文件就是招标文件。

2. 招标文件的组成

（1）招标文件正式文本的主要内容

1）招标公告（或投标邀请书）。当未进行资格预审时，招标文件中应包括招标公告，招标公告的内容见上文。当进行资格预审时，招标文件中应包括投标邀请书，该邀请书可代替资格预审通过通知书，以明确投标人已具备了在某具体项目某具体标段的投标资格，其他内容包括招标文件的获取、投标文件的递交等。

2）投标人须知。主要包括项目概况的介绍和招标过程的各种具体要求，在正文中的未尽事宜可以通过投标人须知前附表作进一步明确，由招标人根据招标项目具体特点和实际需要编制和填写，但无需与招标文件的其他章节相衔接，并不得与投标人须知正文的内容相抵触，否则抵触内容无效。

①总则。主要包括项目概况、资金来源和落实情况、招标范围、计划工期和质量要求的描述，对投标人资格要求的规定，对费用承担、保密、语言文字、计量单位等内容的约定，对踏勘现场、投标预备会的要求，以及对分包和偏离问题的处理。项目概况中主要包括项目名称、建设地点以及招标人和招标代理机构的情况等。

②招标文件。主要包括招标文件的构成以及澄清和修改的规定。

③投标文件。主要包括投标文件的组成，投标报价编制的要求，投标有效期和投标保证金的规定，需要提交的资格审查资料，是否允许提交备选投标方案，以及投标文件标识所应遵循的标准格式要求。

④投标。主要规定投标文件的密封和标识、递交、修改及撤回的各项要求。在此部分中应当确定投标人编制投标文件所需要的合理时间，即投标准备时间，是指自招标文件开始发出之日起至投标人提交投标文件截止之日止，最短不得少于20天。

⑤开标。规定开标的时间、地点和程序。

⑥评标。说明评标委员会的组建方法，评标原则和采取的评标办法。

⑦合同授予。说明拟采用的定标方式，中标通知书的发出时间，要求承包人提交的履约担保和合同的签订时限。

⑧重新招标和不再招标。规定重新招标和不再招标的条件。

⑨纪律和监督。主要包括对招标过程各参与方的纪律要求。

⑩需要补充的其他内容。

3）评标办法。评标办法可选择经评审的最低投标价法和综合评估法。

4）合同条款及格式。包括本工程拟采用的通用合同条款、专用合同条款以及各种合同附件的格式。

5）工程量清单（招标控制价）。工程量清单系指根据《建设工程工程量清单计价规范》（GB 50500—2008）编制的，表现拟建工程实体性项目、非实体性项目和其他项目名称和相应数量的明细清单，以满足工程项目具体量化和计量支付的需要。是招标人编制招标控制价和投标人编制投标价的重要依据。

如按照规定应编制招标控制价的项目，其招标控制价也应在招标时一并公布。

6）图纸。是指应由招标人提供的用于计算招标控制价和投标人计算投标报价所必需的各类详细图纸。

7）技术标准和要求。招标文件规定的各项技术标准应符合国家强制性规定。招标文件中规定的各项技术标准均不得要求或标明某一特定的专利、商标、名称、设计、原产地或生产供应者，不得含有倾向或者排斥潜在投标人的其他内容。如果必须引用某一生产供应商的技术标准才能准确或清楚地说明拟招标项目的技术标准时，则应当在参照后面加上“或相当于”的字样。

8）投标文件格式。提供各种投标文件编制所应依据的参考格式。

9）规定的其他材料。如需要其他材料，应在投标人须知前附表中予以规定。

（2）招标文件的澄清

投标人应仔细阅读和检查招标文件的全部内容。如发现缺页或附件不全，应及时向招标人提出，以便补齐。如有疑问，应在规定的时间前以书面形式（包括信函、电报、传真等可以有形地表现所载内容的形式），要求招标人对招标文件予以澄清。

招标文件的澄清将在规定的投标截止时间 15 天前以书面形式发给所有购买招标文件的投标人，但不指明澄清问题的来源。如果澄清发出的时间距投标截止时间不足 15 天，相应推后投标截止时间。

投标人在收到澄清后，应在规定的时间内以书面形式通知招标人，确认已收到该澄清。投标人收到澄清后的确认时间，可以采用一个相对的时间，如招标文件澄清发出后 12 小时以内；也可以采用一个绝对的时间，如 2009 年 6 月 20 日中午 12：00 以前。

（3）招标文件的修改

招标人对已发出的招标文件进行必要的修改，在投标截止时间 15 天前，招标人可以书面形式修改招标文件，并通知所有已购买招标文件的投标人。如果修改招标文件的时间距投标截止时间不足 15 天，相应推后投标截止时间。投标人收到修改内容后，应在规定的时间内以书面形式通知招标人，确认已收到该修改文件。

复习思考题

1. 建设工程施工招标准备阶段有哪些工作？
2. 建设工程施工招标阶段有哪些工作？
3. 建设工程施工招标评标阶段有哪些工作？
4. 建设单位招标应具备哪些条件？
5. 建设工程项目招标应具备哪些条件？
6. 建设工程招标要点报告包括什么内容？
7. 怎样确定招标方式？
8. 简述招标控制价的概念？
9. 编制招标控制价的目的是什么？
10. 简述招标控制价的内容及基本要求？
11. 招标公告包括哪些内容？
12. 资格预审文件包括哪些内容？
13. 什么是招标文件？
14. 建设工程招标文件包括哪些内容？

任务三　投标人资格审查实务

【引导问题】

1. 投标人资格审查的方式和标准是什么？
2. 投标人资格预审的目的和内容有哪些？

3. 投标人资格后审的目的和内容有哪些？

4. 投标人资格审查应遵循哪些程序？

5. 投标人资格审查应注意哪些事项？

【工作任务】

了解投标人资格审查的方式、目的和内容，掌握资格审查的标准、程序及方法。

【学习参考资料】

1. 中华人民共和国2007年版标准施工招标资格预审文件；

2. 中华人民共和国2007年版标准施工招标资格预审文件使用指南。

依据《中华人民共和国招标投标法》规定，招标人可以根据招标项目的要求，对欲投标人进行资格审查。还规定国务院发展计划部门确定的国家重点项目和省、自治区、直辖市人民政府确定的地方重点项目必须进行公开招标或邀请招标。公开招标需要在投标前进行资格审查，资格审查合格后方可正式投标；邀请招标通常不进行投标前的资格审查，但需在投标以后评标过程中进行资格审查。

一、投标人资格审查方式和审查标准

1. 投标人资格审查方式

投标人资格审查可分为资格预审和资格后审两种方式。

(1) 资格预审是指在投标前对潜在投标人进行的资格审查。

(2) 资格后审是指在投标后（即开标后）对投标人进行的资格审查。

2. 投标人资格审查标准

投标人资格审查标准应当具体明了，具有可操作性。投标人资格审查标准详见表1-3-1。

(1) 初步审查标准

表1-3-1中规定的审查因素和审查标准是列举性的，并没有包括所有审查因素和标准，招标人应根据项目具体特点和实际需要，进一步删减、补充或细化。初步审查的因素一般包括：

1) 申请人的名称；

2) 申请函的签字盖章；

3) 申请文件的格式；

4) 联合体申请人；

5) 资格预审申请文件的证明资料；

6) 其他审查因素等。

(2) 详细审查标准

详细审查因素和标准须与本单元任务二中“申请人资格要求”，对申请人资质、财务、业绩、信誉、项目经理的要求以及其他要求一致。需要特别注意的是，招标人补充和细化的要求，应在表1-3-1体现。

资格审查标准表　　表 1-3-1

	审查因素	审查标准
初步审查标准	申请人名称	与营业执照、资质证书、安全生产许可证一致
	申请函签字盖章	有法定代表人或其委托代理人签字或加盖单位章
	申请文件格式	符合单元二“资格预审申请文件格式”的要求
	联合体申请人	提交联合体协议书，并明确联合体牵头人（如有）
	……	……
详细审查标准	营业执照	具备有效的营业执照
	安全生产许可证	具备有效的安全生产许可证
	资质等级	符合任务二“申请人资格要求”规定
	财务状况	符合任务二“申请人资格要求”规定
	类似项目业绩	符合任务二“申请人资格要求”规定
	信誉	符合任务二“申请人资格要求”规定
	项目经理资格	符合任务二“申请人资格要求”规定
	其他要求	符合任务二“申请人资格要求”规定
	联合体申请人	符合任务二“申请人资格要求”规定
	……	……

二、投标人资格预审的目的和内容

1. 投标人资格预审的目的

招标人采用公开招标时，面对不熟悉的众多的欲投标人，要经资格预审从中选择合格的投标人参与正式投标。

（1）提供投标信息，易于招标人决策。经资格预审可了解参加竞争性投标的投标人数目、公司性质、组成等。使招标人针对各投标人的实力进行招标决策。

（2）通过资格预审可以使招标人和工程师预先了解到应邀投标公司的能力，提前进行资信调查，了解潜在投标人的信誉、经历、财务状况，以及人员和设备配备的情况等。以确定潜在投标人是否有能力承担拟招标的项目。

（3）防止皮包公司参加投标，避免给招标人的招标工作带来不良影响和风险。

（4）确保具有合理竞争性的投标。具有实力的和讲信誉的大公司，一般不愿参加不作资格预审招标的投标，因为这种无资格限制的招标并不总是有利于合理竞争。往往由于高水平的、优秀的投标，因其投标报价较高而不被接受。相反资格差的和低水平的投标，可能由于投标报价低而被接受，这将给招标人造成较大的风险。

（5）对投标人而言，可使他预先了解工程项目条件和招标人要求，初估自己条件是否合格，以及初步估计可能获得的利益，以便决策是否正式投标。对于那些条件不具备，将来肯定被淘汰的投标人也是有好处的，可尽早终止参与投标活动，节省费用。同时可减少招标人和工程师评标工作量。

2. 投标人资格预审的内容

招标人对投标人的资格预审通常包括如下内容：

（1）投标人投标合法性审查

包括投标人是否正式注册的法人或其他组织；是否具有独立签约的能力；是否处于正常的经营状态，即是否处于被责令停业，有无财产被接管、冻结等情况；是否有相互串通投标等行为；是否正处于被暂停参加投标的处罚期限内等。经过审查，确认投标人有不合法情形的，应将其排除。

（2）审查投标人的经验与信誉

看其是否有曾圆满完成过与招标项目在类型、规模、结构、复杂程度和所采用的技术以及施工方法等方面相类似项目的经验，或者具有曾提供过同类优质货物、服务的经验，是否受到以前项目业主的好评，在招标前一个时期内的业绩如何，以往的履约情况如何等。

（3）审查投标人的财务能力

主要审查其是否具备完成项目所需的充足的流动资金以及有信誉的银行提供的担保文件，审查其资产负债情况。

（4）审查投标人的人员配备能力

主要是对投标人承担招标项目的主要人员的学历、管理经验进行审查，看其是否有足够的具有相应资质的人员具体从事项目的实施。

（5）审查拟完成项目的设备配备情况及技术能力

看其是否具有实施招标项目的相应设备和机械，并是否处于良好的工作状态，是否有技术支持能力等。

三、投标人资格后审的目的和内容

一般情况下，无论是否经过资格预审，在评标阶段要对所有的投标人进行资格后审。目的是核查投标人是否符合招标文件规定的资格条件。不符合资格条件者，招标人有权取消其投标资格。防止皮包公司参与投标，防止不符合要求的投标人中标给发包人带来风险。

如果投标资格后审的评审内容与资格预审的内容相同，投标前已进行了资格预审，则资格后审主要评审参与本项目实施的主要管理人员是否有变化，变化后给合同实施可能带来的影响；评审财务状况是否有变化，特别是核查债务纠纷，是否被责令停业清理，是否处于破产状态；评审已承诺和在建项目是否有变化，如有增加时，应评估是否会影响本项目的实施等。

四、投标人资格审查的程序

1. 初步审查

（1）审查委员会依据表1-3-1规定的标准，对资格预审申请文件进行初步审查。有一项因素不符合审查标准的，不能通过资格预审。

（2）审查委员会可以要求申请人提交表1-3-1的有关证明和证件的原件，以便核验。招标人应按本单元任务二中的“申请人资格要求”，明确需要核验的具体证明和证件。同时资格审查委员会也可以要求申请人提交申请文件有关证明和证件的原件。

2. 详细审查

(1) 审查委员会依据表 1-3-1 规定的标准，对通过初步审查的资格预审申请文件进行详细审查。每项因素都需符合审查标准，才可以通过资格预审。

(2) 通过资格预审的申请人除应满足表 1-3-1 规定的审查标准外，还不得存在下列任何一种情形：

1) 不按审查委员会要求澄清或说明的；

2) 有本单元任务二中“申请人资格要求”禁止的任何一种情形的；

3) 在资格预审过程中弄虚作假、行贿或有其他违法违规行为的。

3. 资格审查结果

(1) 提交书面审查报告

审查委员会按照程序对资格预审申请文件完成审查后，确定通过资格预审的申请人名单，并向招标人提交书面审查报告。

资格审查委员会提交的书面审查报告，主要包括以下基本内容：

1) 基本情况和数据表；

2) 资格审查委员会名单；

3) 澄清、说明、补正事项纪要等；

4) 审查过程、未通过资格审查的情况说明、通过评审的申请人名单；

5) 其他需要说明的问题。

(2) 重新进行资格预审或招标

通过资格预审申请人的数量不足 3 个的，招标人重新组织资格预审或不再组织资格预审而直接招标。

五、投标人资格审查应注意事项

1. 通过建筑市场的调查确定主要实施经验方面的资格条件

实施经验是资格审查的重要条件，应依据拟建项目的特点和规模进行建筑市场调查。调查与本项目相类似已完成和准备建设项目的企业资质和施工水平的状况，调查可能参与本项目投标的投标人数目等。依此确定实施本项目企业的资质和资格条件，该资质和资格条件既不能过高，减少竞争，也不能过低，增加其评标工作量。还应补充说明的是，我国目前对资质条件过分重视，而轻视资格条件，这是一个误区。随着我国改革开放的不断深入，招标投标事业的发展和建筑市场的不断完善，资格比资质更重要会逐步被大家所接受。这也是 WTO 规则所要求的，因国际承包商没有我国施工企业的等级，你要求他满足我们的要求，就意味着对他不是“国民待遇”，而是歧视。所以资质的问题要与国际经济接轨。从这里也可看出，我国的施工企业也都必须从小到大、从低到高、从浅到深进入其他领域建设，才能成为与国际工程公司挑战的多功能的施工企业。

2. 资格审查文件的文字和条款要求严谨和明确

一旦发现条款中存在问题，特别是影响资格审查时，应及时修正和补遗。但必须在递交资格审查申请截止日前 14 天发出，否则投标人来不及做出响应，影响评审的公正性。

3. 应公开资格审查的标准

将资格合格标准和评审内容明确地载明在资格审查文件中。即让所有投标人都知道资质和资格条件，以使他们有针对性地编制资格审查申请文件。评审时只能采用上述标准和评审内容，不得采用其他标准，或暗箱操作，或限制、排斥其他潜在投标人。

4. 审查投标人提供的资格审查资料的真实性

应审查投标人提供的资格审查资料的真实性，在评审的过程中如发现投标人提供评审资料有问题时，应及时去相关单位或地方调查，核实其真实性。如果投标人提供的资格审查资料是编造的或者不真实时，招标人有权取消其资格申请，而且可不作任何解释。另外还应特别防止假借其他有资格条件的公司名义提报资格审查申请，无论是在投标前的资格预审，还是投标后的资格后审，一经发现，既要取消其资格审查申请，也要向行政监督部门投诉，并可要求给予相应处罚。

复习思考题

1. 投标人资格审查的标准有哪些？
2. 投标人资格预审的目的和内容是什么？
3. 投标人资格后审的目的和内容是什么？
4. 投标人资格审查的程序是什么？
5. 投标人资格审查应注意事项有哪些？

任务四　建设工程施工招标实务

【引导问题】

1. 如何组织投标人进行现场勘察和标前会议？
2. 招标文件的修订和补遗的目的及有关要求是什么？
3. 招标投标法对开标、评标和定标有哪些规定？

【工作任务】

了解施工招标实务的工作内容，掌握如何组织投标人进行现场踏勘、投标答疑、开标、评标，最后确定中标人的实务工作。

【学习参考资料】

1.《中华人民共和国招标投标法》第四章；

2. 国家七部委颁发的第30号令《工程建设项目施工招标投标办法》的第二章、第四章；

3. 有关招标投标的各类文件及书刊。

一、发售招标文件

在公开招标中，经资格预审合格的及有投标意向的投标人，接到投标邀请书后，在指定时间到指定地点购买招标文件。同样在邀请招标中，对有意向参加投标的投标人，进行事先考查，对考查合格者发出投标邀请书，在指定时间到指定地点购买招标文件。后种方式多在国家或地方重点项目中使用，不适宜公开招标或者非重点项目中采用。

发售招标文件时应做好购买记录，内容包括购买招标文件的公司详细名称、地址、电话、电传、邮政编码等。以便于日后查对，需要时进行联系，如答疑、澄清、修改和补遗招标文件等。

二、组织现场踏勘和标前会议

招标人在投标须知规定的时间组织投标人自费进行现场考察。设置此程序的目的，是让投标人了解工程项目现场自然条件、施工条件以及周围环境条件，以便于合理编制投标书。

1. 组织现场踏勘

由招标人组织投标人进行项目现场踏勘，使投标人进一步了解项目所在地的社会及经济状况，熟悉政治形势、法律法规和风俗习惯、现场情况和自然条件、施工条件以及周围环境条件等状况，并收集场地布置和编制投标文件所需要的资料等。投标人通过实地考察，还可以避免合同履行过程中投标人以不了解现场情况为理由推卸应承担的合同责任。作为招标人和工程师应主动创造各种条件，使得投标人能以较少的时间，完成解决上述问题的考察，便于投标人确定投标的原则和策略，为编制投标文件奠定基础。

进行现场踏勘的时间不宜过早，过早会使投标人来不及很好地研究招标文件，无法就招标文件提出问题；也不宜过晚，这会使现场考察后没有足够的时间完成投标文件的编制。应防止有丰富经验和实力，以及具有竞争力的投标人，由于时间不足，投标文件编制的粗糙，而失掉中标机会，这对招标人来说就错过了一个很好的承包人。

2. 标前会议

招标文件一般均规定在投标前召开标前会议。投标人应在参加标前会议之前把招标文件和现场考察中存在的问题以及疑问整理成书面文件，按照招标文件规定的方式、时间和地点要求，送到招标人或招标代理机构处，招标人应及时给予书面解答。有时招标人允许投标人以现场口头提问，但投标人一定以接到招标人的书面文件为准。投标人在提出疑问时，应注意提问的方式和时机，特别注意不要对招标人的失误和不专业进行攻击和嘲笑。

招标人对任何投标人所提问题的回答，必须以书面形式发送给所有投标人，保证招标的公开和公平，但不必说明问题的来源。回答函件作为招标文件的组成部分，如果书面解答的问题与招标文件中的规定不一致，以函件的解答为准。

三、招标文件的修订和补遗

在投标准备阶段，由于投标人以各种方式向招标人提出质疑，需要澄清和解决的问题，以及招标人和工程师查阅发现的新问题，需要修订和补遗招标文件。这是招标人的权利，但限定的时间是截止投标日前一定的时间发出，以便投标人均能做出响应，否则会形成投标报价不在同一基础上。大中型土木建筑工程一般情况下，国内招标采用截止投标日前 14 天发出招标文件的修改通知，国际招标采用截止投标日前 28 天发出招标文件的修改通知。修改通知必须通告所有的投标人。

四、开标

1. 开标的时间和地点

开标应在招标公告或者投标邀请书规定的时间、地点公开进行，招标人应邀请所有投标人参加开标会议。投标人应派代表参加，并在招标人指定的登记册上签名报到。由招标人或委托的招标代理机构的代表主持开标会议，招标人和工程师单位派代表参加，必要时主管部门和贷款单位派代表参加。开标时间的选定，应当在招标文件中明确规定，在提交投标文件截止时间的同一时间开标，以免造成投标文件失密或被怀疑泄密。

在开标时，如果发现投标文件出现下列情形之一，应当作为无效投标文件，不再进入评标：

（1）投标文件未按照招标文件的要求予以密封；

（2）投标文件中的投标函未加盖投标人的企业及企业法定代表人印章，或者企业法定代表人委托代理人没有合法、有效的委托书（原件）及委托代理人印章；

（3）投标文件的关键内容字迹模糊、无法辨认；

（4）投标人未按照招标文件的要求提供投标保证金或者投标保函；

（5）组成联合体投标的，投标文件未附联合体各方共同投标协议。

2. 开标的程序

开标由招标人主持，邀请所有投标人参加。开标时，由投标人或其推选的代表检查投标文件的密封情况，也可以由招标人委托的公证机构检查并公证。经确认无误后，按投标文件接到的时间（正序或逆序），由工作人员公开启封投标文件正本，公布投标人名称、投标总价（国际招标要宣读人民币和外币部分）、投标价格折扣或修改函、投标保函、投标替代方案价格等。在这里投标报价折扣或修改函是投标人在投标文件正本中附有一个降低投标总价的信函，这种做法是国际上的惯例，是投标人经常采用的投标技巧，能防止投标人的投标价格泄露而削弱了自身的竞争能力。

在开标会议上不允许投标人对投标文件作任何修改或说明，也不允许投标人提任何问题，招标人不解答任何问题。宣读完各投标人投标价格和招标人认为适当的其他情况后，开标会议结束。

会后由招标代理机构或工程师编写开标纪要，经招标人批准后报有关部门和贷款单位。开标会议纪要通常包括：招标项目名称、合同号、贷款编号、刊登招标公告日期、发售招标文件日期和地点、购买招标文件公司的名称、投标截止日期、开标日期和地点、各投标人投标报价和会议进行情况，以及参加开标会议的单位和人员情况（包括主管部门、招标人、招标代理机构、监理单位、贷款单位和投标公司的名称和代表的姓名等）。

开标时如发现有重大偏离招标条件的情况，应当即刻宣布为废标。开标过程应当记录，并存档备查。

3. 开标应注意事项

(1)《中华人民共和国招标投标法》第 28 条规定“投标人少于三个的，招标人应依据本法重新招标。”出现这种情况，不能开标。如果开标后投标人有效标不足三个的，只要有效标投标报价合理，应从中确定中标人，而不可以重新招标。因为开标后各投标人报价都已公开，如重新招标就是不公正的对待投有效标的投标人，会使他们处于被动的局面。

(2)《中华人民共和国招标投标法》第 34 条规定：“开标应当在招标文件确定的提交投标文件截止时间的同一时间公开进行。”这样做法是为防止泄露投标人投标文件的内容。但应说明的是，国际招标不需要此种做法，一般情况下投标截止时间与开标时间有一天的时间间隔。

(3) 开标后即进入评标阶段，要避免招标的主要负责人、评标工作人员、评标委员会成员与投标人接触，从而保证评标人员、评标地点、评标过程和成果的保密。

(4) 招标项目开标时，投标人未参加开标会议，其投标仍然有效。此投标人也必须承认开标结果。如否认开标结果，撤回投标文件时（这是他的权利），招标人有权扣留其投标保证金。对投标人而言应派代表参加开标会议，可以使投标人得以了解开标是否依法进行，这对招标人也起到监督作用。同时，也可使投标人了解其他投标人的投标情况，衡量一下中标的可能性。

五、评标

评标是招标工作的最重要阶段，根据《中华人民共和国招标投标法》和招标文件规定的评标组织、评标方法、评标内容和评标标准，对每个投标人的投标文件进行审查、澄清和比较，最后按招标文件规定的中标条件，选定一个高效率的承包人，使发包人投入资金最少，又能获得按规定时间圆满完成的合格项目。

1. 组建评标委员会

根据《中华人民共和国招标投标法》第 37 条规定，评标由招标人依法组建的评标委员会负责。依法必须进行招标的项目，其评标委员会由招标人的代表和有关技术、经济等方面的专家组成，成员为 5 人以上单数，其中技术、经济等方面的专家不得少于成员总数的 2/3。评标委员会成员的名单在中标结果确定前应当保密。技术、经济等方面的评标专家由招标人从国务院有关部门或者省、自治区、直辖市人民政府有关部门提供的专家名册，或者招标代理机构的专家库相关专业的专家名单中确定。一般招标项目可以采取随机抽取方式，技术特别复杂、专业性要求特别高或者国家有特殊要求的招标项目，采取随机抽取方式确定的专家难以胜任的，可以由招标人直接确定。

评标机构和组织应依法组建，为保证评标的公正性和权威性，评标委员会的成员选择要规范。严格防止评标委员会成为各方利益的代表。

2. 评标原则

(1) 评标的全过程应依《中华人民共和国招标投标法》和招标文件的规定进行，其招标人和投标人也应主动接受行政监督部门的依法监督。

(2) 依据《中华人民共和国招标投标法》和评标惯例，制定明确的可操作性的评标方法、评标内容、评标标准和中标条件。

(3) 必须在招标文件中载明评标方法、评标内容、评标标准和中标条件，其目的就是让各潜在投标人知道这些方法、内容、标准和中标条件，以便考虑如何有针对性地投标。招标文件中没有规定的方法、内容、标准和中标条件，不得作为评标的依据。

(4) 评标必须遵守公平、公正的原则。为了保证评标的公平性和公正性，评标必须按照招标文件规定的评标方法、评标内容、评标标准和中标条件进行。不得随意改变招标文件中确定的评标方法、评标内容、评标标准和中标条件，更不能制定新的方法、内容、标准和中标条件。因此，评标委员会成员应当认真研究和熟悉招标文件，至少应了解以下内容：

1) 招标项目的开发目标；

2) 招标项目的范围和性质；

3) 招标文件中规定的技术要求、标准和商务条款；

4) 招标文件规定的评标方法、评标内容、评标标准和中标条件，以及在评标过程中考虑的相关因素（特别是价格因素）；

5) 了解工程师或招标代理机构编制的并经招标人批准的招标项目施工规划、招标控制价。

3. 评标办法

评标办法包括经评审的最低投标价法、综合评估法或者法律、行政法规允许的其他评标办法。

(1) 经评审的最低投标价法

经评审的最低投标价法一般适用于具有通用技术、性能标准或者招标人对其技术、性能没有特殊要求的招标项目。根据经评审的最低投标价法，能够满足招标文件的实质性要求，并且经评审的最低投标价的投标应当推荐为中标候选人，但其投标价格低于其企业成本的除外。

采用经评审的最低投标价法的，评标委员会应当根据招标文件中规定的评标价格调整方法，将所有投标人的投标报价以及投标文件的商务部分做必要的价格调整。采用经评审的最低投标价法的，中标人的投标应当符合招标文件规定的技术要求和标准，但评标委员会无需对投标文件的技术部分进行价格折算。

根据经评审的最低投标价法完成详细评审后，评标委员会应当拟定一份“标价比较表”，连同书面评标报告提交招标人。“标价比较表”应当载明投标人的投标报价、对商务偏差的价格调整和说明，以及经评审的最终投标价。

(2) 综合评估法

不宜采用经评审的最低投标价法的招标项目，一般应当采取综合评估法进行评审。根据综合评估法，最大限度地满足招标文件中规定的各项综合评价标准的投标，应当推荐为中标候选人。

衡量投标文件是否最大限度地满足招标文件中规定的各项评价标准，可以采取折算为货币的方法、打分的方法或者其他方法。需量化的因素及其权重应当在招标文件中明确规定。评标委员会对各个评审因素进行量化时，应当将量化指标建立在同一基础或在同一标准上，使各投标文件具有可比性。对技术部分和商务部分进行量化后，评标委员会应当对这两部分的量化结果进行加权，计算出每一投标的综合评估价或者综合评估分。

根据综合评估法完成评标后，评标委员会应当拟定一份“综合评估比较表”，连同书面评标报告提交招标人。“综合评估比较表”应当载明投标人的投标报价、所做的任何修正、对商务偏差的调整、对技术偏差的调整、对各评审因素的评估，以及对每一投标的最终评审结果。

4. 评标的标准

一般包括价格标准和非价格标准。价格标准是指投标人的投标价格或经评审的投标价格。非价格标准是指投标价格以外的标准。一般情况下非价格标准有以下几种。

（1）工程施工项目的评标标准

1）施工方法在技术上的可行性和施工布置的合理性；

2）配备施工设备的数量和质量能否保证顺利施工；

3）配备的主要管理人员和技术工人的施工经验和素质；

4）保证进度、质量和安全等措施的可靠性；

5）投标人的资质、信誉和财务能力。

（2）材料、设备采购项目的评标标准

1）运输费、保险费、付款计划和运营成本等评估；

2）保证交货期和质量措施的可靠性；

3）材料、设备的有效性、配套性、安全性和环境保护等；

4）安装手段和采用的技术措施（如采购设备）；

5）零配件和服务提供能力（包括相关的培训）；

6）投标人的资质、信誉和财务能力。

（3）服务项目的评标标准

1）保证进度、造价控制和质量措施的可靠性；

2）服务人员的业绩和经验；

3）服务人员的专业和管理能力；

4）投标人的资质、信誉和财务能力。

上述评标标准，应依据招标项目的性质，具体载明在招标文件的投标人须知中，评标委员会成员依此进行评标。

5. 评标程序和内容

在招标人或者招标代理机构组织下，评标委员会负责评标，在评标过程中应严格保密以及禁止同外界接触。一般情况下，评标工作分为初步评审（初评）和详细评审（终评）。

（1）初步评审

本阶段是对所有投标人的投标文件作总体综合评价，以便初选出几家优势较强的投标人，进入下一阶段评审。

首先核查投标报价是否正确无误，对有算术错误的报价进行修正。修正的原则按招标文件中投标人须知规定进行。然后按投标报价大小进行排队。

初步评审主要内容有：

1）投标文件的完整性和响应性：

①完整性评定主要是指投标函（投标书）和合同格式等投标文件是否按招标文件要求填写，包括：投标文件的内容是否满足招标文件的基本要求；重要表格是否按招标文件的要求都已填报；是否在授权书和投标函上有合法的签字；投标保证金（额度、提供和有效期等）是否满足招标文件的要求等。

②响应性评定主要是指响应性投标文件是遵从招标文件的所有项目、条款和技术规范，而无实质性偏离或保留的投标文件。实质性偏离或保留是指：

A. 以任何方式对工程范围、质量或实施造成影响；

B. 与招标文件规定相悖；

C. 对合同中规定的招标人权利或投标人义务的实施产生限制；

D. 纠正这种偏离或保留，又会不公平地影响提出响应性投标的其他投标人的竞争地位。

如果投标文件对招标文件有实质性偏离或保留时，招标人有权拒绝其投标。

2）法律手续和企业信誉是否满足要求。核查投标人所在国和所在地是否存在经注册的实体公司。国内投标人应有注册证明和企业资质等级的证明。国外投标人要有所在国的注册证明和我国驻外使馆经济参赞处的证明，证明其是否是合法的开业公司；同时该公司的法人对投标人是否按招标文件规定给予授权，并应由公证机关证明；企业信誉的评定，主要依据投标人所报资料和实地调查资料评定。评定已实施合同的执行情况，发包人是否满意，有无中止过合同，或有被投诉、被诉讼等方面的记录。

3）财务能力。利用以下各指标进行综合分析，评定投标人的财务实力。如果资格预审阶段详细评定了，该阶段只核查是否有变化，只对财务状况变化的投标人再评审。

①用企业的年生产能力（年完成本工程计划资金量与平均每年完成工程的总值比率）分析承担本工程的履约能力；

②用预计合同范围（年完成本工程计划资金量与净流动资产比率）指标衡量投标人是否有足够的营运资本来履行本合同能力；

③用长期平衡系数（年完成本工程计划资金量与净资产比率）指标衡量投标人目前自有资产对承包本合同工程的保证程度；

④用债务比率和收益与利息比率衡量企业还债能力和举债经营的限度；

⑤用速动比率（速动资产总额与流动负债总额比率）指标测定企业迅速偿还流动债务能力；

⑥用销售利润率（净收益与销售收入比率）与资产利润率（净资产与平均资产总额比率）指标衡量企业获利能力；

⑦用银行提供的资信证明，了解投标人在金融界的信誉及银行对投标人所持的态度。

4）评定施工方法的可行性和施工布置的合理性。以工程师编制的施工规划，评定各投标人选用的施工方法是否可行，施工布置是否合理，适应工程实际的情况，应变能力是否强等，并比较其优缺点，提出存在的问题，以便进一步的澄清。

5）施工能力和经验的比较。对各投标人拟派驻现场的项目经理、总工程师、高级专业工程师、施工工程师和经济师等主要管理人员资历、经验和语言能力等进行评价；对现场管理机构的设置进行评价；对实施本工程项目投入的现有施工设备、拟新购施工设备和租用施工设备等的名称、规格、型号、产地、容量、新旧程度和价值、数量、出厂日期等进行评价；对已建成或在建或已承诺的类似本工程项目的状况进行评价。通过上述评价，评定各投标人是否有能力和经验完成本工程项目，评价其适应和应变能力。

6）评价保证工程进度、质量和安全等措施的可靠性。从施工进度安排上看，由于各投标人采用的施工方法和布置不同，施工强度有较大差别。对于所安排劳动强度低的投标人，应变能力强，可靠性高，反之则低。

7）评价投标报价的合理性。投标人的投标报价经算术错误纠正之后，以招标人核定的标底或招标控制价或成本价为依据，分别评价投标人的投标报价。特别要以工程量清单中各主要项目的投标单价对比相应项目的标底单价。从工程师编制的施工规划与投标人编制的施工组织设计中，评价高低差的合理性。如果主要项目单价差过大，且不合理，或者某投标人的投标价格明显低于其他投标报价（建议采用低于投标报价平均值的30%考核）或者其投标报价低于成本价（是指招标人标底的成本价，即工程师编制的工程概算减去利润和风险费用）时，招标人有权不接受这样的投标。或者要求该投标人做出书面说明并提供相关证明材料。投标人不能合理说明或者不能提供相关材料的，由评标委员会认定该投标人以低于成本报价竞标，其投标应作废标处理。

上述评价内容主要是为评定是否能够满足招标文件的实质性要求。如果不能满足实质性要求，则应淘汰其投标。如果满足实质性要求则再按第7）条评价投标人投标价格的合理性。如果投标价格合理，且不低于成本价时，这些投标人都是符合要求的初选投标人。再按投标价格高低顺序排队，选择较低3～5家投标人进入详细评审。

（2）详细评审（终评）

本阶段是对经初步评审有竞争优势的投标人，进一步全面评审，从中确定中标候选人。本阶段第一项任务是对进入终评的投标文件中存在的问题进行澄清。首先把存在的问题以书面方式分别发给投标人，并要求按规定的时间以书面方式做出澄清答复，包括对投标价格错误的算术修正。在此基础上，再召开投标人澄清会议，分别进行招标人和各投标人面对面的澄清。

澄清会议结束后，即开始详细评审，主要从以下几个方面评审：

1）进行投标人的资格后审。该阶段还应继续核查投标人的资质、施工企业的信誉和财务状况。如资格条件有实质性的改变时，招标人有权取消其投标资格。

2）进一步评价是否能够满足招标文件实质性要求。在初步评审和澄清的基础上，进一步核查施工方法、施工布置、施工能力和经验、施工进度、确保工程质量和安全的措施等。如有实质性的改变，已不能满足招标文件实质性要求时，招标人也有权取消其投标人资格。

3）上述两条评价中如有被取消投标资格，且剩余的投标人数量不足三家时，应从初选的投标人中补进。补进的条件是能够满足招标文件实质性要求，投标价格最低。

4）计算经评审的投标价格（或称评标价）。对仍然能够满足招标文件实质性要求的投标人中，进行经评审的投标价格计算，计算因素是在投标人须知中已载明的，其主要方面有：

①改正投标价格的算术错误；

②扣除投标价格的备用金；

③如是涉外工程时，应将投标价格转换为单一货币（以基准日或开标日的官方汇率折算），以资比较；

④招标人认为可接受的非实质性偏离和保留，并以量化的货币值，加到投标报价之中；

⑤投标人的投标可使招标人产生费用变化时，计算随时间（一般以月为单位）可定量变化的货币，即投资计划——纯现金流量。如果全部从银行贷款时，按年贴现率折成应交利息现值，加到投标人的投标报价中，以资比较。

通过上述评审和计算经评审的投标价格，对能够满足招标文件实质性要求的投标人，以经评审的投标价格高低排队，经评审的投标价格最低的投标人为推荐的中标候选人，经评审的投标价格次低（第二名）的投标人为候补中标候选人。

上述中标人的最低经评审的投标价格是为评标使用的价格，不是项目合同执行时合同价格，合同价格应是招标人接受投标人的中标价格，中标价格才是实际支付工程价款的依据。经评审的投标价格（评标价）最低是招标人获得的最为经济的投标，而投标价格最低并不一定是最为经济的投标。另外，如果允许投标人可同时投多个标时，投标人各标经评审投标价格的总和低于各标的最低经评审投标价格的总和，才能成为中标人。

按国家七部委 12 号令《评标委员会和评标方法暂行规定》的第 39 条规定：对于划分有多个单项合同的招标项目，招标文件允许投标人为获得整个项目合同而提出优惠的，评标委员会可以对投标人提出的优惠进行审查，以决定是否将招标项目作为一个整个合同授予中标人。将招标项目作为一个整体合同授予的，整体合同中标人的投标应当最有利于招标人。

整体（或多个）合同中标人的投标应当最有利于招标人，是指投标人对整体或多个合同的投标提出的经评审的总投标价格，此价格应低于由不同投标人分别提出的各合同最低经评审的投标价格的总和。

如果招标人将整个或多个合同授予同一个中标人的情况下，这些合同应相互独立。但不要求承包人为不同的合同提供不同的项目代表人。

6. 评标报告

评标委员会完成评标后，以多数成员的意见，向招标人提出书面评标报告。评标报告是评标委员会经过对各投标书评审后向招标人提出的结论性报告，作为定标的主要依据，这是评标委员会提交给招标人的重要文件。在评标报告中不仅要推荐中标候选人，而且要说明这种推荐的具体理由。所以此报告是招标人定标的重要依据，一般应包括以下的主要内容：

（1）开标的时间和地点、开标会议召开情况的总结；

（2）投标人投标价格情况，以及修正后投标价格的排序；

（3）评标的方法、内容和标准，以及授标条件的具体规定；

（4）评标机构和组织的组建情况；

（5）具体评标过程和具体情况总结，说明作废的投标情况；

（6）经评审的投标价格的计算成果；

（7）对满足评标标准的投标人经评审的投标价格排序；

（8）推荐中标候选人与选定的原因。

（9）在合同签订前谈判时需解决和澄清的问题；

（10）附件：

1）评标委员会成员名单和签字表；

2）资格后审情况表；

3）进入详细评审的投标人投标价格与投标控制价的对比表；

4）对投标人的算术错误修正前与投标人协商的备忘录（有双方签字）；

5）书面澄清和澄清会议的备忘录或纪要；

6）个别评标委员会成员对推荐中标候选人有异议的申诉备忘录（有本人签字）。

评标委员会成员均应在评标报告上签字和确认，如果个别成员对推荐的中标候选人有异议，可将个人意见写成备忘录附在评标报告后面。评标报告提交给招标人后，评标工作结束。

六、确定中标人与发出中标通知书

1. 确定中标人

（1）根据《中华人民共和国招标投标法》规定，中标人的投标应当符合下列条件之一：

1）能够最大限度地满足招标文件中规定的各项综合评价标准；

2）能够满足招标文件各项要求，并经评审的价格最低，但投标价格低于成本的除外。

第1）种情况是采用综合评估法或经评审的最低投标价法进行比较后，最佳标书的投标人应为中标人。第2）种情况适用于招标工作属于一般投标人均可完成的小型工程施工；采购通用的材料；购买技术指标固定、性能基本相同的定型生产的中小型设备等招标，对满足基本条件的投标书主要进行投标价格的比较。

（2）确定中标人前，招标人不得与投标人就投标价格、投标方案等实质性内容进行谈判。招标人应根据评标委员会提出的评标报告和推荐的中标候选人确定中标人，也可以授权评标委员会直接确定中标人。

（3）若评标委员会违反《中华人民共和国招标投标法》以及未按招标文件规定的评标方法、内容、标准和中标条件确定中标候选人时，招标人可以否定中标候选人，由招标人直接确定中标人。如果是涉外工程，还应将评标结果提交给由有关主管部门组成的评标领导小组批准，然后再报贷款单位或提供资金单位备案，无异议后才可确定中标人。《中华人民共和国招标投标法》规定，招标人自确定中标人之日起 15 天内，向有关行政监督部门提交招标投标情况的书面报告，并主动接受行政监督部门依法进行的监督。

2. 发出中标通知书

定标后，招标人应向中标人发出中标通知书。《中华人民共和国招标投标法》第 45 条规定：中标通知书对招标人和中标人都具有法律效力。中标通知书发出后，招标人改变中标结果的，或者中标人放弃中标项目的，应当依法承担法律责任。对于中标人放弃中标项目、因不可抗力提出不能履行合同，或者招标文件规定应当提交履约担保而在规定期限内未能提交的，招标人可选定评标委员会推荐的候补中标候选人为中标人。同时将中标结果通知所有未中标的投标人。此时招标代理机构或工程师单位应完成合同文件的编制工作，即把招标文件、投标人质疑的答复、招标文件的修改和补遗、投标文件、澄清文件、签订合同前谈判的备忘录和协议书等，按文件的先后顺序编制。

七、签订工程施工合同和发出开工通知

1. 签订工程施工合同

自中标通知书发出之日起 30 日内，按照招标文件和中标人的投标文件签订书面合同。签订合同前交纳履约担保，签订合同后 7 个工作日内，应当退还所有投标人的投标保证金。在签订合同前的谈判中不得对招标文件和投标文件作实质性修改（指投标价格和投标方案），招标人不得向中标人提出任何不合理要求作为订立合同的条件，也不得订立背离合同实质性内容的协议，更不能强迫投标人降低报价或提出优惠和回扣条件。

2. 发出开工通知

合同签订之后一定时间（一般为 14 天）内，由工程师发布开工通知，按其指定日期（一般为发布开工日期后 7 天）开工，以后按日历天数计算工期。承包人可在接到开工通知后进场做施工准备，履行招标项目的承包合同，招标工作结束。

复习思考题

1. 现场踏勘的目的和内容是什么？
2. 招标文件修订和补遗的时间怎样安排？
3. 开标的时间和地点有何规定？
4. 开标的程序有哪些内容？

5. 开标有哪些注意事项？
6. 评标委员会人员数量及组成有何要求？
7. 评标依据的原则有哪些？
8. 评标办法有哪几种？各办法的适用项目及主要内容是什么？
9. 评标的标准有哪几种？各自的含义是什么？
10. 评标程序各个阶段及主要内容是什么？
11. 评标报告包括的主要内容有哪些？

单元二　建设工程施工投标组织

任务一　建设工程施工投标准备工作

【引导问题】

1. 投标人应具备哪些条件？
2. 建设工程投标有何禁止性规定？
3. 建设工程施工投标应遵循哪些程序？
4. 投标的前期主要做哪些工作？
5. 如何编制投标资格预审申请文件？
6. 如何编制建设工程施工投标文件？
7. 施工投标文件中的施工组织设计如何编制？
8. 如何编制建设工程投标报价？
9. 投标报价中定额计价模式和工程量清单计价模式的各自费用构成有哪些？

【工作任务】

了解施工投标准备工作的内容、投标人应具备的条件、投标的禁止性规定及工程施工投标的程序，掌握资格预审申请文件和投标文件的编制，重点能完成技术标的施工组设计（或施工方案）和商务标（经济标）的投标报价编制。

【学习参考资料】

1.《中华人民共和国招标投标法》的第三章；

2. 国家七部委颁发的《工程建设项目施工招标投标办法》第30号令的第三章。

一、建设工程投标的一般规定

（一）投标人应具备的条件

《中华人民共和国招标投标法》第26条规定："投标人应当具备承担招标项目的能力；国家有关规定对投标人资格条件有规定的，投标人应当具备规定的资格条件。"

投标人应当具备承担招标项目的能力。参加投标活动对参加人有一定的要求，不是所有感兴趣的法人或其他组织都可以参加投标。投标人必须按照招标文件的要求，具有承包建设能力或货物供应能力，这里所指的能力是指完成合同所应当具备的人力、物力、财力和经验业绩等。投标人可以集中精力，提高工作效率。对于一些采购金额比较小的采购项目一般采取资格后审，没有专门的资格预审程序。

1. 投标人应当具备下列条件：

（1）与招标文件要求相适应的人力、物力和财力；

（2）招标文件要求的资质证书和相应的工作经验与业绩证明；

（3）法律、法规规定的其他条件。

2. 国家有关规定对投标人资格条件或招标文件对投标人资格有规定的，投标人应当具备规定的资格条件。如国家计委于 1997 年 8 月 18 日发布的《国家基本建设大中型项目实行招标投标的暂行规定》第 13 条规定，参加建设项目主体工程的设计、建筑安装和监理以及主要设备、材料供应等投标的单位，必须具备下列条件：

（1）具有招标文件要求的资质证书，并为独立的法人实体；

（2）承担过类似建设项目的相关工作，并有良好的工作业绩和履约记录；

（3）财务状况良好，没有处于财产被接管、破产或其他关、停、并、转状态；

（4）最近三年内没有与骗取合同有关以及其他经济方面的严重违法行为；

（5）近几年有较好的安全记录，投标当年内没有发生重大质量和特大安全事故。

法律对投标人的资格条件作出规定，对保证招标项目的质量、维护招标人的利益乃至国家和社会公共利益，都是很有必要的。不具备相应的资格条件的承包商、供应商，不能参加有关的招标项目的投标；招标人也应当按照《中华人民共和国招标投标法》和国家有关规定及招标文件的要求，对投标人进行必要的资格审查，不具备规定的资格条件的，不能中标。

（二）关于投标的禁止性规定

1. 投标人之间串通投标

《中华人民共和国招标投标法》第 32 条第 1 款规定“投标人不得相互串通投标报价，不得排挤其他投标人的公平竞争，损害招标人或者其他投标人的合法权益。”《关于禁止串通招标投标行为的暂行规定》列举了以下几种表现形式：

（1）投标者之间相互约定，一致抬高或者压低投标价；

（2）投标者之间相互约定，在招标项目中轮流以高价位或低价位中标；

（3）投标者之间进行内部竞价，内定中标人，然后再参加投标；

（4）投标者之间其他串通投标行为。

2. 投标人与招标人之间串通招标投标

《中华人民共和国招标投标法》第 32 条第 2 款规定“投标人不得与招标人串通投标，损害国家利益、社会公共利益或者他人的合法权益。”《关于禁止串通招标投标行为的暂行规定》列举了下列几种表现形式：

（1）招标者在公开开标前，开启标书，并将投标情况告知其他投标者，或者协助投标者撤换标书，更改报价。

（2）招标者向投标者泄露标底。

（3）投标者与招标者商定，在招标投标时压低或者抬高标价，中标后再给投标者或者招标者额外补偿。

（4）招标者预先内定中标者，在确定中标者时以此决定取舍。

（5）招标者和投标者之间其他串通招标投标行为（如通过贿赂等不正当手段，使招标人在审查、评选投标文件时，对投标文件实行歧视待遇；招标人在要求投标人就其投标文件澄清时，故意作引导性提问，以使其中标等）。

3. 投标人以行贿的手段谋取中标

《中华人民共和国招标投标法》第32条第3款规定“禁止投标人以向招标人或者评标委员会成员行贿的手段谋取中标。”

投标人以行贿的手段谋取中标是违背《中华人民共和国招标投标法》基本原则的行为，对其他投标人是不公平的。投标人以行贿手段谋取中标的法律后果是中标无效，有关责任人和单位应当承担相应的行政责任或刑事责任，给他人造成损失的，还应当承担民事赔偿责任。

4. 投标人以低于成本的报价竞标

《中华人民共和国招标投标法》第33条规定，投标人不得以低于成本的报价竞标。

投标人以低于成本的报价竞标，其目的主要是为了排挤其他对手。这里的成本应指个别企业的成本。投标人的报价一般由成本、利润和税金三部分组成。当报价为成本价时，企业利润为零。如果投标人以低于成本的报价竞标，就很难保证工程的质量，各种偷工减料、以次充好等现象也随之产生，因此，投标人以低于成本的报价竞标的手段是法律所不允许的。

5. 投标人以非法手段骗取中标

《中华人民共和国招标投标法》第33条规定，投标人不得以他人名义投标或者以其他方式弄虚作假，骗取中标。在工程实践中，投标人以非法手段骗取中标的现象大量存在，主要表现在如下几方面：

（1）非法挂靠或借用其他企业的资质证书参加投标；

（2）投标文件中故意在商务上和技术上采用模糊的语言骗取中标，中标后提供低档劣质货物、工程或服务；

（3）投标时递交虚假业绩证明、资格文件；

（4）假冒法定代表人签名，私刻公章，递交假的委托书等。

二、建设工程施工投标程序

建设工程施工投标分为准备阶段、投标阶段和投标后期阶段三个阶段。其具体内容如下：

1. 准备阶段

（1）了解招标信息，选择投标对象。建筑企业根据招标广告或招标通告，分析招标工程的条件，再依据自己的能力，选择投标工程。

（2）申请投标。按招标广告、通告的规定向招标单位提出投标申请，提交有关的资料。

（3）接受招标单位的资格审查。

（4）通过资格预审的投标人购买招标文件及有关资料。

（5）研究招标文件。研究工程条件、工程施工范围、工程量、工期、质量要求及合同主要条款等，弄清承包责任和报价范围，模糊不清或把握不准之处，应做好记录，在答疑会上澄清。

（6）参加现场勘察，调查投标环境，并就招标中的问题向招标人提出质疑。

2. 投标阶段

（1）确定投标策略，编制投标书。

（2）在规定的时间内，向招标人报送标书。

（3）参加开标会议。

（4）等待评标、定标。

3. 投标后期阶段

在此阶段中标人与招标人签订承包合同及相应后期工作。办理、提交支付担保和履约担保，取回中标人及未中标人投标保证金，中标人还要配合招标人办理合同备案等。

三、投标前期工作

投标的前期工作包括获取投标信息与前期投标决策，即从众多市场招标信息中确定选取哪个（些）项目作为投标对象。在此要注意以下四个方面：

1. 确定招标信息的可靠性

参加投标的企业，在决定投标对象时，必须认真分析验证所获信息的真实可靠性。这可通过调查了解，证实其招标项目确实已立项批准和资金落实，并符合招标条件。

2. 工程业主的调查分析

对业主的调查了解主要是确切地落实其资金来源是否得到保证和项目进度款支付的可靠性。如果招标的项目是政府出资或筹资的项目，应当了解其所需资金是否已经列入国家批准的预算，如果该项目的开支未列入预算，则该项目的开支将难以保证。

对私营企业的工程项目，首先要核查业主的资信，了解其筹资情况。

无论是公私合营还是私营股份合资招标的项目，事先都需要详细调查其背景和筹资情况以及各方的资信。对合营公司招标的项目轻易决策参加投标，往往带来后患。

3. 竞争对手的调查

对竞争对手进行调查也是投标准备工作的一个重要内容。应通过各种调查手段核实哪些公司确实将参加竞争。当然这种核实要准确，不要出现错误，因为有些公司会在投标前故意制造一些不拟投标的假象迷惑竞争对手，然后“突然袭击”参加投标，使竞争对手措手不及。当摸清情况后，即可对所有预投标的公司进行筛选，有重点地进行调查。调查中，除公司一般情况外还应调查如下内容：

（1）该公司的能力和过去几年内他们的工程承包实绩，包括他们已完成和正在实施的项目的情况。

（2）该公司的主要特点，其突出的优点和明显的弱点。

（3）该公司手头项目情况，对此项目得标的迫切程度如何。以便从中得出这些公司的决心以及他们的优势和劣势，从中找出投标时制胜的“切入点”，制定合理的投标策略。

4. 成立投标工作机构

如果已经核实了信息，证明某项目的业主资信可靠，没有资金不到位及拖欠工程款的风险，则施工企业可做出投标该项目的决定。为了确保在投标竞争中获胜，施工企业必须精心挑选精干且富有经验的人员组成投标工作机构。该工作机构应能及时掌握市场动态，了解价格行情，能基本判断拟投标项目的竞争态势。注意收集和积累有关资料，熟悉工程招标投标的基本程序，认真研究招标文件和图纸。善于运用竞争策略，能针对具体项目的各种特点制定出恰当的投标报价策略，至少应使其报价进入预选圈内。投标工作机构通常应由以下人员组成：

(1) 决策人通常由部门经理或副经理担任，亦可由总经济师负责。

(2) 技术负责人可由总工程师或主任工程师担任，其主要责任是制定施工方案和各项技术措施。拟担任该项目施工的项目经理必须参加投标工作。

(3) 投标报价人员由经营部门的主管技术人员、造价师、造价员等负责。

此外，物资供应、财务计划等部门也应积极配合，特别是在提供价格行情、工资标准费用开支及有关成本费用等方面给予大力协助。投标机构的人员应精干、富有经验且受过良好培训，有娴熟的投标技巧和较强的应变能力。这些人员应渠道广、信息灵、工作认真、纪律性强。投标机构的人员不宜过多，特别是后决策阶段，参与的人数应严格控制，以确保投标报价的机密。

四、编制投标资格预审申请文件

1. 熟悉投标资格预审文件

结合招标项目的概况熟悉以下内容：

(1) 清楚招标项目的资金来源、额度和采购范围。

(2) 招标项目的规模、数量、性质和特点。

(3) 项目分标及各标段的关系。

(4) 合同概况。采用何种合同范本、款项支付、工期约定、质量标准、风险及争议处理。

(5) 资质和资格的具体要求。

(6) 注意资格预审文件中标明的评审合格的内容。

(7) 所填报表格内容。

2. 投标资格预审申请文件的编制要求

投标资格预审申请文件的格式，可根据中华人民共和国《标准施工招标资格预审文件》(2007版) 进行编制。

(1) 投标资格预审申请文件，应按附式1～附式6和表2-1-1～表2-1-7进行编写，如有必要，可以增加附式，并作为资格预审申请文件的组成部分。对于符合规定接受联合体资格预审申请的，本附式1～附式6和表2-1-1～表2-1-7规定的表格和资料应包括联合体各方相关情况。

(2) “法定代表人授权委托书”(附式5) 必须由法定代表人签署。

(3) “申请人基本情况表”(表2-1-1) 应附申请人营业执照副本及其年检合格的证明材料、资质证书副本和安全生产许可证等材料的复印件。

(4)“近年财务状况表”(表 2-1-3～表 2-1-5)应附经会计师事务所或审计机构审计的财务会计报表，包括资产负债表、现金流量表、利润表和财务情况说明书的复印件。

(5)“近年完成的类似项目情况表”(表 2-1-6)应附中标通知书和合同协议书、工程接收证书(工程竣工验收证书)的复印件，具体年份要求见单元一任务二。每张表格只填写一个项目，并标明序号。

类似项目(也称同类工程)是指与招标项目在结构形式、使用功能、建设规模相同或相近的项目；如无类似项目，则指能证明申请人具备完成招标项目能力的项目。对类似项目的定义和具体要求，由招标人载明。

(6)“正在施工和新承接的项目情况表”(表 2-1-7)应附中标通知书和(或)合同协议书复印件。每张表格只填写一个项目，并标明序号。

(7)对于近年发生的诉讼及仲裁情况应说明相关情况，并附法院或仲裁机构作出的判决、裁决等有关法律文书复印件。

投标资格预审申请文件，允许招标人依据行业情况及项目特点进行补充或删改，由招标人根据项目具体特点和实际需要编制和填写。

3. 填报资格预审申请

按照附式 1～附式 6 和表 2-1-1～表 2-1-7 所列格式，企业应依据自身的实力和能力如实填报申请书，填报的主要内容有：

(1)按资格预审对申请人(包括联合体各方)的基本要求，提供的资料和有关证明。包括：基本情况(名称、地址、电话、电传、成立日期等)和申请人的身份(隶属单位、营业执照、企业等级和营业范围)，企业的组织机构(公司简况、股东名单、领导层名单、直属公司或办事机构或联络机构名称、各单位主要负责人名单)，申请人的项目实施经历，拟从事本项目的主要管理人员的情况(资历、任职和经验)。

(2)详细填报资格条件。根据招标人资格预审文件规定的强制性标准，结合自身的业绩，如实填报完成与本招标项目相类似的项目情况。已完成的同类项目表，包括：项目名称、地点、开发目标、结构类型和项目规模、合同价、工期、实施概况和发包人的评价、地址、电话等。

(3)详细填报本企业的财务状况。按招标人的要求填报本企业近 2～4 年的财务状况，包括注册资金、使用资金、总资金、流动资金、总负债、流动负债、年平均完成的投资额，在建项目的总投资额、未完项目的年投资额、本企业最大的施工能力、年度营业额、为本项目提供营运资金等，以及相应报表和证明材料，包括近期财务预算表、损益表、资产负债表和其他财务资料表、银行信贷证明(信用证)、审计部门的审计报告、公证部门的公证材料等。

(4)正在施工的和新承接的项目情况。包括项目名称、地点、项目概况、开工或拟开工日期和项目描述等。

(5)如果投标人是联合体时，应报联合体共同投标协议，合同中的各自责任划分和连带责任、责任方名称。另外联合体各方都应单独提出上述各自资格资料。

附式 1

______________（项目名称）______________标段施工招标

资格预审申请文件

申请人：______________（盖单位章）

法定代表人或其委托代理人：______________（签字）

______年______月______日

附式 2

目　录

资格预审申请函
法定代表人身份证明
授权委托书
联合体协议书
申请人基本情况表
近年财务状况表
近年完成的类似项目情况表
正在施工的和新承接的项目情况表
今年发生的诉讼及仲裁情况
其他材料

附式 3

资格预审申请函

__________（招标人名称）：

1. 按照资格预审文件的要求，我方（申请人）递交的资格预审申请文件及有关资料，用于你方（招标人）审查我方参加__________（项目名称）__________标段施工招标的投标资格。

2. 我方的资格预审申请文件（包含单元一任务二“申请人资格要求”规定的全部内容）。

3. 我方接受你方的授权代表进行调查，以审核我方提交的文件和资料，并通过我方的客户，澄清资格审查申请文件中有关财务和技术方面的情况。

4. 我方授权代表可通过__________（联系人及联系方式）得到进一步的资料。

5. 我方在此声明，所递交的资格审查申请文件及有关资料内容完整、真实和准确，且不存在任务二“申请人资格要求”禁止的任何一种情形。

申请人：____________________（盖单位章）

法定代表人或其委托代理人：__________（签字）

电话：______________________________

传真：______________________________

申请人地址：__________________________

邮政编码：___________________________

_____年____月____日

附式 4

法定代表人身份证明

申请人名称：＿＿＿＿＿＿＿＿＿＿

单位性质：＿＿＿＿＿＿＿＿＿＿＿

成立时间：＿＿＿年＿＿＿月＿＿＿日

经营期限：＿＿＿＿＿＿＿＿＿＿＿

姓名：＿＿＿＿性别：＿＿＿＿年龄：＿＿＿＿职务：＿＿＿＿

系＿＿＿＿＿＿＿＿（申请人名称）的法定代表人。

特此证明。

申请人：＿＿＿＿＿（盖单位章）

＿＿＿年＿＿＿月＿＿＿日

附式 5

授权委托书

本人＿＿＿＿（姓名）系＿＿＿＿（申请人名称）的法定代表人，现委托＿＿＿＿（姓名）为我方代理人。代理人根据授权，以我方名义签署、澄清、递交、撤回、修改＿＿＿＿（项目名称）＿＿＿＿标段施工招标资格预审申请文件，其法律后果由我方承担。

委托期限：＿＿＿＿＿＿＿。

代理人无转委托权。

附：法定代表人身份证明

申　请　人：＿＿＿＿＿（盖单位章）

法定代表人：＿＿＿＿＿（签字）

身份证号码：＿＿＿＿＿

委托代理人：＿＿＿＿＿（签字）

身份证号码：＿＿＿＿＿

＿＿＿年＿＿＿月＿＿＿日

附式 6

联合体协议书

__________（所有成员单位名称）自愿组成__________（联合体名称）联合体，共同参加__________（项目名称）__________标段施工招标资料预审和投标。现就联合体投标事宜订立如下协议。

1. __________（某成员单位名称）为__________（联合体名称）牵头人。

2. 联合体牵头人合法代表联合体各成员负责本标段施工招标项目资格预审申请文件、投标文件编制和合同谈判活动，代表联合体提交和接受相关的资料、信息及指示，处理与之有关的一切事务，并负责合同实施阶段的主办、组织和协调工作。

3. 联合体将严格按照资格预审文件和招标文件的各项要求，递交资格预审申请文件和投标文件，履行合同，并对外承担连带责任。

4. 联合体各成员单位内部的职责分工如下：__________。

5. 本协议书自签署之日起生效，合同履行完毕后自动失效。

6. 本协议书一试__________份，联合体成员和招标人各执一份。

注：本协议书由委托代理人签字的，应附法定代表人签字的委托授权书。

牵头人名称：__________________（盖单位章）
法人代表人或其委托代理人：__________（签字）

成员一名称：__________________（盖单位章）
法人代表人或其委托代理人：__________（签字）

成员二名称：__________________（盖单位章）
法定代表人或其委托代理人：__________（签字）
……

______年______月______日

申请人基本情况表 表 2-1-1

申请人名称					
注册地址				邮政编码	
联系方式	联系人			电　话	
	传　真			网　址	
组织机构					
法定代表人	姓 名		技术职称	电 话	
技术负责人	姓 名		技术职称	电 话	
成立时间			员工总人数：		
企业资质等级		其中	项目经理		
营业执照号			高级职称人员		
注册资金			中级职称人员		
开户银行			初级职称人员		
账　　号			技　　工		
经营范围					
备　　注					

投标资格预审申请文件应附有项目经理简历表（表 2-1-2）和项目经理证、身份证、职称证、学历证、养老保险复印件，以往施工的项目业绩须附合同协议书复印件。

上述要求还应结合有关规定执行。例如，武警部队现役施工人员没有养老保险，可以采用警官证、士官证等其他有效证件的复印件。

项目经理简历表 表 2-1-2

姓　名		年　龄		学　历	
职　称		职　务		拟在本合同任职	
毕业学校	年毕业于	学校	专业		
主要工作经历					
时　间	参加过的类似项目		担任职务	发包人及联系电话	

开户情况说明　　表 2-1-3

开户银行	名　称	
	地　址：	
	电　话：	联系人及职务：
	传　真：	电　传：

近年每年的资产负债情况　　表 2-1-4

财务状况（单位）	近三年（应分别明确公元纪年）		
	第一年	第二年	第三年
总资产			
流动资产			
总负债			
流动负债			
税前利润			
税后利润			

注：投标申请人请附最近三年经过审计的财务报表，包括资产负债表、损益表和现金流量表。

信贷来源和信贷金额　　表 2-1-5

信贷来源	信贷金额（单位）

近年完成的类似项目情况表　　表 2-1-6

项目名称	
项目所在地	
发包人名称	
发包人地址	
发包人电话	
合同价格	
开工日期	
竣工日期	
承担的工作	
工程质量	
项目质量	
技术负责人	
总监理工程师及电话	
项目描述	
备　注	

正在施工的和新承接的项目情况表　　表 2-1-7

项目名称	
项目所在地	
发包人名称	
发包人地址	
发包人电话	
合同价格	
开工日期	
竣工日期	
承担的工作	
工程质量	
项目质量	
技术负责人	
总监理工程师及电话	
项目描述	
备　　注	

五、投标文件的编制

1. 投标文件的组成

（1）投标函及投标函附录；
（2）法定代表人身份证明或附有法定代表人身份证明的授权委托书；
（3）联合体协议书；
（4）投标保证金；
（5）具有标价的工程量清单与报价表；
（6）施工组织设计；
（7）项目管理机构；
（8）拟分包项目情况表；
（9）资格审查表（投标资格预审的不采用）；
（10）对招标文件中的合同协议条款内容的确认和响应；
（11）投标人须知前附表规定的其他材料。

2. 编制投标文件的步骤

（1）熟悉招标文件、图纸及相关资料；
（2）提出书面澄清文件；
（3）参加施工现场踏勘和答疑会；
（4）了解交通运输条件和有关事项；
（5）选择工程分包商、材料设备供应商，并进行价格等方面的洽商；

(6) 编制施工组织设计；

(7) 复核或计算图纸工程量（工程量清单报价的，仅为复核工程量）；

(8) 编制和计算工程投标造价；

(9) 审核调整投标报价；

(10) 根据投标策略确定最终投标报价；

(11) 按照招标文件的要求填写需要的文件并按规定密封。

3. 投标有效期

投标有效期是指从投标截止时间起计算，主要是用于组织评标委员会评标、招标人定标、发出中标通知书，以及签订合同等工作所需的时间。投标有效期的时限与工程规模有关，通常一般工程项目为60～90天，大型工程项目为120天左右。

根据国家七部委第30号令《工程建设项目施工招标投标办法》第40条规定："在提交投标文件截止时间后到招标文件规定的投标有效期终止之前，投标人不得补充、修改、替代或者撤回其投标文件。投标人补充、修改、替代投标文件的，招标人不予接受；投标人撤回投标文件的，其投标保证金将被没收。"

4. 投标报价

建设工程投标报价是投标人计算和确定承包该项工程的投标总价格。它是工程投标文件的重要组成部分，是整个投标工作的核心环节，也是承包商投标能否中标的关键性因素，而且在很大程度上决定着中标后的盈利多少。

5. 投标文件的编制

(1) 国家有关投标文件编制的规定

1)《中华人民共和国招标投标法》第27条规定："投标人应当按照招标文件的要求编制投标文件。投标文件应当对招标文件提出的实质性要求和条件作出响应。"

"招标项目属于建设施工的，投标文件的内容应当包括拟派出的项目负责人与主要技术人员的简历、业绩和拟用于完成招标项目的机械设备等。"

投标文件的编制必须对招标文件提出的实质性要求和条件做出响应，并一一做出相对应的回答，不能存在遗漏或重大的偏离。否则，将被视为废标，失去中标的可能。

2)《中华人民共和国招标投标法》第29条规定："投标人在招标文件要求提交投标文件的截止时间前，可以补充、修改或者撤回已提交的投标文件，并书面通知招标人。补充、修改的内容为投标文件的组成部分。"

3)《中华人民共和国招标投标法》第30条规定："投标人根据招标文件载明的项目实际情况，拟在中标后将中标项目的部分非主体、非关键性工作进行分包的，应当在投标文件中载明。"投标单位应按招标文件要求的拟分包项目情况表载明分包人名称、地址、法定代表人、资质等级、拟分包的工程项目、主要内容、预计造价等。

4) 建设部第89号令《房屋建筑和市政基础设施工程施工招标投标管理办法》第25条规定："招标文件允许投标人提供备选标的，投标人可以按照招标文件的要求提交替代方案，并作出相应报价作备选标。”

5）国家七部委第30号令《工程建设项目施工招标投标办法》第37条规定：“招标人可以在招标文件中要求投标人提交投标保证金。投标保证金除现金外，可以是银行出具的银行保函、保兑支票、银行汇票或现金支票。投标保证金一般不得超过投标总价的百分之二，但最高不得超过八十万元人民币。投标保证金有效期应当超出投标有效期30天。”

（2）投标文件格式

1）封面、投标函、法人代表身份证明、授权委托书、联合体协议书及投标保证金格式见附式7、附式8、表2-1-8、附式9～附式12。

附式7

______（项目名称）______标段施工招标

投　标　文　件

投标人：______________________（盖单位章）

法定代表人或其委托代理人：______________（签字）

______年____月____日

附式 8

投　标　函

________________（招标人名称）：

1. 我方已仔细研究了 __________（项目名称）__________标段施工招标文件的全部内容，愿意以人民币（大写）__________元（¥__________）的投标总报价，工期__________日历天，按合同约定实施和完成承包工程，修补工程中的任何缺陷，工程质量达到__________。

2. 我方承诺在投标有效期内不修改、撤销投标文件。

3. 随同本投标函提交投标保证金一份，金额为人民币（大写）__________元（¥__________）。

4. 如我方中标：

（1）我方承诺在收到中标通知书后，在中标通知书规定的期限内与你方签订合同；

（2）随同本投标函递交的投标函附录属于合同文件的组成部分；

（3）我方承诺按照招标文件规定向你方递交履约担保；

（4）我方承诺在合同约定的期限内完成并移交全部合同工程。

5. 我方在此声明，所递交的投标文件及有关资料内容完整、真实和准确。

6. ____（其他补充说明）。

投标人：____________________________（盖单位章）

法定代表人或其委托代理人：____________（签字）

地　　址：____________________________________

网　　址：____________________________________

电　　话：____________________________________

传　　真：____________________________________

邮政编码：____________________________________

______年____月____日

投 标 函 附 录　　　　表 2-1-8

序　号	条款名称	合同条款号	约定内容	备　注
1	项目经理		姓名：	
2	工　　期		天数：日历天	
3	缺陷责任期			
4	分　　包			
5	价格调整的差额计算		见价格指数权重表	

附式 9

法定代表人身份证明

投标人名称：______________________

单位性质：______________________

地　　址：______________________

成立时间：______年____月____日

经营期限：______________________

姓名：________性别：________年龄：________职务：

系________（投标人名称）的法定代表人。

特此证明。

投标人：__________（盖单位章）

______年____月____日

附式 10

授权委托书

本人＿＿＿＿＿（姓名）系＿＿＿＿＿（投标人名称）的法定代表人，现委托＿＿＿＿（姓名）为我方代理人。代理人根据授权，以我方名义签署、澄清、说明、补正、递交、撤回、修改＿＿＿＿（项目名称）标段施工投标文件、签订合同和处理有关事宜，

其法律后果由我方承担。

委托期限：＿＿＿＿＿＿＿＿。

代理人无转委托权。

附：法定代表人身份证

投　标　人：＿＿＿＿＿＿＿＿＿＿（盖单位章）

法定代表人：＿＿＿＿＿＿＿＿＿＿＿（签字）

身份证号码：＿＿＿＿＿＿＿＿＿＿＿

委托代理人：＿＿＿＿＿＿＿＿＿＿＿（签字）

身份证号码：＿＿＿＿＿＿＿＿＿＿＿

＿＿＿年＿＿月＿＿日

附式 11

联合体协议书

＿＿＿＿（所有成员单位名称）自愿组成＿＿＿＿（联合体名称）联合体，共同参加（项目名称）＿＿＿＿标段施工投标。现就联合体投标事宜订立如下协议。

1. ＿＿＿＿（某成员单位名称）为＿＿＿＿（联合体名称）牵头人。

2. 联合体牵头人合法代表联合体各成员负责本招标项目投标文件编制和合同谈判活动，并代表联合体提交和接收相关的资料、信息及指示，并处理与之有关的一切事务，负责合同实施阶段的主办、组织和协调工作。

3. 联合体将严格按照招标文件的各项要求，递交投标文件，履行合同，并对外承担连带责任。

4. 联合体各成员单位内部的职责分工如下：＿＿＿＿＿＿＿＿＿＿。

5. 本协议书自签署之日起生效，合同履行完毕后自动失效。

6. 本协议书一式________份，联合体成员和招标人各执一份。

注：本协议书由委托代理人签字的，应附法定代表人签字的授权委托书。

牵头人名称：__________________（盖单位章）

法定代表人或其委托代理人：________（签字）

成员一名称：__________________（盖单位章）

法定代表人或其委托代理人：________（签字）

成员二名称：__________________（盖单位章）

法定代表人或其委托代理人：________（签字）

……

______年____月____日

附式 12

投 标 保 证 金

________（招标人名称）：

鉴于________（投标人名称）（以下称“投标人”）于________年____月____日参加________（项目名称）标段施工的投标，________（担保人名称，以下简称“我方”）无条件地、不可撤销地保证：投标人在规定的投标文件有效期内撤销或修改其投标文件的，或者投标人在收到中标通知书后无正当理由拒签合同或拒交规定履约担保的，我方承担保证责任。收到你方书面通知后，在 7 日内无条件向你方支付人民币（大写）________元。

本保函在投标有效期内保持有效。要求我方承担保证责任的通知应在投标有效期内送达我方。

担保人名称：__________________（盖单位章）

法定代表人或其委托代理人：________（签字）

地　　址：____________________________

邮政编码：______________________________

电　　话：______________________________

传　　真：______________________________

________年____月____日

2）施工组织设计用表。

施工组织设计的编制除采用文字表述外，还应附下列表格，见表 2-1-9～表 2-1-15。

3）投标人资格审查资料，见表 2-1-16～表 2-1-18。

拟投入本标段的主要施工设备表　　**表 2-1-9**

序　号	设备名称	型号规格	数量	国别产地	制造年份	额定功率（kW）	生产能力	用于施工部位	备　注

拟配备本标段的试验和检测仪器设备表　　**表 2-1-10**

序　号	仪器设备名称	型号规格	数量	国别产地	制造年份	已使用台时数	用　途	备　注

劳动力计划表　　表 2-1-11

单位：人

工　种	按工程施工阶段投入劳动力情况						

临时用地表　　表 2-1-12

用　途	面积（m^2）	位　置	需用时间

项目管理机构组成表　　表 2-1-13

职务	姓名	职称	执业或职业资格证明					备　注
			证书名称	级　别	证　号	专　业	养老保险	

主要人员简历表　　　　表 2-1-14

姓　名		年　龄		学　历	
职　称		职　务		拟在本合同任职	
毕业学校	年毕业于　　　学校　　　专业				

主要工作经历

时　间	参加过的类似项目	担任职务	发包人及联系电话

拟分包项目情况表　　　　表 2-1-15

分包人名称		地　　址	
法定代表人		电　　话	
营业执照号码		资质等级	
拟分包的工程项目	主要内容	预计造价（万元）	已经做过的类似工程

投标人基本情况表 表 2-1-16

<table>
<tr><td>投标人名称</td><td colspan="6"></td></tr>
<tr><td>注册地址</td><td colspan="4"></td><td>邮政编码</td><td></td></tr>
<tr><td rowspan="2">联系方式</td><td>联系人</td><td colspan="3"></td><td>电　话</td><td></td></tr>
<tr><td>传　真</td><td colspan="3"></td><td>网　址</td><td></td></tr>
<tr><td>组织机构</td><td colspan="6"></td></tr>
<tr><td>法定代表人</td><td>姓　名</td><td></td><td>技术职称</td><td></td><td>电　话</td><td></td></tr>
<tr><td>技术负责人</td><td>姓　名</td><td></td><td>技术职称</td><td></td><td>电　话</td><td></td></tr>
<tr><td>成立时间</td><td colspan="2"></td><td colspan="4">员工总人数：</td></tr>
<tr><td>企业资质等级</td><td colspan="2"></td><td rowspan="5">其中</td><td>项目经理</td><td colspan="2"></td></tr>
<tr><td>营业执照号</td><td colspan="2"></td><td>高级职称人员</td><td colspan="2"></td></tr>
<tr><td>注册资金</td><td colspan="2"></td><td>中级职称人员</td><td colspan="2"></td></tr>
<tr><td>开户银行</td><td colspan="2"></td><td>初级职称人员</td><td colspan="2"></td></tr>
<tr><td>账　　号</td><td colspan="2"></td><td>技　　工</td><td colspan="2"></td></tr>
<tr><td>经营范围</td><td colspan="6"></td></tr>
<tr><td>备　　注</td><td colspan="6"></td></tr>
</table>

近年完成的类似项目情况表 表 2-1-17

项 目 名 称	
项目所在地	
发包人名称	
发包人地址	
发包人电话	
合同价格	
开工日期	
竣工日期	
承担的工作	
工程质量	
项目经理	
技术负责人	
总监理工程师及电话	
项目描述	
备　　注	

正在施工的和新承接的项目情况表　　表 2-1-18

项 目 名 称	
项目所在地	
发包人名称	
发包人地址	
发包人电话	
签约合同价	
开工日期	
计划竣工期	
承担的工作	
工程质量	
项目经理	
技术负责人	
总监理工程师及电话	
项目描述	
备　　注	

（3）编制投标文件应注意事项

1）投标文件应按招标文件提供的投标文件格式进行编写，如有必要，表格可以按同样格式扩展或增加附页。

2）投标函在满足招标文件实质性要求的基础上，可以提出比招标文件要求更有利于招标人的承诺。

3）投标文件应对招标文件的有关招标范围、工期、投标有效期、质量要求、技术标准等实质性内容作出响应。

4）投标文件中的每一空白都必须填写，如有空缺，则被视为放弃意见。实质性的项目或数字（如工期、质量等级、价格等）未填写的，将被作为无效或废标处理。

5）计算数字要准确无误。无论单价、合价、分部合价、总标价及大写数字均应仔细核对。

6）投标保证金、履约保证金的方式，可按招标文件的有关条款规定选择。

7）投标文件应尽量避免涂改、行间插字或删除。若出现上述情况，改动之处应加盖单位章或由投标人的法定代表人或授权的代理人签字确认。

8）投标文件必须由投标人的法定代表人或其委托代理人签字或盖单位章。委托代理人签字的，投标文件应附法定代表人签署的授权委托书。

9）投标文件应字迹清楚、整洁、纸张统一、装帧美观大方。

10）投标文件的正本为一份，副本份数按招标文件前附表规定执行。正本和副本的封面上应清楚地标记“正本”或“副本”的字样。当副本与正本不一致时，以正本为准。

11）投标文件的正本与副本应分别装订成册，并编制目录，具体装订要求按招标文件前附表规定执行。

六、编制施工组织设计

施工组织设计是投标文件中技术标的主要内容。施工组织设计是指导拟建工程施工全过程中各项活动的技术、经济和组织的综合性文件。它是根据国家的有关技术政策和规定、业主的要求、设计图纸和组织施工的基本原则，从拟建工程施工全局出发，结合工程的具体条件，合理地组织安排，在人力与物力、主体与辅助、供应与消耗、生产与储备、专业与协作、使用与维修和空间布置与时间排列等方面进行科学地、合理地部署，为建筑产品生产的节奏性、均衡性和连续性提供最优方案，从而以最少的资源消耗取得最大的经济效益。使最终建筑产品的生产在时间上达到速度快和工期短；在质量上达到精度高和功能好；在经济上达到消耗少、成本低和利润高的目的。

在投标过程中编制的施工组织设计，由于投标时间短、任务急，其设计考虑的深度和范围都比不上中标后由项目部编制的施工组织设计。因此，它是工程的初步施工组织设计。如果中标，承包商还要编制详细而全面的施工组织设计。

（一）施工组织设计的编制原则和编制依据

1. 施工组织设计的编制原则

（1）认真贯彻国家对工程建设的各项方针、政策，严格执行工程项目的建设程序，是保证建设工程顺利进行的重要条件。

（2）施工方案的选择，必须结合工程设计图纸、工程特点和现场实际条件，合理安排施工程序和施工顺序，选择先进适用的施工技术和施工方法，使技术的先进性和经济的合理性有效地结合。

（3）充分利用企业现有的施工机械设备，扩大机械化施工范围，提高机械化水平和机械设备的利用率。在选择施工机械设备时，要进行技术经济比较，合理调配大型机械和中小型机械的使用程度。

（4）根据招标文件中要求的工程竣工和交付使用期限，科学合理地编制施工进度计划（尽量编制网络施工进度计划）。

（5）根据施工方案和施工进度计划的要求，在满足工程顺利施工的前提下，编制经济合理的劳动力、材料和机械设备需要量计划。

（6）为达到合理进行施工现场规划布置，节约施工用地，不占或少占农田的目的。根据施工现场的实际情况，要尽量减少临时设施，有效地利用当地资源，合理安排运输、装卸与物资堆放，避免材料的二次搬运。

（7）根据施工的季节性要求，要编制科学适用的各种季节性施工技术组织措施（冬期、雨期施工措施），保证全年施工生产的连续性和均衡性。

（8）要认真贯彻执行“安全生产，预防为主和百年大计，质量第一”的方针，必须制定施工生产安全保证措施、施工质量保证措施、现场文明施工措施、施工现场保护措施、降低施工成本措施等。

2. 施工组织设计的编制依据

（1）建设工程施工招标文件，复核后的工程量清单，工程开竣工日期要求。

（2）施工组织总设计对所投标工程的有关规定和安排。

（3）施工图纸和设计单位对施工的要求。

（4）各种资源配备情况和当地的技术经济条件等资料。如人力、物力、机械设备来源及价格等。

（5）施工现场和勘察资料。如施工现场的地形、地貌、地上与地下的障碍物、工程地质和水文地质、气象资料、交通运输道路及占地面积。

（6）建设单位可能提供的水、电、通信等。

（7）国家现行的有关规范、规程、定额和技术标准等资料。

（二）施工组织设计的内容

投标文件中施工组织设计的内容，根据工程性质、规模、结构特点、技术复杂难易程度和施工条件等不同，其设计内容的深度和广度也不尽相同，但通常包括下列内容：

1. 工程概况及施工特点

工程概况主要包括工程建设概况、建筑结构设计概况、建设地点的特征、施工条件等，施工特点应指出工程施工的主要特点和施工中的关键问题。

2. 施工方案或施工部署

施工方案或施工部署是施工组织设计的核心，主要包括个各单位工程或分部工程的施工程序、各分项工程的施工顺序及施工起点流向的确定，主要分部分项工程的施工方法和施工机械设备的选择。

3. 施工进度计划

施工进度计划是在既定施工方案的基础上，根据工程工期和各种资源供应条件，按照各施工过程的合理施工顺序及组织施工的原则，对整个工程从施工开始到工程全部竣工，确定其全部施工过程在时间上与空间上的安排和相互间配合关系，并用横道图或网络图的形式表现出来。

编制施工进度计划的步骤主要包括：确定单位工程或分部分项工程名称（施工过程），核对或计算工程量，计算劳动量和机械台班量，确定施工班组人数和机械台数，计算工作延续时间，安排、调整和确定施工进度计划。

4. 资源需要量计划

资源需要量计划主要包括劳动力、主要材料和施工机械设备需要量计划，它是根据工程施工方案和施工进度计划进行编制。

5. 施工平面图

施工平面图是对拟建工程的施工现场平面规划和空间布置图。施工平面图是根据工程性质、规模、结构特点、技术复杂难易程度和施工现场条件等，按照一定的设计原则进行规划和布置。其主要内容有：施工期间所需的各种暂设工程（生产设施和办公、生活设施）与拟建工程及永久性工程之间的合理位置，施工现场主要施工机械的位置、运输道路、材料堆放、供水和供电线路布置、安全及防火设施位置等。

6. 施工准备工作计划

为了保证工程正常施工的连续性和均衡性，根据工程施工方案、施工进度计划、资源需要量计划、施工现场平面图及当地的技术经济条件等要求，编制工程施工准备工作计划，其主要内容包括：工程的技术准备、物资准备、劳动组织准备、施工现场准备和施工的场外准备，见表 2-1-19 所示。

施工准备工作计划　　　　表 2-1-19

序号	施工准备项目	简要内容	负责单位	负责人	起止时间		备注
					月　日	月　日	

7. 各种技术组织措施计划

建设工程施工必须严格执行国家规定的各种法律、法规、技术标准、操作规程等，结合工程性质、规模、结构特点、技术复杂难易程度和施工现场实际情况等，制定切实可行的各种技术组织措施计划。其主要内容包括：保证工程质量措施、确保施工安全生产措施、降低工程成本措施、现场文明施工措施、季节性施工措施、各工序的协调措施、施工现场保护措施、减少噪声措施、降低环境污染措施、地下管线和地上设施及周围建筑物保护加固措施等。

8. 主要技术经济指标

主要技术经济指标是衡量施工组织设计的编制是否具有技术先进性、经济合理性和组织科学性的重要指标。其指标主要有平方米造价指标（元/m^2）、工期指标、劳动力消耗指标（工日/m^2）、主要材料消耗指标（t、kg、m^3、千块…/m^2）、机械台班需要量指标（台班/m^2）。

（三）编制施工组织设计的程序

施工组织设计应由施工企业的总工程师（对于大中型工程）或项目部的技术负责人组织有关技术人员进行编制，在编制前必须做好各项准备工作（如熟悉招标文件和设计图纸、了解施工现场实际情况、调查研究当地的技术经济条件、分析竞争对手情况等）。施工组织设计的编制程序，如图 2-1-1 所示。

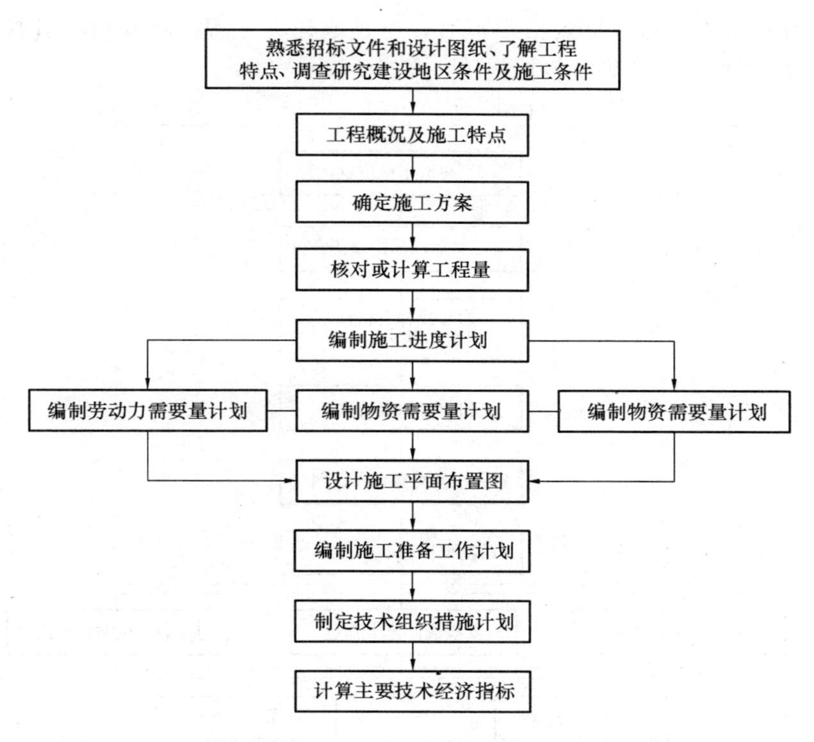

图 2-1-1　施工组织设计编制程序

七、建设工程投标报价

建设工程投标报价是投标文件中经济标（商务标）的主要内容，它是投标人计算和确定承包该项工程的投标总价格。投标报价应根据工程的性质、规模、结构特点、技术复杂难易程度、施工现场实际情况、当地市场技术经济条件及竞争对手情况等，确定经济合理的报价。在国际招标投标中，一般都采用最低标价优先中标的原则；在我国最低标价不意味着必然中标，但价格指标在评标中占有较大权重。所以，投标报价是整个投标活动的核心环节，是投标人投标成败的关键性因素。

（一）投标报价的编制依据和程序

1. 投标报价的编制依据

（1）招标文件、答疑补充文件及设计图纸；

（2）工程量清单（清单计价时）；

（3）国家、地方造价主管部门有关工程造价计算的规定；

（4）现行国家计价规范、当地定额或企业定额及取费定额；

（5）施工组织设计或施工方案及风险管理规划；

（6）市场劳动力、材料及机械台班价格信息；

（7）分包工程询价；

（8）投标策略、投标技巧和盈利期望。

2. 投标报价的程序

当潜在投标人通过投标资格预审后，可领取建设工程招标文件，并按以下程序（见图 2-1-2）编制和确定投标报价。

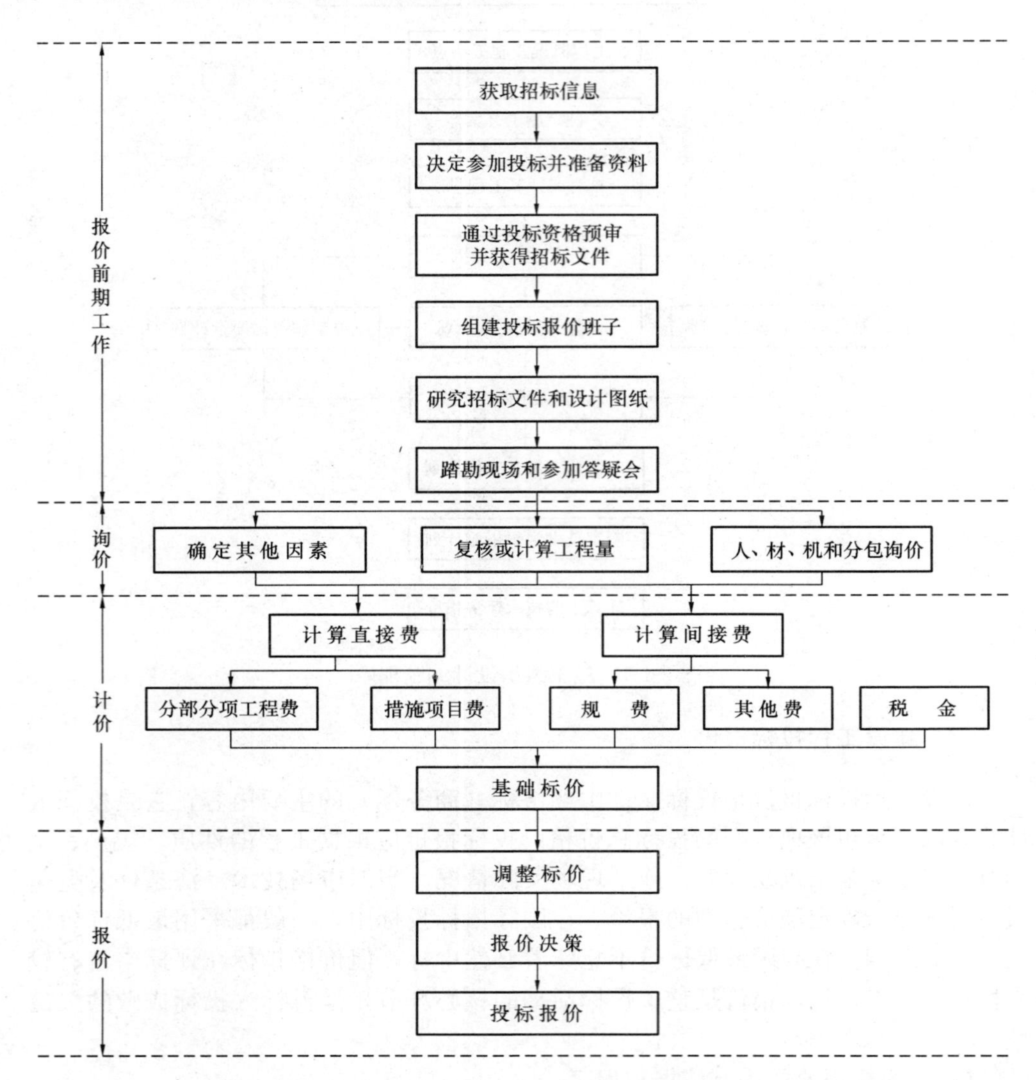

图 2-1-2　投标报价程序

（二）投标报价的费用构成和计算

1. 定额计价模式的费用构成和计算

建筑安装工程投标报价按定额计价模式主要由直接费、间接费、利润、其他和税金构成，如图 2-1-3 所示。

（1）直接费

直接费由直接工程费和措施费组成。

1）直接工程费。是指施工工程中耗费的构成工程实体的各项费用，包括人工费、材料费和施工机械使用费。

①人工费。是指直接从事建筑安装工程施工的生产工人开支范围内的各项费

用。它包括基本工资、工资性补贴、生产工人辅助工资、职工福利费、生产工人劳动保护费。

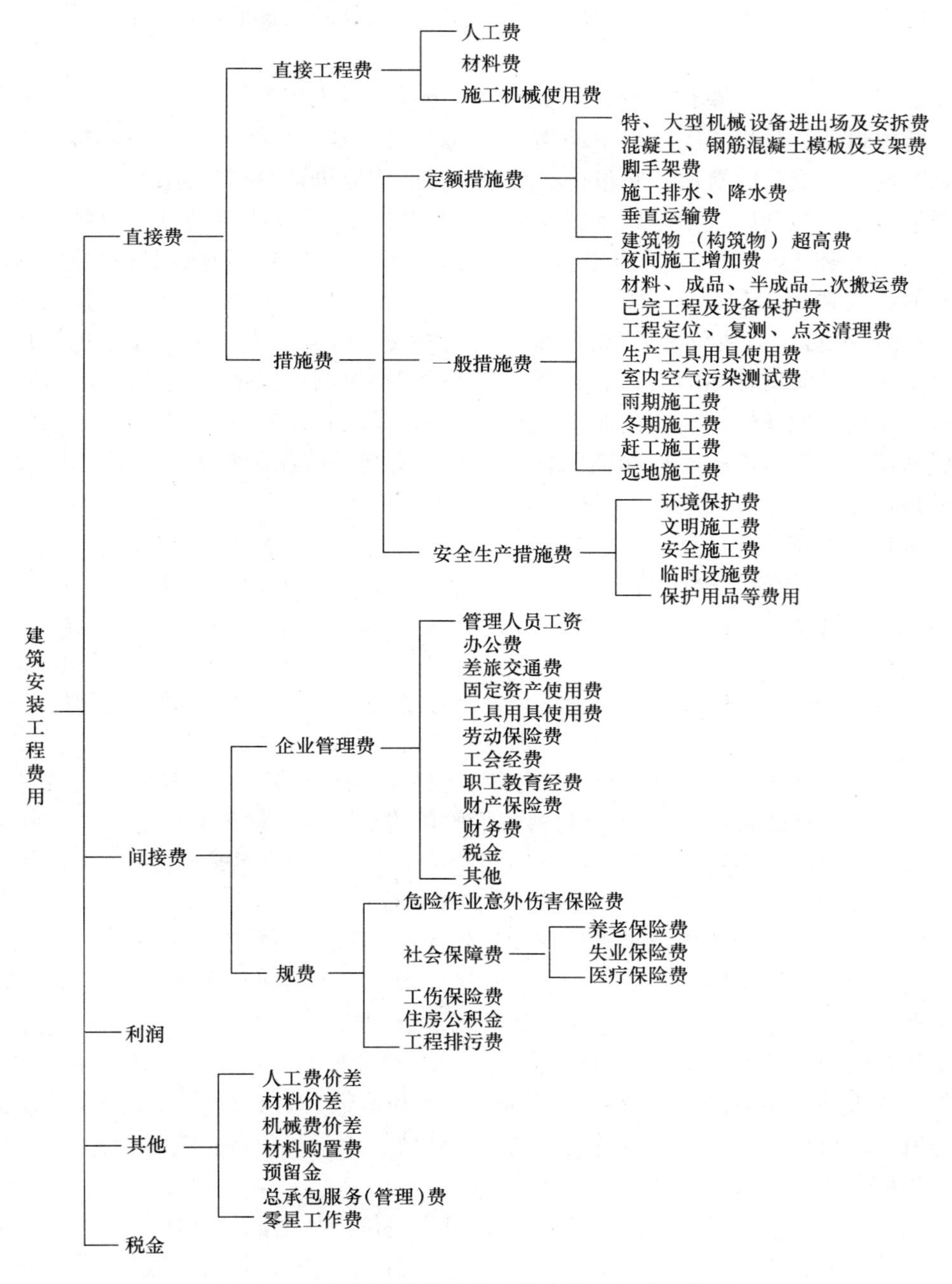

图 2-1-3　定额计价模式的建筑安装工程费用构成

开支范围包括现场内水平、垂直运输的辅助工人和现场附属生产单位（非独立经济核算）的工人。但不包括材料采购和材料保管人员、材料到达施工现场前的装卸工人、驾驶施工机械和运输机械的工人、由现场管理费支付工资的人员的工资，这些人员的工资只能在相应的材料费、机械费和现场管理费中支出。

人工费可按下式计算：

分项工程人工费＝分项工程量×单位产品定额人工费　　(2-1-1)

或　分项工程人工费＝分项工程量×单位产品定额工日消耗量×日工资单价　　(2-1-2)

单位工程人工费＝Σ（分项工程人工费）　　(2-1-3)

②材料费。是指施工过程中耗用的构成工程实体的原材料、辅助材料、构配件、零件、半成品的费用。它包括材料原价（或供应价）、材料运杂费（指材料自来源地运至工地仓库或指定地点所发生的全部费用）、运输损耗费（指材料在运输过程中不可避免的损耗）、采购及保管费（指组织采购、供应和保管材料过程中所需要的各项费用，包括采购费、仓储费、工地保管费、仓储损耗）、检验试验费（指对建筑材料、构件和建筑安装物进行一般检测、检查所发生的费用，包括自设试验室进行试验所耗用的材料和化学药品等费用。但不包括对新结构、新材料的试验费和构件破坏性试验及其他特殊要求检验试验的费用）。材料费中不包括施工机械修理与使用所需的燃料和辅助材料、冬雨期施工所需的材料、搭设临时设施的材料，这些材料费用应列入机械费、措施费用中。

材料费可按下式计算：

分项工程材料费＝分项工程量×单位产品定额材料费　　(2-1-4)

或　分项工程材料费＝分项工程量×Σ(单位产品定额材料用量×材料基价)　　(2-1-5)

材料基价＝[(材料原价＋运杂费)×(1＋运输损耗率)]×(1＋采购保管费率)　　(2-1-6)

单位工程材料费＝Σ(分项工程材料费)＋检验试验费　　(2-1-7)

检验试验费＝Σ(单位材料量检验试验费×检验材料消耗量)　　(2-1-8)

或　检验试验费＝Σ(分项工程材料费)×检验系数　　(2-1-9)

注：检验系数按地方工程造价行政主管部门规定执行。

③机械费。是指使用施工机械作业所发生的机械使用费以及机械安拆费和场外运费。它包括折旧费、大修理费、经常修理费、中小型机械安拆费及场外运费、人工费（机上司机和其他操作人员的工作日人工费及上述人员在施工机械规定的年工作台班以外的人工费）、燃料动力费、养路费及车船使用税。机械费中不包括材料到达工地仓库或露天堆放地点以前的装饰和运输、材料检验试验、搭设临时设施所需的机械费用。这些机械费应列入材料费、检验试验费和临时设施费中。

机械费可按下式计算：

分项工程机械费＝分项工程量×单位产品定额机械费

或　分项工程机械费＝分项工程量×Σ（单位产品定额机械台班数量×机械台班价格）　　(2-1-10)

单位工程机械费＝Σ(分项工程机械费)　　(2-1-11)

④直接工程费的计算方法。直接工程费可根据工程量和定额基价计算，也可按上述的人工费、材料费、机械费之和计算。其计算方法见下式：

分项直接工程费＝分项工程量×单位产品定额基价　　(2-1-12)

或　分项直接工程费＝分项工程人工费＋分项工程材料费＋分项工程机械费　(2-1-13)

单位工程直接工程费＝∑(分项直接工程费)　(2-1-14)

或　单位工程直接工程费＝单位工程人工费＋单位工程材料费＋单位工程机械费　(2-1-15)

2）措施费。是指为完成工程项目施工，发生于该工程施工前和施工过程中技术、生活、安全等方面的非工程实体项目所需的费用。包括定额措施费、安全生产措施费及一般措施费。

①定额措施费主要包括以下内容：

A. 特、大型机械设备进出场及安拆费。是指机械整体或分体自停放场地运至施工现场或由一个施工地点运至另一个施工地点，所发生的机械进出场运输转移费用及机械在施工现场进行安装、拆卸所需的人工费、材料费、机械费、试运转费和安装所需的辅助设施的费用。

B. 混凝土、钢筋混凝土模板及支架费。是指混凝土施工过程中需要的各种模板、支架等的支、拆、运输费用及模板、支架的摊销（或租赁）费用。

C. 脚手架费。是指施工需要的各种脚手架搭、拆、运输费用及脚手架的摊销（或租赁）费用。

D. 施工排水、降水费。是指为确保工程在正常条件下施工，采取各种排水、降水措施所发生的各项费用。

E. 垂直运输费。是指施工需要的垂直运输机械的使用费用。

F. 建筑物（构筑物）超高费。是指檐高超过20m（6层）时需要增加的人工和机械降效等费用。

G.《建设工程工程量清单计价规范》规定的各专业定额列项的各种措施（现场施工围栏除外）费用。

定额措施费可按下式计算：

定额措施费＝∑(工程量×相应单价)　(2-1-16)

②一般措施费主要包括以下内容：

A. 夜间施工费。是指按规范、规程正常作业所发生的夜班补助费、夜间施工降效、夜间施工照明设备摊销及照明用电等费用。

B. 材料、成品、半成品（不包括混凝土预制构件和金属构件）二次搬运费。是指因施工场地狭小等特殊情况而发生的二次搬运费用。

C. 已完工程及设备保护费。是指竣工验收前，对已完工程及设备进行保护所需费用。

D. 工程定位、复测、点交清理费。是指工程的定位、复测、场地清理及交工时垃圾清除、门窗的洗刷等费用。

E. 生产工具用具使用费。是指施工生产所需不属于固定资产的生产工具及检验用具等的购置、摊销和维修费，以及支付给工人自备工具的补贴费用。

F. 室内空气污染测试费。是指按规范对室内环境质量的有关含量指标进行检测所发生的费用。

G. 雨期施工费。是指在雨期施工所增加的费用。包括防雨措施、排水、工效降低等费用。

H. 冬期施工费。是指在冬期施工时，为确保工程质量所增加的费用。包括人工费、人工降效费、材料费、保温设施（包括炉具设施）费、人工室内外作业临时取暖燃料费、建筑物门窗洞口封闭等费用。不包括暖棚法施工而增加的费用及越冬工程基础的维护、保护费。

黑龙江省规定冬期施工期限：

北纬48°以北：10月20日至下年4月20日；

北纬46°～北纬48°：10月30日至下年4月5日；

北纬46°以南：11月5日至下年3月31日。

I. 赶工施工费。是指发包人要求按照合同工期提前竣工而增加的各种措施费用。

J. 远地施工费。是指施工地点与承包单位所在地的实际距离超过25km（不包括25km）承建工程而增加的费用。包括施工力量调遣费（大型施工机械搬迁费按实际发生计算）、管理费。

施工力量调遣费：调遣期间职工的工资，施工机具、设备以及周转性材料的运杂费；

管理费：调遣职工往返差旅费，在施工期间因公、因病、探亲、换季而往返于原驻地之间的差旅费和职工在施工现场食宿增加的水电费、采暖和主副食运输费等。

一般措施费可按下式计算：

$$一般措施费=\sum(单位工程人工费\times相应费率) \tag{2-1-17}$$

③安全生产措施费。是指按照国家有关规定和建筑施工安全规范、施工现场环境与卫生标准，购置施工安全防护用具、落实安全施工措施以及改善安全生产条件所需的费用。其内容包括：

A. 环境保护费。包括主要道路及材料场地的硬化处理，裸露的场地和集中堆放的土方采取覆盖、固化或绿化等措施，土方作业采取的防止扬尘措施，土方（渣土）和垃圾运输采取的覆盖措施，水泥和其他易飞扬的细颗粒建筑材料密闭存放或采取覆盖措施，现场混凝土搅拌场地采取的封闭降尘措施；现场设置排水沟及沉淀池所需费用，现场存放油料和化学溶剂等物品的库房地面应做的防渗漏处理费用，食堂设置的隔离池费用，化粪池的抗渗处理费用，上下水管线设置的过滤网费用，降低噪声措施所需费用等。

B. 文明施工费。包括“五板一图”；现场围挡的墙面美化（内外粉刷、标语等）、压顶装饰，其他临时设施的装饰装修美化措施；符合卫生要求的饮水设备、淋浴、消毒等设施，防煤气中毒、防蚊虫叮咬等措施及现场绿化费用。

C. 安全施工费。包括定额项目中的垂直防护架、垂直封闭等防护；“四口”（楼梯口、电梯口、通道口、预留口）的封闭、防护栏杆；高处作业悬挂安全带的悬索或其他设施，施工机具安全防护而设置的防护棚、防护门（栏杆）、密目式安全网封闭；起重机、塔吊等起重设备（含井架、门架）及外用电梯的安全防护措施；施工安全防护通道的费用。

D. 临时设施费。是指企业为进行建筑工程施工所必须搭设的生活和生产用的临时建筑物、构筑物和其他临时设施费用等。

临时建筑物、构筑物：包括办公室、宿舍、食堂（制作间灶台及其周边贴瓷砖、地面的硬化和防滑处理、排风设施和冷藏设施）、厕所（水冲式或移动式、地面的硬化处理）、诊疗所、淋浴间、开水房、盥洗设施、文体活动室（场地）、仓库、加工场、搅拌站、密闭式垃圾站（或容器）、简易水塔等。

其他临时设施：包括施工现场临时道路、供电管线（施工安全用电设置的漏电保护器、保护接地装置、配电箱等）、供水管道、排水管道；施工现场采用彩色、定型钢板、砖及混凝土砌块等围挡及灯箱式安全门、门卫室。

临时设施费用：包括临时设施的搭设、维修、拆除费或摊销费用。

临时设施全部或部分由发包人提供时，承包人仍计取临时设施费，但应向发包人支付使用租金，各种库房和临时房屋租金标准按本定额规定或双方合同约定。

E. 防护用品等费用。包括扣件、起重机械安全检验检测费用；配备必要的应急救援器材、设备的购置费及摊销费用；防护用品的购置费及修理费、防暑降温措施费用；重大危险源、重大事故隐患的评估、整改、监控费用，安全生产检查与评价费用；安全技能培训及进行应急救援演练费用以及其他与安全生产直接相关的费用。

安全生产措施费可按下式计算：

安全生产措施费＝∑［（直接工程费＋定额措施费＋一般措施费＋企业管理费＋利润＋其他）×相应费率］　（2-1-18）

（2）间接费

间接费由企业管理费和规费组成。

1）企业管理费。是指企业组织施工生产和经营管理所需费用。其内容包括：

①管理人员工资。是指管理人员的基本工资、工资性补贴和职工福利费等。

②办公费。是指企业管理办公用的文具、纸张、账表、印刷、邮电、书报、会议、水电、烧水和集体取暖（包括现场临时宿舍取暖）用燃料等费用。

③差旅交通费。是指职工因公出差、调动工作的差旅费、住勤补助费、市内交通费和误餐补助费，职工探亲路费，劳动力招募费，职工离退休、退职一次性路费，工伤人员就医路费，工地转移费以及管理部门使用的交通工具的油料、燃料、养路费及牌照费。

④固定资产使用费。是指管理和试验部门及附属生产单位使用的属于固定资产的房屋、设备仪器等的折旧、大修、维修或租赁费。

⑤工具用具使用费。是指管理使用的不属于固定资产的工具、器具、家具、交通工具和检验、试验、测绘用具等的购置、维修和摊销费。

⑥劳动保险费。是指支付离退休职工的易地安家补助费、职工退职金、六个月以上的病假人员工资、职工死亡丧葬补助费、抚恤费和按规定支付给离休干部的各项经费。

⑦工会经费。是指企业按职工工资总额计提的工会经费。

⑧职工教育经费。是指企业为职工学习先进技术、提高文化水平，按职工工资总额计提的费用。

⑨财产保险费。是指施工管理用财产和车辆保险费用。

⑩财务费。是指企业为筹集资金而发生的各项费用。

⑪税金。是指企业按规定缴纳的房产税、车船使用税、土地使用税及印花税等。

⑫其他。包括技术转让费、技术开发费、业务招待费、广告费、公证费、法律顾问费、审计费和咨询费等。

企业管理费可按下式计算：

$$企业管理费=单位工程人工费\times企业管理费率 \tag{2-1-19}$$

2）规费。是指政府和有关部门规定必须缴纳的费用（简称规费）。其内容包括：

①危险作业意外伤害保险费：是指按照《建筑法》规定，企业为从事危险作业的建筑安装施工人员支付的意外伤害保险费。

②工程定额测定费。是指按规定支付工程造价管理部门的定额测定费。

③社会保险费。其内容包括：

养老保险费：是指企业按规定标准为职工缴纳的基本养老保险费。

失业保险费：是指企业按规定标准为职工缴纳的失业保险费。

医疗保险费：是指企业按规定标准为职工缴纳的基本医疗保险费。

④工伤保险费。是指企业按规定标准为职工缴纳的工伤保险费。

⑤住房公积金。是指企业按规定标准为职工缴纳的住房公积金。

⑥工程排污费。是指企业按规定标准缴纳的工程排污费。

规费可按下式计算：

$$\begin{aligned}规费=\sum[&(直接工程费+定额措施费+一般措施费+安全生产措施费\\&+企业管理费+利润+其他)\times相应费率]\end{aligned} \tag{2-1-20}$$

（3）利润

利润是指施工企业完成承包工程所获得的盈利。在社会主义商品经济中，利润是劳动者为社会创造的新增价值，是组成建筑产品价格的一部分。

施工企业通过计取利润，一方面可以衡量企业为社会创造的新增价值多少，另一方面也为企业扩大再生产、增添技术设备和改善职工的生活福利创造了条件，而且它也是社会财富的积累和社会消费基金的主要来源之一。因此，施工企业实行利润制度，有利于调动企业和职工的积极性，也有利于企业改善经济管理，加强经济核算和提高企业的经济效益。

利润计算方法见下式：

$$利润=单位工程人工费\times利润率 \tag{2-1-21}$$

（4）其他

其他主要包括以下内容：

1）人工费价差。是指人工费信息价格（包括地、林区津贴、工资类别差等）与本定额规定标准的差价。其计算方法见下式：

人工费价差＝单位工程工日消耗量×(发承包双方商定的人工单价
－定额人工单价)　　(2-1-22)

2）材料价差。是指材料实际价格（或信息价格、价差系数）与省定额中材料价格的差价。其计算方法主要有以下两种：

①综合系数调差法。当材料价格调整面很大，而且又不是主要材料时，可由各地工程造价主管部门测算一个综合调整系数，按百分率计算，其计算方法见下式：

材料价差＝单位工程材料费×综合调差系数　　(2-1-23)

②单项材料调差法。当材料价格调整的种类不多时，一般采用单项材料调差方法计算，其计算方法见下式：

材料价差＝∑[材料用量×(实际材料单价－定额材料单价)]　　(2-1-24)

3）机械费价差。是指机械费实际价格（或信息价格、价差系数）与省定额中机械费价格的差价。其计算方法见下式：

机械费价差＝∑[机械台班用量×(实际机械台班单价
－定额机械台班单价)]　　(2-1-25)

4）总承包服务（管理）费。是指总承包人为配合协调发包人进行的工程分包、自行采购的设备、材料等进行管理、服务以及施工现场管理（包括分包的工程与主体发生交叉施工）、竣工资料汇总整理等服务所需的费用。该项费用应根据招标人提出的要求所发生的费用确定。其计算方法见下式：

总承包服务费＝分包专业工程的(直接工程费＋定额措施费＋一般措施费
＋企业管理费＋利润)×总承包服务费率　　(2-1-26)

总承包服务费率按各地区建设行政主管部门规定执行，一般不大于3％。

5）零星工作费。是指完成发包人提出的，工程量暂估的零星工作项目所需的费用。

(5) 税金

税金是指国家税法规定的应计入建筑安装工程造价内的营业税、城市维护建设税及教育费附加。由于税金是计入工程造价的一种税款，它是工程造价中盈利的一个组成部分。因此，税金的计费基础应是构成造价的全部费用，即以直接费、间接费、利润三项之和为基数计算税金。其计算方法见下式：

税金＝（直接费＋间接费＋利润）×税率　　(2-1-27)

税率应根据工程所在地不同，各地区建设行政主管部门规定执行。

2. 工程量清单计价模式的费用构成和计算

工程量清单计价模式的费用构成，是根据工程施工的实际情况和特点，将定额计价模式中的直接费、间接费、利润、其他及税金进行分解、整合，按国家《建设工程工程量清单计价规范》（GB 50500—2008）规定，由分部分项工程费(直接工程费、企业管理费、利润)、措施项目费、其他项目费、规费及税金构成，如图2-1-4所示。分部分项工程量清单应采用综合单价计价，其综合单价是指完成一个规定计量单位的分部分项工程量清单项目或措施清单项目所需的人工费、材料费、施工机械使用费、企业管理费和利润，以及一定范围内的风险费用。投标人应依据招标文件中提供的工程量清单计算投标报价。

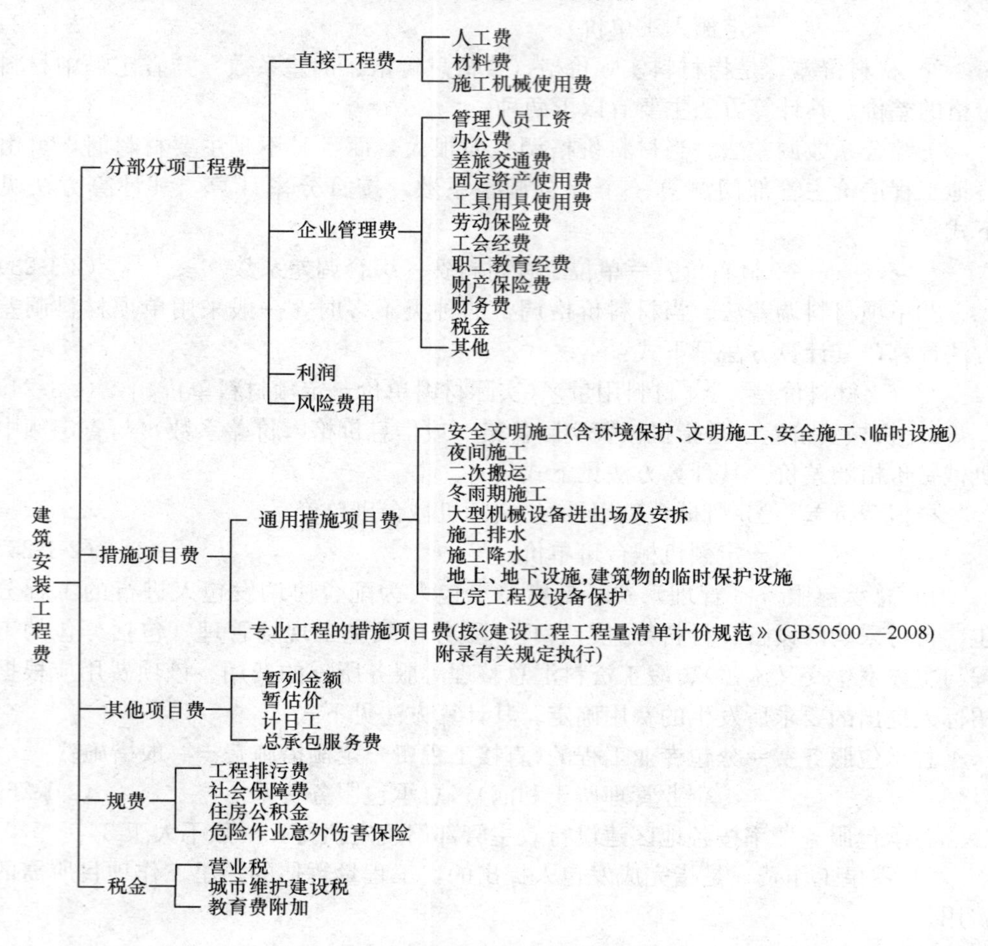

图 2-1-4　工程量清单计价模式的费用构成

（1）分部分项工程费

分部分项工程费是指完成分部分项工程量清单项目所需的工程费用。投标人应根据企业自身的技术水平、管理水平、工程特点和现场实际情况及市场技术经济情况，填报分部分项工程量清单计价表中每个分项工程的综合单价，每个分项工程的工程量与综合单价的乘积即为分项工程费，再将分项工程费汇总就是分部工程费。

（2）措施项目费

措施项目费是指为完成工程项目施工，发生于该工程施工准备和施工过程中的技术、生活、安全、环境保护等方面的非工程实体项目所需的费用。

措施项目费应根据拟建工程的施工组织设计或施工方案、施工特点、现场实际情况和综合单价，按本地区建筑安装工程费用定额的有关规定计算。

（3）其他项目费

其他项目费是指分部分项工程费和措施项目费以外的，在工程项目施工过程中可能发生的其他费用。其他项目清单包括招标人部分和投标人部分。

1）招标人部分包括暂列金额、暂估价等，这是招标人按照估算金额确定的。

暂列金额是指招标人在工程量清单中暂定并包括在合同价款中的一笔款项。用于施工合同签订时尚未确定或者不可预见的所需材料、设备、服务的采购，施工中可能发生的工程变更、合同约定调整因素出现时的工程价款调整以及发生的索赔、现场签证确认等的费用。

暂估价是指招标人在工程量清单中提供的用于支付必然发生，但暂时不能确定价格的材料的单价以及专业工程的金额。

2）投标人部分包括计时工、总承包服务费等。

计时工是在施工过程中完成发包人提出的施工图纸以外的零星项目或工作，按合同约定的综合单价计价。

总承包服务费的概念及计算方法与定额计价式相同。

（4）规费

规费的内容和计算方法与定额计价模式基本相同。

（5）税金

税金的内容和计算方法与定额计价模式基本相同。

（三）建设工程投标报价的编制

建设工程投标报价的编制方法有很多种，通常主要有两种：一是按定额计价模式编制投标报价；再一是按工程量清单计价模式编制投标报价。采用不同的方式编制投标报价，其报价的组成和计算也有所不同。

1. 按定额计价模式编制投标报价

按定额计价方式编制投标报价，是根据定额规定的分部分项工程子目逐项计算工程量，套用预算定额基价或当地的市场价格计算直接工程费，然后再套用本地区建筑安装工程费用定额计取各项费用，最后汇总形成基础标价。

定额计价模式的投标报价表通常包括：投标报价汇总表、单项工程费汇总表、设备报价表、建筑安装工程费用计算表、直接工程费计算表、单位工程人工分析汇总表、单位工程材料分析汇总表及工料分析表等，见表2-1-20～表2-1-27。

工程投标报价汇总表　　　　**表2-1-20**

工程名称：　　　　　　　　　　　　第　页　共　页

序　号	单项工程名称	金　额（元）
	合　计	

投标单位：（盖章）

法定代表人：（签字、盖章）

单项工程费汇总表　　表2-1-21

工程名称：　　第　页　共　页

序　号	单位工程名称	金　额（元）
	合计	

投标单位：（盖章）

法定代表人：（签字、盖章）

设备报价表　　表2-1-22

序　号	设备名称及规格	单　位	出厂价	运杂费	合　价	备　注
合　计						

建筑安装工程费计算表　　表2-1-23

序号	费用名称	计费基础	费率（%）	金额（元）	备　注

直接工程费计算表　　　　表 2-1-24

序号	定额编号	分项工程名称	工程量		价值（元）		其中					
							人工费（元）		材料费（元）		机械费（元）	
			定额单位	数量	定额基价	金额	单价	金额	单价	金额	单价	金额

单位工程人工分析汇总表　　　　表 2-1-25

序号	人工名称	单位	数量	备注

单位工程材料分析汇总表　　　　表 2-1-26

序号	材料名称	规格	单位	数量	备注

工料分析表　　　　表 2-1-27

序号	定额编号	分项工程名称	单位	工程量						
					定额	数量	定额	数量	定额	数量

2. 按工程量清单计价模式编制投标报价

工程量清单由业主或受其委托具有工程造价资质的中介机构，按国家规定的《建设工程工程量清单计价规范》（GB 50500—2008）和招标文件的有关规定，根据施工设计图纸及施工现场实际情况，将拟建招标工程的全部分部分项工程项目和内容，按工程部位、性质等列在清单上作为招标文件的组成部分，供投标单位逐项填写报价的文件。

工程量清单计价模式的投标报价表通常包括：封面（见附式13、附式14）、总说明、汇总表、分部分项工程量清单表、措施项目清单表、其他项目清单表、规费和税金项目清单与计价表等，见表2-1-28～表2-1-42。

附式13

______________工程

工 程 量 清 单

招　标　人：______________
（签字盖章）

工程造价
咨　询　人：______________
（单位资质专用章）

法定代表人
或其授权人：______________
（签字或盖章）

法定代表人
或其授权人：______________
（签字或盖章）

编制人：______________
（造价人员签字盖专用）

复核人：______________
（造价工程师签字盖专用章）

编制时间：　年　月　日　　　　复核时间：　年　月　日

附式 14

投　标　总　价

招 标 人：________________

工程名称：________________

投标总价(小写)：________________

（大写）：________________

招　标　人：________________

（单位盖章）

法定代表人

或其授权人：________________

（签字或盖章）

编　制　人：________________

（造价人员签字盖专用）

编制时间：　　年　　月　　日

总　说　明　　　　表 2-1-28

工程名称：　　　　　　　　　　　　　　　　　　　　第　页　共　页

工程项目投标报价汇总表　　　　表 2-1-29

工程名称：　　　　　　　　　　　　　　　　　　　　第　页　共　页

序号	单项工程名称	金　额 （元）	其　中：		
			暂 估 价 （元）	安全文明 施工费（元）	规　费 （元）
合　计					

单项工程投标报价汇总表　　　　表 2-1-30

序　号	单 位 工 程 名 称	金 额 （元）	其　中：		
			暂 估 价 （元）	安全文明 施工费（元）	规　费 （元）
合　计					

单位工程投标报价汇总表　　　　表 2-1-31

工程名称：　　　　　　　　　　　　　　第　页　共　页

序　号	汇 总 内 容	金 额（元）	其中：暂估价（元）
1	分部分项工程		
1.1			
1.2			
1.3			
2	措施项目		
2.1	安全文明施工费		
3	其他项目		
3.1	暂列金额		
3.2	专业工程暂估价		
3.3	计日工		
3.4	总承包服务费		
4	规　费		
5	税　金		
投标报价合计=1+2+3+4+5			

分部分项工程量清单与计价表　　　　表 2-1-32

工程名称：　　　　　　标段：　　　　　　第　页　共　页

序号	项目编号	项目名称	项目特征描述	计量单位	工程量	金额（元）		
						综合单价	合价	其中：暂估价
本　页　合　计								
合　计								

工程量清单综合单价分析表　　　　表 2-1-33

工程名称：　　　　　　　　　　标段：　　　　　　　　　　第　页　共　页

项目编码			项目名称					计量单位			
清单综合单价组成明细											
定额编号	定额名称	定额单位	数量	单　价（元）				合　价（元）			
				人工费	材料费	机械费	管理费和利润	人工费	材料费	机械费	管理费和利润
人工单价	小　计										
元/工日	未计价材料费										
清单项目综合单价											
材料费明细	主要材料名称、规格、型号					单位	数量	单价（元）	合价（元）	暂估单价（元）	暂估和价（元）
	其他材料费										
	材料费合计										

注：1. 如不使用省级或行业建设主管部门发布的计价依据，可不填定额项目、编号等。

2. 招标文件提供了暂估单价的材料，按暂估的单价填入表内“暂估单价”栏及“暂估合价”栏。

措施项目清单与计价表（一）　　　　表 2-1-34

工程名称：　　　　　　　　　　标段：　　　　　　　　　　第　页　共　页

序　号	项目名称	计算基础	费率（%）	金额（元）
1	安全文明施工费			
2	夜间施工费			
3	二次搬运费			
4	冬雨期施工费			
5	大型机械设备进出场及安拆费			
6	施工排水			
7	施工降水			
8	地上、地下设施、建筑物的临时保护设施			
9	已完工程及设备保护			
10	各专业工程的措施项目			
11				
合　计				

注：本表适用于以“项”计价的措施项目。

措施项目清单与计价表（二） 表 2-1-35

工程名称： 标段： 第 页 共 页

序号	项目编码	项目名称	项目特征描述	计量单位	工程量	金 额（元）	
						综合单价	合 价
本页合计							
合 计							

注：本表适用于以综合单价形式计价的措施项目。

其他项目清单与计价汇总表 表 2-1-36

工程名称： 标段： 第 页 共 页

序号	项 目 名 称	计量单位	金 额（元）	备 注
1	暂列金额			明细详见表 2-1-19
2	暂估价			
2.1	材料暂估价			明细详见表 2-1-20
2.2	专业工程暂估价			明细详见表 2-1-21
3	计日工			明细详见表 2-1-22
4	总承包服务费			明细详见表 2-1-23
5				
合 计				

注：材料暂估单价进入清单项目综合单价，此处不汇总。

暂 列 金 额 明 细 表 表 2-1-37

工程名称： 标段： 第 页 共 页

序号	项 目 名 称	计量单位	暂定金额（元）	备 注

注：此表由招标人填写，如不能详列，也可只列暂定金额总额，投标人应将上述暂列金额计入投标价中。

材料暂估单价表　　　　表 2-1-38

工程名称：　　　　　　　　标段：　　　　　　　　第　页　共　页

序号	材料名称、规格、型号	计量单位	单价（元）	备　注

注：1. 此表由招标人填写，并在备注栏说明暂估价的材料拟用在哪些清单项目上，投标人应将上述材料暂估单价计入工程量清单综合单价报价中。

2. 材料包括原材料、燃料、构配件以及按规定应计入建筑安装工程造价的设备。

专业工程暂估价表　　　　表 2-1-39

工程名称：　　　　　　　　标段：　　　　　　　　第　页　共　页

序号	工程名称	工程内容	金额（元）	备　注

注：此表由招标人填写，投标人应将上述专业工程暂估价计入投标总价中。

计日工表　　表 2-1-40

工程名称：　　标段：　　第　页共　页

编号	项目名称	单位	暂定数量	综合单价（元）	合价（元）
一	人　　工				
1					
2					
人工小计					
二	材　　料				
1					
2					
材料小计					
三	施工机械				
1					
2					
施工机械小计					
总　　计					

注：此表项目名称、数量由招标人填写，编制招标控制价时，单价由招标人按有关计价规定确定；投标时，单价由投标人自主报价，计入投标总价中。

总承包服务费计价表　　表 2-1-41

工程名称：　　标段：　　第　页共　页

序号	项目名称	项目价值（元）	服务内容	费率（%）	合价（元）
1	发包人发包专业工程				
2	发包人供应材料				
合　　计					

规费、税金项目清单与计价表　　　　**表 2-1-42**

工程名称：　　　　　　　　标段：　　　　　　　　第　页　共　页

序号	项目名称	计算基础	费率（%）	金额（元）
1	规费			
1.1	工程排污费			
1.2	社会保障费			
(1)	养老保险费			
(2)	失业保险费			
(3)	医疗保险费			
1.3	住房公积金			
1.4	危险作业意外伤害保险费			
2	税金	分部分项工程费＋措施项目费＋其他项目费＋规费		
合　计				

复习思考题

1. 投标人应具备的条件有哪些？
2. 投标禁止性规定有哪些？
3. 建设工程施工投标的程序分为哪几个阶段？各阶段的主要有哪些工作？
4. 建设工程投标的前期工作有哪些？
5. 资格预审申请文件主要有哪些内容？
6. 投标资格预审申请文件的编制有哪些要求？
7. 投标文件由哪些内容组成？其编制步骤有哪些？
8. 为什么要制定投标有效期？投标有效期有何规定？
9. 国家对投标文件的编制有何规定？
10. 编制投标文件应注意哪些事项？
11. 投标文件的施工组织设计主要包括哪些内容？
12. 技术标中应编制哪些技术组织措施计划？
13. 投标报价的编制依据是什么？
14. 投标报价的编制程序有哪些？
15. 定额计价模式有哪些费用构成？各项费用如何计算？
16. 工程量清单计价模式有哪些费用构成？各项费用如何计算？
17. 如何编制定额计价模式的投标报价？
18. 如何编制工程量清单计价模式的投标报价？

任务二　建设工程施工投标实务

【引导问题】

1. 投标单位如何熟悉和研究招标文件？

2. 投标人如何进行工程现场勘察和参加标前会议？

3. 建设工程施工投标主要采取的决策、策略和技巧有哪些？

4. 投标人如何进行投标风险防范？

【工作任务】

了解施工投标实务的内容，掌握投标策略和投标风险分析的方法。

【学习参考资料】

1. 中华人民共和国标准施工招标文件（2007年版）；

2.《中华人民共和国招标投标法》的第三章；

3. 国家七部委颁发的第30号令《工程建设项目施工招标投标办法》的第三章。

一、投标报名和参与资格预审

1. 投标报名

投标人（承包商）获得招标信息后，应认真研究招标公告或投标邀请书的内容，准确了解有关招标工程的各种信息，如工程规模、性质、地点、报名资质条件、报名时间和地点及报名所需携带的证明材料等要求。

投标人还应根据工程招标信息进行调研工作，重点调研工程项目及项目所在地的社会情况、经济环境、自然环境、市场情况、业主情况及工程项目的基本概况等。根据掌握的工程信息并结合投标人自身的实际情况和需要，便可确定是否参与投标。如果决定参加投标，则应按招标公告的要求进行投标报名，并准备投标资格预审材料。

2. 投标人参与资格预审应注意的问题

投标资格预审能否通过，是承包商投标过程中的第一关。因此，在参与投标资格预审时应注意以下问题：

（1）投标申请人不得以其他形式对同一标段再次申请资格预审。

（2）承包商应注意平时对一般资格预审的有关资料的积累工作。如果平时不积累资料，完全靠临时匆忙准备，容易造成达不到业主要求而失去投标机会。

（3）填写资格预审表时，要认真分析预审表的有关内容和要求。既要针对项目的特点，填写好重点部位，又要反映出本承包商的施工经验、水平和组织管理能力。

（4）投标资格预审文件必须在招标人规定的截止时间以前递交到招标人指定的地点，超过截止时间递交的资格预审文件将不被接受。

（5）投标资格预审文件一般应递交正本一份，副本三份（通常在投标资格预审文件中作规定），并分别密封。在密封外包装封面上要写明"某某标段投标资格预审文件”，还应写明潜在投标人的名称、地址和联系电话。

(6) 所有投标资格预审文件的有关表格都要由法定代表人签字和盖章，或由法定代表人授权的委托代理人签字和盖章，同时要附授权委托书。

二、办理注册手续

1. 我国异地投标的登记注册

我国建筑企业跨越省、自治区、直辖市范围，去其他地区投标，须持企业所在地县级以上人民政府建设行政主管部门出具的证明及企业营业执照、资质等级证书和开户银行资信证明等证件，到工程所在地建设行政主管部门登记，领取投标许可证。中标后办理注册手续。注册期限按承建工程的合同工期确定；注册期满，工程未能按期完工的，须办理注册延期手续。

2. 国际工程投标注册

外国承包商进入招标工程项目所在国开展业务活动，必须按该国的规定办理注册手续，取得合法地位。有的国家要求外国承包商在投标之前注册，才准许进行业务活动；有的国家则允许先进行投标活动，待中标后再办理注册手续。

外国承包商向招标工程项目所在国政府主管部门申请注册，必须提交规定的文件。各国对这些文件的规定大同小异，主要有下列几项：

(1) 企业章程。包括企业性质（独资，合伙，股份公司或合资公司）、宗旨、资本、业务范围、组织机构、总管理机构所在地等。

(2) 营业证书。我国对外承包工程公司的营业证书由国家或省、自治区、直辖市的工商行政管理局签发。

(3) 承包商在世界各地的分支机构清单。

(4) 企业主要成员（公司董事会）名单。

(5) 申请注册的分支机构名称和地址。

(6) 企业总管理处负责人（总经理或董事长）签署的分支机构负责人的委任状。

(7) 招标工程项目业主与申请注册企业签订的承包工程合同、协议或有关证明文件。

三、领取和研究招标文件

1. 领取招标文件

潜在投标人经资格预审合格后，按招标代理机构或招标人指定的时间和地点购买招标文件。发售招标文件时应做好购买记录，内容包括购买招标文件的公司详细名称、地址、电话、电传、邮政编码等。这样做一方面可便于日后查对，另一方面便于需要时进行联系，如答疑、澄清、修改和补遗招标文件等。

2. 研究招标文件

招标文件（包括招标参考资料）是投标和报价的主要依据。投标人应认真细致的阅读招标文件，仔细地进行分析和研究。全面研究招标文件，对工程本身和招标人的要求有了基本了解之后，投标人才便于制定自己的投标工作计划，以争取中标为目标，有秩序的开展工作。

（1）熟悉投标须知和总则

熟悉投标须知和总则，目的在于了解对工程投标的有关规定和要求，以便提高投标效率，避免造成废标。在熟悉投标须知和总则时，主要了解工程项目概况、招标人的资金来源和落实情况、招标范围、计划工期、工程质量要求；弄清在投标过程中各环节的有关要求（如踏勘现场、投标预备会、工程分包、投标截止时间、投标有效期、投标保证金、投标文件的装订和份数、递交投标文件地点和开标时间等）。

（2）研究工程设计图纸

研究工程设计图纸，目的在于弄清工程技术设计的细节和具体要求，以便投标人制定科学合理的施工组织设计或施工方案，准确编制投标报价。对于工程设计图纸，重点要熟悉和了解建筑与结构的形式、基础类型、结构特征、屋面保温和防水要求、室内外装饰方法、建筑安装工程的技术特点和要求、各分部分项工程部位和节点的尺寸及做法、主要材料品种的规格和要求、各专业工程之间是否配套和存在矛盾等等。如果发现不清楚或相互矛盾之处，要提请招标人给予解释和澄清。

（3）研究合同主要条款

弄清采用何种标准合同条件、投标函及其附件，工程承包方式，合同内容、范围和项目规模，发承包双方承担的义务、责任及应享有的权利、技术质量标准和使用的规范，工程预付款的支付，材料供应及物价调整方式，工程价款支付方式和结算办法，工程变更、索赔和违约的处理，工期和质量奖罚要求，发承包双方发生争端的解决方式（包括争端调解、评审意见和仲裁方式），完工和保修的有关规定。对于国际招标的工程项目，还应研究支付工程款所用的货币种类，不同货币所占比例及汇率。以上这些因素对投标报价都有直接的影响，所以必须认真研究，以便减少工程风险。

四、调查投标环境和参加标前会议

一般情况下由招标人和工程师组织投标人进行项目现场的考察。其目的是使投标人进一步了解项目所在地的社会与经济状况，了解自然环境、建筑材料、劳务市场、进场条件和手段、工程地质地貌和地形、当地气象和水文情况、实施条件、住宿条件和医疗条件等状况，以及收集场地布置和编制投标文件所需要的资料等。作为招标人和工程师应主动创造各种条件，使投标人用最少的时间，方便地完成对上述问题的考察，为编制投标报价和投标文件奠定基础。

（一）调查投标环境

1. 对施工现场进行勘察

投标者在投标过程中必须充分研究招标文件、勘察现场，尽量避免承担风险。一般招标文件会强调承包商在提交投标文件之前，已经对现场和其周围环境及与之相关的可用资料进行了勘察和检查，并对以下几点在费用和时间方面的可行性感到满意。一般包括：

（1）水文和气候的条件。

（2）为了施工和竣工以及修补其任何缺陷所需的工作和材料的范围和性质。

（3）进入施工现场的手段以及承包商可能需要的临时设施条件。

（4）一般认为承包商已经取得有关上述可能对其投标文件产生影响或发生作用的风险、意外事件及所有其他情况的全部必要资料；应当认为承包商的投标文件是以发包人提供的可供利用的资料和承包商自己进行的上述勘察和检查为依据的。

选择现场勘察的时间不宜过早，过早会使投标人来不及很好的研究招标文件，无法就招标文件提出问题。也不宜过晚，这会使现场勘察后没有足够的时间完成投标文件的编制。应有丰富经验和实力、具有竞争力的投标人，由于时间不足，投标文件编制粗糙，从而丧失中标机会，这对招标人来说错过了一个很好的承包人。一般情况下从购买招标文件起至现场勘察，约 28 天左右为宜。

2. 调查环境

承包商不仅要勘察施工现场，在报价前还应详尽了解项目所在地的环境，包括政治形势、经济形势、法律法规和风俗习惯、自然条件、生产和生活条件等。对自然条件的调查应着重工程所在地的水文和地质情况、交通运输条件、是否多发自然灾害、气候情况等；对生产和生活条件的调查应着重施工现场周围情况，如道路、供电、给水排水、通信是否便利，工程所在地的周围居民情况调查，是否会出现“扰民”问题；工程所在地的劳务与材料资源是否丰富，生活物资的供应与生活费用价格等。

3. 调查发包人和潜在的竞争对手

（1）对发包人的调查应着重以下几个方面：

1）首先资金来源是否可靠，避免承担过多的资金风险；

2）项目开工手续是否齐全，提防有些发包人以招标为名，让投标人免费为其估价；

3）是否有明显的授标倾向，招标是否仅仅是出于法律、行政法规的压力而不得不采取的形式。

（2）对竞争对手的调查应着重以下几个方面：

1）参加投标的竞争对手的数量：

①有威胁的竞争对手有几个；

②了解工程所在地的投标人的数量及情况；

③了解是否有工程所属系统内的投标人参加投标。

2）竞争对手竞争性分析，包括：

①对手的现状分析。如任务量、现有可用于招标工程上的资源、资金状况；

②在以往类似工程上的投标策略分析。

3）竞争对手与发包人过去有无合作经历等。

（二）参加标前会议（投标预备会）

招标文件一般均规定在投标前召开标前会议。投标人应在参加标前会议之前把招标文件中存在的问题以及疑问整理成书面文件，按照招标文件规定的方式、时间和地点要求，送到招标人或招标代理机构处。在接到招标人的书面澄清文件后，把其内容考虑进投标文件中。有时招标人允许投标人现场口头提问，但投标人一定以接到招标人的书面文件为准。

提出疑问时，应注意提问的方式和时机，特别要注意不要对招标人的失误和不专业进行攻击和嘲笑，并考虑存在的问题对承包商履行合同的影响。同时投标人就招标文件和现场考察提出的问题，招标人和工程师先以口头方式答复，再以书面方式正式解答和澄清。书面通知应发给所有购买招标文件、并参加了现场考察的投标人。

五、办理投标担保

1. 投标保证金的递交

根据国家七部委颁发的第 30 号令《工程建设项目施工招标投标办法》第 37 条规定，招标人可以在招标文件中要求投标人提交投标保证金。投标保证金除现金外，可以是银行出具的银行保函、保兑支票、银行汇票或现金支票。投标保证金一般不得超过投标总价的 2%，但最高不得超过 80 万元人民币。投标保证金有效期应当超出投标有效期 30 天。

投标人在递交投标文件之前或同时，按投标人须知前附表规定的金额、担保形式和本单元任务一中投标保证金格式（附式 7）递交投标保证金，并作为其投标文件的组成部分。联合体投标的，其投标保证金由牵头人递交，并应符合投标人须知前附表的规定。投标人不按要求提交投标保证金的，其投标文件作废标处理。

2. 投标保证金的退还

招标人与中标人签订合同后 5 个工作日内，应向未中标的投标人和中标人退还投标保证金。有下列情形之一的，投标保证金将不予退还：

（1）投标人在规定的投标有效期内撤销或修改其投标文件；

（2）中标人在收到中标通知书后，无正当理由拒签合同协议书或未按招标文件规定提交履约担保。

六、投标决策、策略和技巧

投标决策与投标策略是相互关联的，但阶段又有所不同的两个范畴。投标策略贯穿在投标决策之中，投标决策是对投标策略的选择和确定。

（一）投标决策

建设工程投标决策，是建设工程经营决策的重要组成部分，是建设工程投标过程中的一个十分重要的问题，它直接关系到能否中标和中标后的经济效益。因此，承包商必须高度重视投标决策。

投标决策是指承包商为实现其生产经营目标，针对发包项目，选择和确定投标行动方案的过程。

1. 投标决策的依据

（1）发包人的情况。承包商进行投标决策时首先，应考虑发包人是否具备合法资格、支付能力如何；其次，考虑其以往履约的信誉；最后，调查其管理项目的能力。

（2）招标代理机构的情况。调查招标代理机构的职业道德、专业水平、处事的公正性以及与其他投标人的关系等。

（3）监理单位的情况。对监理单位的调查除上述与招标代理机构相同的内容外，还包括承包商与监理单位在以往工程上的交往关系。

（4）投标竞争对手的情况。了解竞争对手各方面的实力、优势和竞争对手在建工程的情况，对投标决策具有重要参考价值，俗话说“知己知彼，方能百战百胜”。

（5）投标人自身实力的分析：

1）经济方面。对于发包人提出的按完成部位支付工程进度款的额度要求，本企业在资金上是否有承受能力。

2）技术方面。对于发包项目中的比较复杂的技术工程，本企业有无与其施工要求相适应的技术人员。

3）管理方面。对于发包项目采用经评审的最低投标价法评标办法时，承包商有无与低报价、低利润中标相适应的成本控制能力和管理水平。

4）信誉方面。承包商的社会信誉与发包人的要求是否相适宜等。

（6）投标决策时，要对影响投标的各种风险因素进行评价，对风险的程度和概率作出合理预测和估计，对回避风险的对策和措施进行充分的考虑。

2. 投标决策的分类

（1）按投标性质分类

1）风险标。是指发包工程技术复杂，施工难度大，周期长，工程存在的风险因素多，而且承包商在技术、设备、资金等方面还存在一些问题。但由于发包工程预计盈利丰厚，而且承包商的施工任务不饱满或处于无活停工状态，或为了开拓新的施工市场而决定参加投标。投这种标，要求承包商必须根据本企业的实际情况，想方设法解决自身存在的各种困难和问题，详细分析工程可能存在的风险因素和解决的办法。这样中标既能获取较大的利润，又能达到锻炼队伍的目的。否则，将使企业的信誉、效益受到很大的伤害和损失。因此投风险标要谨慎行事，不到万不得已之时，不要投风险标。

2）保险标。是指承包商对可以预见的情况从技术、设备、资金等方面都有了解决的对策之后再参与投标，称之为保险标。对于承包商，如果技术、管理、资金等方面的实力较弱，经不住投标失误的打击，通常多采取投保险标。

（2）按投标效益分类

1）盈利标。根据本企业的技术、设备、资金及管理等各方面的实力均比竞争对手强，或招标人要求的条件对本企业有利，或本企业工程任务饱满、利润丰厚，而且该招标工程能否中标对本企业影响不大，可采取高投标报价（简称高标）的策略投标，称为盈利标。

2）保本标。根据本企业的技术、设备、资金及管理等各方面的实力都不比竞争对手强，而且企业的工程任务不饱满，甚至部分项目部出现息工待命状态。此时，可采取保本投标或薄利投标的方式。

3）亏损标（不得低于成本）。这是一种特殊情况下的投标，如果没有下述两种情况，不要盲目采用亏损标的方式投标。

一是企业的技术、设备、资金及管理等各方面的实力均比竞争对手强，为了使企业在该地的建筑市场能长期占有优势地位，以低价投标的方式挤垮竞争对手；企业为打入新市场，达到拓宽市场的目的而压低标价投标。

二是由于企业在技术、设备、资金及管理等各方面的实力都不比竞争对手强，而且没有后继工程项目，大部分施工项目部息工待命。如果中标能使部分施工队伍缓解燃眉之急，可采取压低标价的亏损标方式投标。

3. 投标决策的内容

投标决策是承包商决策的组成部分，贯穿在投标整个过程中。影响投标决策的因素十分复杂，每个项目均有所不同。投标决策包括：

(1) 决定是否投标的原则

1）要考虑企业目前的经营状况和发展战略。如本企业工程任务是否饱满，经济状况如何，参与本次投标的目的以及对企业的发展会带来多大效益。

2）要分析承包招标工程的可行性与可能性。如对本企业是否有能力、竞争对手是否有明显的优势等进行全面分析。

3）招标工程的可靠性。如建设工程的审批程序是否已经完成、资金是否已经落实等。

4）招标工程的承包条件。如果承包条件苛刻，企业无力完成施工任务，则应放弃投标。

(2) 确定企业投标的积极性

作为承包商投标与否的选择余地很小，一般情况下能够获得发包人的投标邀请，都应做出积极的响应，并应考虑以下内容：

1）投标的次数多，中标的机率大；

2）达到宣传自己的目的；

3）积累投标经验，掌握竞争对手的投标策略；

4）防止失去今后参与市场竞争的机会。

(3) 判断投标资源的投入

由于建筑市场投标竞争的激烈性，承包商一般很少拒绝参加投标。但有时承包商同时收到多个投标邀请，而可投入的资源有限，不能对邀请项目做出合理的判断，而把现有资源平均分配，既可能影响投标质量，又可能影响合同的履约。因而承包商应针对各个项目的调查、分析，合理分配投标资源，以保证关键项目的投标质量和中标率。

基于上述投标决策内容的考虑，承包商可以在调查投标信息基础上，对发包项目做出合理的判断。对于好项目，采取竞争性的进攻策略；对于风险大的项目，应表面积极、态度认真，但应采取保守的投标策略。对于是否参加投标，承包人应全面考虑、综合平衡，有时很小的一个条件未能达到，都可能导致投标和承包的失败。

(二) 投标策略

投标策略是指承包商在投标竞争中的指导思想与系统工作部署以及参与投标竞争的方式和手段。投标策略贯穿于投标竞争的始终，包括十分丰富的内容。在投标与否的决策、投标积极性的决策、投标报价、投标取胜等方面，都包含着投标策略。

1. 投标策略的意义

投标策略对承包商有着十分重要的意义和作用。目前，在国内建筑市场竞争的白热化情况下，选择正确的投标策略，便显得尤为重要。这主要体现在三个方面：

（1）中标的基础投标策略是承包商在投标竞争中成败的关键。在正确的投标策略指导下，能够扬长避短，以己之长胜人之短，从而在竞争中取得主动和先机。

（2）预期利润的预控措施投标策略是影响承包商经济效益的重要因素之一。承包商运用投标策略，找出一个既能中标又能获得利润的合理报价的结合点。

（3）实现企业经营目标的投标策略，能够保证承包商实现企业的发展战略，提高市场占有率，达到规模经济的效果。

2. 投标策略常用方法

（1）全面分析招标文件

招标文件所确定的内容，是承包人制定投标书的依据。

1）对于招标文件已确定的不可变更的内容，应分析有无实现的可能，以及实现的途径、成本等。

2）对于有些要求，如银行开具保函，应由承包人与其他单位协作完成，则应分析其他承包人有无配合的可能。

3）特别注意招标文件中存在的问题，如文件内容是否有不确定、不详细、不清楚的地方；是否还缺少其他文件、资料或条件；对合同签订和履行中可能遇到的风险作出分析。

（2）确定科学合理的项目实施方案

确定科学合理的实施方案，是发包人选择承包人的重要因素。因此，投标人确定的实施方案应务求合理、规范、可行。

（3）投标报价要合理

投标报价是承包人全面完成建设工程施工所需的全部费用。特别要注意工程量的核算或计算、分项工程综合单价或定额单价确定、各项费用的计取等是否正确。

（4）制定科学合理的技术标

施工组织设计是指导拟建工程施工的技术、经济、组织的综合性文件，是工程投标文件的重要组成部分（技术标）。通过选择科学合理的施工方案，编制符合工程实际的施工进度计划及施工现场平面布置，制定和实施有效的各项技术组织措施，达到既能完成优质的建设工程产品，又能获得较大的经济效益的目的。

（5）靠缩短工期取胜

在满足招标文件要求工期的基础上，采取各种缩短工期的有效措施，致使工程提前若干天或若干月竣工、交付使用，使发包人早投产、早收益。采取缩短工期的方法，是吸引业主的有效投标策略。

（6）靠改进工程设计取胜

承包商要认真仔细地研究工程设计图纸，对于工程设计不合理之处，提出降低工程造价的合理化建议和措施，以提高承包商对业主的吸引力和信任，从而在投标竞争中获胜。

（7）注重施工索赔

对于工程技术复杂、施工难度大、工期紧、任务重的招标项目，可以利用设计图纸、技术说明书及合同条款中不明确之处寻找索赔机会，虽报低价，但也可能获取较高利润（通常施工索赔金额可达到标价的10％～20％）。

（8）采取低利策略

企业的技术、设备、资金及管理等各方面的实力都不比竞争对手强，而且工程任务不饱满，甚至部分项目部出现息工待命状态；另外，承包商为了打入新市场，达到拓宽市场的目的，这些情况下，可以采取低利策略参加投标。

根据标价的高低，标价还可分为高标、低标等。如可估算出高标和低标出现的概率及其利润，可用决策树法估算投高标或低标，作为决策的一个依据。

需要强调的是在考虑和做出决策的同时，必须牢记招标投标活动应当遵循公开、公平、公正和诚实信用的原则。《中华人民共和国招标投标法》第五章规定了招标人、投标人和招标代理机构违反《中华人民共和国招标投标法》规定应负的法律责任。例如第五十四条规定“投标人以他人的名义投标或者以其他方式弄虚作假，骗取中标的，中标无效，给招标人造成损失的，依法承担赔偿责任；构成犯罪的，依法追究刑事责任”。在《中华人民共和国招标投标法》第五章中规定了各种违法行为的法律责任与处理规定。

（三）投标技巧

投标技巧是指为达到中标目的而采用的投标手法。投标人必须在保证满足招标文件各项要求的条件下，为了中标并取得期望的效益，研究和运用投标技巧，这种研究与运用贯穿在整个投标程序过程中。投标技巧一般包括以下几种。

1．扩大标价法

扩大标价法是指除按正常的已知条件编制标价外，对工程中变化较大或没有把握的工作项目，采用增加不可预见费的方法，扩大标价，回避风险。

2．不平衡报价法

不平衡报价法是指投标工程的投标报价，在总价基本确定后，通过调整价格组成的各个子目或项目的报价，以期既不提高总价，又不影响中标。在不影响经济效益的前提下，能有效地回避承包的风险，并在工程结算时能得到更理想的经济效益。一般可以在以下几方面考虑采用不平衡报价法。

（1）发包人早期支付的项目（如土方工程、基础工程等）可以适当提高报价，以利资金周转；对于后期工程项目（如机电设备安装、装饰等）可适当降低。

（2）经过对招标文件所附的工程量核算后，预计今后工程量会增加的项目，单价可以适当提高，这样在最终结算时可赚钱；而工程量可能会减少的项目，单价可以适当降低，工程结算时损失也不会大。

但是上述两种情况要统筹考虑，即对工程量有错误的早期工程，如果预计工程量会减少，也不能盲目抬高单价，要具体分析后再定。

（3）招标设计图纸不明确，估计修改后工程量要增加的，可以提高单价；而工程内容不明确的，则可以降低一些单价。

（4）暂定项目要做具体分析，因为这一类项目在开工后由业主研究决定是否实施，由哪一家承包商实施。如果工程不分标，只由一家承包商施工，则其中肯定要做的单价可高些，不一定要做的则应低些。如果工程分标，该暂定项目也可能由其他承包商施工时，则不宜报高价，以免抬高总报价。

（5）单价和包干混合制合同中，业主要求有些项目采用包干报价时，宜报高价。一则这类项目多半有风险，二则这类项目在完成后可全部按报价结账，即可以全部结算回来。而其余单价项目则可适当降低。

（6）有的招标文件要求投标者对工程量大的项目报“单价分析表”，投标时可将单价分析表中的人工费及机械设备费报得较高，而材料费算得较低。这主要是为了在今后补充项目报价时可以参考选用“单价分析表”中的较高的人工费和机械设备费，而材料则往往采用市场价，因而可获得较高的收益。

（7）在议标时，承包商一般都要压低标价。这时应该首先压低那些工程量小的单价，这样即使压低了很多个单价，总的标价也不会降低很多，而给业主的感觉却是工程量清单上的单价大幅度下降，承包商很有让利的诚意。

（8）如果是单纯报计日工或计台班机械单价，可以高些，以便在日后业主用工或用机械时可多盈利。但如果计日工表中有一个假定的“名义工程量”时，则需要具体分析是否报高价，以免抬高总报高价。总之，要分析业主在开工后，可能使用的计日工数量确定报价技巧。

（9）设备安装工程中，由于主材与综合单价存在分离，对于特殊设备、材料，由于业主不一定精通、市场询价困难，可将主材单价报高，以获得高额利润；对常用材料、设备报低价，业主为保证质量往往对该类设备和材料指定品牌，承包商可将设备、材料品牌变更，向业主要求单价提高，来实现正常利润。

（10）分包项目，对于一些特殊分项工程必须由专业施工队伍进行施工的，可报高价；对于业主指定分包的，报低价，而提高其他部分的利润。

（11）另行发包项目，配合用人工和机械可提高单价，从而确保利润；而对于配合工作等所用材料，则可故意漏报，在实施中要求另外的承包商提供或要求业主补偿该部分费用。不平衡报价一定要建立在对工程量表中工程量仔细核对风险的基础上，特别是对于报低单价的项目，如工程量一旦增多将造成承包商的重大损失，同时一定要控制在合理幅度内（一般可在10%左右），以免引起业主反感，甚至导致废标。如果不注意这一点，有时业主会挑选出报价过高的项目，要求投标者进行单价分析，而围绕单价分析中过高的内容压价，以致承包商得不偿失。

由于目前在招标中，发包人、招标代理机构以及评标专家对不平衡报价法比较了解，因而使用时要慎重，否则会引起发包人的反感。常见的不平衡报价法见表2-2-1。

常见的不平衡报价法　　表 2-2-1

序　号	信息类型	变动趋势	不平衡结果
1	资金收入时间	早	单价高
		晚	单价低
2	工程量估算不准确	增加	单价高
		减少	单价低
3	报价图纸不明确	增加工程量	单价高
		减少工程量	单价低
4	暂定工程	自己承包的可能性高	单价高
		自己承包的可能性低	单价低
5	单价和包干混合制的项目	固定包干价格项目	单价高
		单价项目	单价低
6	单价组成分析表	人工费和机械费	单价高
		材料费	单价低
7	议标时业主要求压低价格	工程量大的项目	单价小幅度降低
		工程量小的项目	单价较大幅度降低
8	报单价的项目	没有工程量	单价高
		有假定的工程量	单价适中
9	设备安装	特殊设备、材料	主材单价高
		一般设备、材料	主材单价低
10	分包项目	自己发包的	单价高
		业主指定分包的	单价低
11	另行发包项目	配合人工、机械费	单价高、工程量大
		配合用材料	有意漏报

3. 先亏后盈法

先亏后盈法一般是承包商为了占领某一市场或在某一地区打开局面而采取的一种不惜一切代价只求中标的策略。在投标中碰上这种对手，应该对他们进行细致的研究，然后做出决策。通常应抛开这种对手而着力研究与其他对手的竞争。

先亏后盈法一般会在两种情形下使用：

(1) 根据承包商的企业发展战略，为进入一个新的市场或市场进入壁垒严重的领域时，一般会采用此方法；

(2) 招标项目分期分批招标和实施，在一期工程投标时往往采用此方法。但二期项目遥遥无期时，或者发包人不允许一期工程的承包商承接后续工程的，要慎重使用此法。

4. 其他方法

在国际建筑市场上还有一些其他的投标技巧，如多方案报价法、突然降价法、开口升级法、许诺优惠条件、争取评标奖励等。但这些与《中华人民共和国招标投标法》的规定不符，不能在国内的建设工程施工投标中使用。

七、投标风险与防范

（一）工程风险的类型

风险是指在从事某种特定活动中因不确定性而产生的经济或财务损失、自然破坏或损失的可能性。工程风险是指工程在设计、施工、设备调试、试运行及移交运行等项目寿命周期全过程中可能发生的风险。

1. 政治风险

政治风险是指由于政治方面的各种事件和原因给工程和企业带来的风险。一般包括：战争和动乱、国际关系紧张、国家政策变化及政府拖延审批等。

2. 社会风险

社会风险是指社会治安状况、宗教信仰的影响、风俗习惯及劳动者素质等形成的障碍或不利条件给项目施工带来的风险。

3. 经济风险

经济风险是指项目所在国或地区的经济领域出现或潜在的各种因素变化而导致工程和企业的经营遭受损害的风险。一般包括：经济领域出现的或潜在的各种因素变化，如经济政策的变化、产业结构的调整、市场供求变化带来的风险。

（1）社会性的经济风险。如商业周期、通货膨胀或通货紧缩、外汇政策及汇率浮动、制裁与禁运、地方保护、经济危机等。

（2）行业性的经济风险。如政府对建设工程投资的增减、房地产市场行情、原材料和劳务价格的涨落等。

（3）承包商的经济风险。如发包人的资金实力、支付工程款的方式与能力、压价的幅度、严重拖欠工程款，承包商垫资施工以及分包商的违约等。

4. 公共关系风险

公共关系风险是指由于公共关系带来的各种风险。公共关系风险包括：发包人履约不诚意、监理工程师信誉不好、招标代理机构职业道德不佳、设计师的专业水平较差、各方相互不配合或配合失当（如联合体、分包商或材料设备供应商等）以及政府行政监督部门的工作效率等。

5. 自然风险

自然风险是指工程自然条件不确定性变化给施工项目带来的风险，如地震、洪水、沙尘暴、复杂水文地质条件、不利的现场条件、恶劣的地理环境等。

6. 技术风险

技术风险是指技术难度高和对技术规范不了解等给承包商带来的风险。如科技进步、技术结构及相关因素的变动给施工项目技术管理带来的风险，由于项目所处施工条件或项目复杂程度带来的风险，施工中采用新技术、新工艺、新材料、新设备带来的风险。

7. 管理风险

管理风险是指企业在经营活动中，因不能适应市场环境或者管理者对企业活动、事件处理的主观判断失误、或因对已发生的事件处理不当而带来的风险。常见的管理风险有：

(1) 项目组织内部不协调。承包商公司管理部门对项目经理部提供的服务、控制、协调等方面应提供的支持、配合不力；

(2) 项目经理以及项目经理部的人员不胜任；

(3) 投标报价丢项、漏项，低估材料、设备、人工、分包商单价或合同价；

(4) 投标决策、策略失误；

(5) 工程合同条款缺陷；

(6) 工程结算价款偏差、漏项等错误；

(7) 技术创新能力弱。

(二) 投标风险防范

工程风险的防范是贯穿项目全过程的，即从投标文件递交开始到工程完成、合同履约完毕为止。因此投标人应在投标组织机构中设立专门的负责风险管理的部门或小组，负责编制风险管理规划，协助制订投标策略、签订施工合同以及在合同履行过程中进行风险控制与监视。

1. 风险防范的方法

风险防范的方法取决于风险的性质和承包商本身、决策者等情况。可以采用的方法有：回避风险、转移风险、保留风险和利用风险。

(1) 回避风险

1) 拒绝承担风险。承包商拒绝承担风险大致有几种情况：

①对某些存在致命风险的工程拒绝投标；

②利用合同保护自己，不承担应由发包人承担的风险；

③不接受实力差、信誉不好的分包商和设备材料供应商等。

2) 承担小风险回避大风险。一般来说，承接工程项目建造不可能零风险，回避某种风险需要以承担另外一种风险或者多种风险为代价的。承包商在投标报价时也常常采取这种策略。如采取不平衡报价法，评标专家评定时可能会发现，使招标人感觉不舒服。但中标后，一定程度上掌握了控制风险的主动权。

(2) 转移风险。是指承包商不能回避风险，但是可以通过一定的方式将风险转移给其他人来承担。风险转移并非转嫁损失，有些承包商自身无法控制的风险因素，分包商和材料、设备供应商却可以控制。

①转移给分包商或者材料、设备供应商。合同中的部分内容，承包商可以转移给分包商或者材料、设备供应商。如，总承包商可在与分包商签订的合同中加入在发包人支付工程款后，总承包商在约定的时间内向分包商支付相应的工程款。这样将发包人拖欠工程款的风险部分转移给分包商。这同样要求在选择分包商时，应考虑分包商的资信、资金状况、施工技术水平，即承受风险分担的能力。

②购买保险或者要求发包人提供有关担保。购买保险或要求发包人提供有关担保，是承包商非常有效的转移风险的手段，可将他们面临的风险转移给保险公司或者保证担保公司。如招标文件要求承包商提供履约保函，承包商可在合约谈判时，要求发包人提供支付保函，防止出现发包人在工程款支付方面出现拖欠的

风险。

(3) 承包商保留风险（或自留风险）。承包商保留风险，有以下几种情况：

1）对风险的程度估计不足，认为这种风险不会发生；

2）这种风险无法回避或转移；

3）经过慎重考虑而决定自己承担风险，可能风险微不足道或者保留风险比转移更加经济。

(4) 利用风险。在风险的防范和管理过程中，承包商应注意到风险因素不只是会造成经济损失，如果预测准确、预控措施有针对性，是可以将风险合理利用的。并且风险的合理利用，有时还会带来盈利。在工程承包过程中，合理地预留索赔，就是典型的例子。

2. 常见的工程风险防范策略和措施（见表 2-2-2）

常见的工程风险防范策略和措施 **表 2-2-2**

风险类型	风 险 内 容	风险防范策略	风险防范措施
政治风险	战争、内乱、恐怖袭击、国际关系紧张等	转移风险	保 险
		回避风险	放弃投标
	政策法规的不利变化	自留风险	索 赔
	没 收	自留风险	援引不可抗力条款索赔
	禁 运	损失控制	降低损失
	污染及安全规则约束	自留风险	采取环保措施、制定安全计划
	权力部门专制腐败	自留风险	适应环境利用风险
社会风险	宗教节假日影响施工	自留风险	合理安排进度、留出损失费
	相关部门工作效率低	自留风险	留出损失费
	社会风气腐败	自留风险	留出损失费
	现场周边单位或居民干扰	自留风险	遵纪守法，沟通交流，搞好关系
经济风险	商业周期	利用风险	扩张时抓住机遇，紧缩时争取生存
	通货膨胀通货紧缩	自留风险	合同中列入价格调整条款
	汇率浮动	自留风险	合同中列入汇率保值条款
		转移风险	投保汇率险套汇交易
		利用风险	市场调汇
	分包商或供应商违约	转移风险	履约保函
		回避风险	对进行分包商或供应商资格预审
	业主违约	自留风险	索 赔
		转移风险	严格合同条款
	项目资金无保证	回避风险	放弃承包
	标价过低	转移风险	分 包
		自留风险	加强管理控制成本做好索赔

续表

风险类型	风　险　内　容	风险防范策略	风险防范措施
经济风险	支付工程款的方式与能力	转移风险	严格合同条款
	严重拖欠工程款，承包商垫资施工		
	原材料和劳务价格的涨落		
公共关系风险	发包人履约不诚意	转移风险	严格合同条款
	监理工程师信誉不好		
	招标代理机构职业道德不佳	风险控制	预防措施
	各方相互不配合或配合失当	自留风险	预防措施
	政府行政监督部门的工作效率	自留风险	预防措施
自然风险	对永久结构的损坏	转移风险	保　险
	对材料设备的损坏	风险控制	预防措施
	造成人员伤亡	转移风险	保　险
	火灾、洪水、地震	转移风险	保　险
	塌　方	转移风险	保　险
		风险控制	预防措施
技术风险	科技进步、技术结构及相关因素的变动	转移风险	严格合同条款
	项目复杂程度		
	施工中采用新技术、新工艺、新材料、新设备	自留风险	预防措施
管理风险	设计错误、内容不全、图纸不及时	自留风险	索　赔
	工程项目水文地质条件复杂	转移风险	合同中分清责任
	恶劣的自然条件	自留风险	索赔预防措施
	劳务争端内部罢工	自留风险损失控制	预防措施
	施工现场条件差	自留风险	加强现场管理改善现场条件
	工作失误设备损毁工伤事故	转移风险	保　险
		转移风险	保　险

八、递交投标文件和参加开标会议

（一）递交投标文件

1. 投标文件的密封和标识

（1）投标文件的正本与副本应分开包装，加贴封条，并在封套的封口处加盖投标人单位章。

（2）投标文件的封套上应清楚地标记“正本”或“副本”字样，封套上应写明的其他内容见投标人须知前附表。

(3) 未按 (1) 项或 (2) 项要求密封和加写标记的投标文件，招标人不予受理。

2. 投标文件的递交

(1) 投标人应在招标文件规定的投标截止时间前递交投标文件，如：××××年××月××日××时××分。招标人要给投标人合理编制投标文件的时间，从招标文件发售之日起至投标人递交投标文件截止日止不少于 20 天，重大项目、特殊项目时间还应更长一些。

(2) 投标人要按招标文件中的投标人须知前附表规定，详细填写投标文件的递交地点，包括街道、门牌号、楼层、房间号等。

(3) 除投标人须知前附表另有规定外，投标人所递交的投标文件不予退还。如确需退还的，只退副本，并在本项对应的前附表中明确退还时间、方式和地点。

(4) 招标人收到投标文件后，须向投标人出具签收凭证，记录投标文件的外封装密封情况和标识，以便在开标时查验，通常采用“投标文件接收登记表”并记录相关情况等。

(5) 逾期送达的或者未送达指定地点的投标文件，招标人不予受理。

3. 投标文件的修改与撤回

根据《中华人民共和国招标投标法》第 29 条和国家七部委颁发的第 30 号令《工程建设项目施工招标投标办法》第 39 条规定，投标人在招标文件要求提交投标文件的截止时间前，可以补充、修改或者撤回已递交的投标文件，并书面通知招标人。补充、修改的内容为投标文件的组成部分。

(1) 在招标文件规定的投标截止时间前，投标人可以修改或撤回已递交的投标文件，但应以书面形式通知招标人。

(2) 投标人修改或撤回已递交投标文件的书面通知，应按招标文件规定的要求签字或盖章。招标人收到书面通知后，向投标人出具签收凭证。

(3) 修改的内容为投标文件的组成部分。修改的投标文件应按招标文件规定进行编制、密封、标识和递交，并标明“修改”字样。

投标文件补充、修改和撤回情况，应在开标时公布。

(二) 参加开标会议

1. 开标时间和地点

招标人按招标文件规定的投标截止时间（开标时间）和投标人须知前附表规定的地点公开开标，并邀请所有投标人的法定代表人或其委托代理人准时参加。

《中华人民共和国招标投标法》第 35 条规定，开标由招标人或招标代理人主持，邀请所有投标人参加。招标人可以在投标人须知前附表中对此作进一步说明，同时明确投标人的法定代表人或其委托代理人不参加开标的法律后果，如：投标人的法定代表人或其委托代理人不参加开标的，视同该投标人承认开标记录，不得事后对开标记录提出任何异议。不应以投标人不参加开标为由将其投标作废标处理。开标地点需要详细填写，包括街道、门牌号、楼层、房间号等。

2. 开标程序

主持人应按下列程序进行开标：

(1) 宣布开标纪律；

(2) 公布在投标截止时间前递交投标文件的投标人名称，并点名确认投标人是否派人到场；

(3) 宣布开标人、唱标人、记录人、监标人等有关人员姓名；

(4) 按照投标人须知前附表规定检查投标文件的密封情况；

(5) 按照投标人须知前附表的规定确定并宣布投标文件开标顺序；

(6) 设有标底的，公布标底；

(7) 按照宣布的开标顺序当众开标，公布投标人名称、标段名称、投标保证金的递交情况、投标报价、质量目标、工期及其他内容，并记录在案；

(8) 投标人代表、招标人代表、监标人、记录人等有关人员在开标记录上签字确认；

(9) 开标结束。

开标时，由投标人或者其推选的代表检查投标文件的密封情况，也可以由招标人委托的公证机构检查并公证等；可以按照投标文件递交的先后顺序开标，也可以采用其他方式确定开标顺序。

九、领取中标通知书和签订工程施工合同

1. 中标通知

在招标文件规定的投标有效期内，招标人以书面形式向中标人发出中标通知书，同时将中标结果通知未中标的投标人。

2. 履约担保

(1) 在签订合同前，中标人应按投标人须知前附表规定的金额、担保形式和招标文件中“合同条款及格式”规定的履约担保格式向招标人提交履约担保。联合体中标的，其履约担保由牵头人递交，并应符合投标人须知前附表规定的金额、担保形式和招标文件中“合同条款及格式”规定的履约担保格式要求。

(2) 中标人不能按招标文件要求提交履约担保的，视为放弃中标，其投标保证金不予退还，给招标人造成的损失超过投标保证金数额的，中标人还应当对超过部分予以赔偿。

在签订合同前，中标人以及联合体中标人须按照投标人须知前附表中规定的金额、担保形式和招标文件中“合同条款及格式”规定的履约担保格式，向招标人提交履约担保。履约担保有现金、支票、履约担保书和银行保函等形式，可以选择其中的一种作为招标项目的履约担保，一般采用银行保函或履约担保书。履约担保金额一般为中标价的10%。

3. 签订合同

(1) 招标人和中标人应当自中标通知书发出之日起30天内，根据招标文件和中标人的投标文件订立书面合同。中标人无正当理由拒签合同的，招标人取消其中标资格，其投标保证金不予退还。给招标人造成的损失超过投标保证金数额的，

中标人还应当对超过部分予以赔偿。

（2）发出中标通知书后，招标人无正当理由拒签合同的，招标人向中标人退还投标保证金；给中标人造成损失的，还应当赔偿损失。

复习思考题

1. 投标人参加投标资格预审时应注意哪些问题？
2. 投标人如何熟悉招标文件？
3. 调查投标环境主要包括哪些内容？
4. 投标保证金的形式有几种？我国对投标保证金的数额和有效期有何规定？
5. 对于业主如何退还中标和未中标单位的投标保证金？
6. 如何对投标决策进行分类？
7. 投标决策主要包括哪些内容？
8. 投标策略常用方法有哪些？
9. 投标通常采用哪些技巧？
10. 工程风险的类型有哪些？
11. 投标风险防范主要有哪些方法？
12. 常见的工程风险防范策略和措施有哪些？
13. 如何对投标文件进行密封和标识？
14. 递交投标文件有什么要求？
15. 通常的开标的程序有哪些内容？
16. 履约担保有何规定？
17. 招标人和中标人应自中标通知书发出之日起多长时间内签订工程合同？

单元三　建设工程施工合同

任务一　建设工程施工合同签订

【引导问题】

1. 合同法应遵循的基本原则是什么？
2. 订立合同应遵循哪些程序？
3. 合同生效应具备的条件有哪些？
4. 无效合同主要有哪些情形？
5. 在什么情况下，合同可以变更和撤销？
6. 合同无效或被撤销合同后的法律后果是什么？
7. 在合同履行过程中，如何应用抗辩权？
8. 合同的变更应具备哪些条件？合同转让有哪几种类型？
9. 合同解除应具备哪些条件？合同解除有哪几种类型？
10. 合同的违约行为和承担违约责任的形式有哪些？
11. 解决合同争议的方式主要有哪几种？
12. 施工合同的作用是什么？
13. 建设工程施工合同主要有哪几种类型？
14. 签订施工合同应具备什么条件？
15. 建设工程施工合同的主要内容有哪些？

【工作任务】

了解合同法的基础知识和建设工程施工合同的特征、分类方法，理解施工合同的订立、效力、履行、变更、权利义务终止和违约责任的有关规定，掌握总价合同、单价合同、成本加酬金合同的适用范围和区别，以及施工合同的主要内容。

【学习参考资料】

1.《中华人民共和国合同法》；
2.《中华人民共和国建筑法》；
3. 其他有关合同的法律法规文件及书刊。

一、合同法律基础

(一) 合同法的一般规定

1. 合同概念及使用范围

合同是平等主体的自然人、法人、其他组织之间设立、变更、终止民事权利义务关系的协议。各国的合同法规范的都是债权合同，它是市场经济条件下规范财产流转关系的基本依据，因此，合同是市场经济中广泛进行的法律行为。而广义的合同还应包括婚姻、收养、监护等有关身份关系的协议以及劳动合同等，这些合同由其他法律进行规范，不属于《中华人民共和国合同法》（以下简称《合同法》）中规范的合同。

合同作为一种协议，其本质是一种合意，必须是两个以上意思表示一致的民事法律行为。因此合同的缔结必须由双方当事人协商一致才能成立。合同当事人作出的意思表示必须合法，这样才能具有法律约束力。建设工程合同也是如此。即使在建设工程合同的订立中承包人一方存在着激烈的竞争，仍需双方当事人协商一致，发包人不能将自己的意志强加给承包人。双方订立的合同即使是协商一致的，也不能违反法律、行政法规，否则合同就是无效的，如施工单位超越资质等级许可的业务范围订立施工合同，该合同就没有法律约束力。

合同中所确立的权利义务，必须是当事人依法可以享有的权利和能够承担的义务，这是合同具有法律效力的前提。在建设工程合同中，发包人必须有已经合法立项的项目，承包人必须具有承担承包任务的相应的能力。如果在订立合同的过程中有违法行为，当事人不仅达不到预期的目的，还应根据违法情况承担相应的法律责任。如在建设工程合同中，当事人通过欺诈、胁迫等手段订立合同，应当承担相应的法律责任。

《合同法》由总则、分则和附则三部分组成。总则包括以下8章：一般规定、合同的订立、合同的效力、合同的履行、合同的变更和转让、合同的权利义务终止、违约责任、其他规定。

2. 合同的种类

(1)《合同法》的基本分类

《合同法》分则部分按照合同标的的特点将合同分为15类：买卖合同；供用电、水、气、热力合同；赠与合同；借款合同；租赁合同；融资租赁合同；承揽合同；建设工程合同；运输合同；技术合同；保管合同；仓储合同；委托合同；行纪合同；居间合同。这可以认为是《合同法》对合同的基本分类，《合同法》对每一类合同都作了较为详细的规定。

(2) 其他分类

1) 计划与非计划合同。计划合同是依据国家有关计划签订的合同。非计划合同则是当事人根据市场需求和自己的意愿订立的合同。

2) 双务合同与单务合同。双务合同是当事人双方相互享有权利和相互负有义务的合同。大多数合同都是双务合同，如建设工程合同。单务合同是指合同当事人双方并不相互享有权利、负有义务的合同。如赠与合同。

3) 诺成合同与实践合同。诺成合同是当事人意思表示一致即可成立的合同。实践合同则要求在当事人意思表示一致的基础上，还必须交付标的物或者其他给付义务的合同。在现代经济生活中，大部分合同都是诺成合同。这种合同分类的目的在于确立合同的生效时间。

4) 主合同与从合同。主合同是指不依赖其他合同而独立存在的合同。从合同是以主合同的存在为存在前提的合同。主合同的无效、终止将导致从合同的无效、终止，但从合同的无效、终止不能影响主合同。担保合同是典型的从合同。

5）有偿合同与无偿合同。有偿合同是指合同当事人双方任何一方均须给予另一方相应权益方能取得自己利益的合同。而无偿合同的当事人一方无须给予相应权益即可从另一方取得利益。在市场经济中，绝大部分合同都是有偿合同。

6）要式合同与不要式合同。如果法律要求必须具备一定形式和手续的合同，称为要式合同。反之，法律不要求具备一定形式和手续的合同，称为不要式合同。

3. 合同法的作用和法律特征

《合同法》是调整平等主体的自然人、法人、其他组织之间在设立、变更、终止合同时所发生的社会关系的法律规范总称。

为了满足我国发展社会主义市场经济的需要，消除市场交易规则的分歧，1999年3月15日，第九届全国人大第二次会议通过了《合同法》，于1999年10月1日起施行，原有的《经济合同法》、《技术合同法》和《涉外经济合同法》三部合同法律同时废止。

在市场经济中，财产的流转主要依靠合同。特别是工程项目，标的大、履行时间长、协调关系多，合同尤为重要。因此，建筑市场中的各方主体，包括建设单位、勘察设计单位、施工单位、监理单位、材料设备供应单位等都要依靠合同确立相互之间的关系。如建设单位要与勘察设计单位订立勘察设计合同、建设单位要与施工单位订立施工合同、建设单位要与监理单位订立监理合同等。在市场经济条件下，这些单位相互之间都没有隶属关系，相互之间的关系主要依靠合同来规范和约束。这些合同都是属于《合同法》中规范的合同，当事人都要依据《合同法》的规定订立和履行。

合同具有以下法律特征：

(1) 当事人地位的平等性；

(2) 主体的广泛性；

(3) 缔约的自愿性；

(4) 意思表示的一致性；

(5) 法律约束性。

4. 合同法的基本原则

(1) 平等原则

合同当事人的法律地位平等，即享有民事权利和承担民事义务的资格是平等的，一方不得将自己的意志强加给另一方。在订立建设工程合同中双方当事人的意思表示必须是完全自愿的，不能是在强迫和压力下所作出的非自愿的意思表示。因为建设工程合同是平等主体之间的法律行为，发包人与承包人的法律地位平等，只有订立建设工程合同的当事人平等协商，才有可能订立意思表示一致的协议。

(2) 自愿原则

合同当事人依法享有自愿订立合同的权利，不受任何单位和个人的非法干预。民事主体在民事活动中享有自主的决策权，其合法的民事权利可以抗御非正当行使的国家权力，也不受其他民事主体的非法干预。《合同法》中的自愿原则有以下含义：一是合同当事人有订立或者不订立合同的自由；二是当事人有权选择合同相对人；三是合同当事人有权决定合同内容；四是合同当事人有权决定合同形式。即合同当事人有权决定是否订立合同、与谁订立合同、有权拟定或者接受合同条款、有权以书面或者口头的形式订立合同。

当然，合同的自愿原则是要受到法律的限制的，这种限制对于不同的合同而有所不同。相对而言，由于建设工程合同的重要性，导致法律法规对建设工程合同的干预较多，对当事人的合同自愿的限制也较多。例如：建设工程合同内容中的质量条款，必须符合国家的质量标准，因为这是强制性的；建设工程合同的形式，则必须采用书面形式，当事人也没有选择的权利。

(3) 公平原则

合同当事人应当遵循公平原则确定各方的权利和义务。在合同的订立和履行中，合同当事人应当正当行使合同权利和履行合同义务，兼顾他人利益，使当事人的利益能够均衡。在双务合同中，一方当事人在享有权利的同时，也要承担相应义务，取得的利益要与付出的代价相适应。建设工程合同作为双务合同也不例外，如果建设工程合同显失公平，则属于可变更或者可撤销的合同。

(4) 诚实信用原则

建设工程合同当事人行使权利、履行义务应当遵循诚实信用原则。这是市场经济活动中形成的道德规则，它要求人们在交易活动（订立和履行合同）中讲究信用，恪守诺言，诚实不欺。不论是发包人还是承包人，在行使权利时都应当充分尊重他人和社会的利益，对约定的义务要忠实地履行。具体包括：在合同订立阶段，如招标投标时，在招标文件和投标文件中应当如实说明自己和项目的情况；在合同履行阶段应当相互协作，如发生不可抗力时，应当相互告知，并尽量减少损失。

5. 合同的形式和主要内容

(1) 合同的形式

合同的形式是当事人意思表示一致的外在表现形式。一般认为，合同的形式可分为书面形式、口头形式和其他形式。口头形式是以口头语言形式表现合同内容的合同；书面形式是指合同书、信件和数据电文（包括电报、电传、传真、电子数据交换和电子邮件）等可以有形地表现所载内容的形式，其他形式则包括公证、审批、登记等形式。

如果以合同形式的产生依据划分，合同形式则可分为法定形式和约定形式。合同的法定形式是指法律直接规定合同应当采取的形式。如《合同法》规定建设工程合同应当采用书面形式，则当事人不能对合同形式加以选择。合同的约定形式是指法律没有对合同形式作出要求，当事人可以约定合同采用的形式。

(2) 合同的内容

合同的内容由当事人约定，这是合同自由的重要体现。《合同法》规定了合同一般应当包括的条款，但具备这些条款不是合同成立的必备条件。

1) 当事人的名称或者姓名和住所。合同主体包括自然人、法人和其他组织。明确合同主体，对了解合同当事人的基本情况，合同的履行和确定诉讼管辖具有重要的意义。自然人的姓名是指经户籍登记管理机关核准登记的正式用名。自然人的住所是指自然人有长期居住的意愿和事实的处所，即经常居住地。法人、其他组织的名称是指经登记主管机关核准登记的名称，如公司的名称以企业营业执照上的名称为准。法人和其他组织的住所是指它们的主要营业地或者主要办事机构所在地。当然，作为一种国家干预较多的合同，国家对建设工程合同的当事人有一些特殊的要求，如要求施工企业作为承包人时必须具有相应的资质等级。

2）标的。是指合同当事人双方权利和义务共同指向的对象。标的的表现形式为物、财、行为、智力成果等。没有标的的合同是空的，当事人的权利义务无所依托；标的不明确的合同无法履行，合同也不能成立。所以，标的是合同的首要条款，签订合同时，标的必须明确、具体，必须符合国家法律和行政法规的规定。

3）数量。是指衡量合同标的多少的尺度，以数字和计量单位表示。没有数量或数量的规定不明确，当事人双方权利义务的多少、合同是否完全履行都无法确定。数量必须严格按照国家规定的法定计量单位填写，以免当事人产生不同的理解。施工合同中的数量主要体现的是工程量的大小。

4）质量。是指标的的内在品质和外观形态的综合指标。签订合同时，必须明确质量标准。合同对质量标准的约定应当是准确而具体，对于技术上较为复杂的和容易引起歧义的词语、标准，应当加以说明和解释。对于国家的强制性标准，当事人必须执行，合同约定的质量不得低于强制性标准。对于推荐性的标准，国家鼓励采用。当事人没有约定质量标准的，如果有国家标准，则依国家标准执行；如果没有国家标准，则依行业标准执行；没有行业标准，则依地方标准执行；没有地方标准，则依企业标准执行。由于建设工程中的质量标准大多是强制性的质量标准，当事人的约定不能低于这些强制性的标准。

5）价款或者报酬。是指当事人一方向交付标的的另一方支付的货币。标的物的价款由当事人双方协商，但必须符合国家的物价政策，劳务酬金也是如此。合同条款中应写明有关银行结算和支付方法的条款。价款或者报酬在勘察、设计合同中表现为勘察、设计费，在监理合同中则体现为监理费，在施工合同中则体现为工程款。

6）履行的期限、地点和方式。履行的期限是当事人各方依照合同规定全面完成各自义务的时间。履行的地点是指当事人交付标的和支付价款或酬金的地点。包括标的的交付、提取地点；服务、劳务或工程项目建设的地点；价款或劳务的结算地点。施工合同的履行地点是工程所在地。履行的方式是指当事人完成合同规定义务的具体方法。包括标的的交付方式和价款或酬金的结算方式。履行的期限、地点和方式是确定合同当事人是否适当履行合同的依据。

7）违约责任。是指任何一方当事人不履行或者不适当履行合同规定的义务而应当承担的法律责任。当事人可以在合同中约定，一方当事人违反合同时，向另一方当事人支付一定数额的违约金；或者约定违约损害赔偿的计算方法。

8）解决争议的方法。在合同履行过程中不可避免地会产生争议，为使争议发生后能够有一个双方都能接受的解决办法，应当在合同条款中对此作出规定。如果当事人希望通过仲裁作为解决争议的最终方式，则必须在合同中约定仲裁条款，因为仲裁是以自愿为原则的。

建设工程合同也应当包括这些内容，但由于建设工程合同往往比较复杂，合同中的内容往往并不全部在狭义的合同文本中，如有些内容反映在工程量表中，有些内容反映在当事人约定采用的质量标准中。

（二）合同的订立

1. 订立合同当事人的主体资格

合同法律关系主体，是参加合同法律关系，享有相应权利、承担相应义务的当事人。合同法律关系的主体可以是自然人、法人和其他组织。

（1）自然人

自然人，是指基于出生而成为民事法律关系主体的有生命的人。作为合同法律关系主体的自然人必须具备相应的民事权利能力和民事行为能力。民事权利能力是民事主体依法享有民事权利和承担民事义务的资格。自然人的民事权利能力始于出生，终于死亡。民事行为能力是民事主体通过自己的行为取得民事权利和履行民事义务的资格。根据自然人的年龄和精神健康状况，可以将自然人分为完全民事行为能力人、限制民事行为能力人和无民事行为能力人。《中华人民共和国民法通则》在民事主体中使用的是“公民”一词，公民是指取得一国国籍并根据该国法律规定享有权利和承担义务的自然人。自然人既包括公民，也包括外国人和无国籍人，他们都可以作为合同法律关系的主体。

（2）法人

法人是具有民事权利能力和民事行为能力，依法独立享有民事权利和承担民事义务的组织。法人是与自然人相对应的概念，是法律赋予社会组织具有人格的一项制度。这一制度为确立社会组织的权利、义务，便于社会组织独立承担责任提供了基础。

法人应当具备以下条件：

1）依法成立。法人不能自然产生，它的产生必须经过法定的程序。法人的设立目的和方式必须符合法律的规定，设立法人必须经过政府主管机关的批准或者核准登记。

2）有必要的财产或者经费。有必要的财产或者经费是法人进行民事活动的物质基础，它要求法人的财产或者经费必须与法人的经营范围或者设立目的相适应，否则不能被批准设立或者核准登记。

3）有自己的名称、组织机构和场所。法人的名称是法人相互区别的标志和法人进行活动时使用的代号。法人的组织机构是指对内管理法人事务、对外代表法人进行民事活动的机构。法人的场所则是法人进行业务活动的所在地，也是确定法律管辖的依据。

4）能够独立承担民事责任。法人必须能够以自己的财产或者经费承担在民事活动中的债务，在民事活动中给其他主体造成损失时能够承担赔偿责任。

法人的法定代表人是自然人，他依照法律或者法人组织章程的规定，代表法人行使职权。法人以它的主要办事机构所在地为住所。

法人可以分为企业法人和非企业法人两大类。企业法人依法经工商行政管理机关核准登记后取得法人资格。非企业法人包括行政法人、事业法人、社团法人。

企业法人分立、合并或者有其他重要事项变更，应当向登记机关办理登记并公告。企业法人分立、合并，它的权利和义务由变更后的法人享有和承担。有独立经费的机关从成立之日起，具有法人资格。具有法人条件的事业单位、社会团体，依法不需要办理法人登记的，从成立之日起，具有法人资格；依法需要办理法人登记的，经核准登记，取得法人资格。

(3) 其他组织

法人以外的其他组织也可以成为合同法律关系主体，主要包括：法人的分支机构，不具备法人资格的联营体、合伙企业、个人独资企业等。这些组织应当是合法成立、有一定的组织机构和财产，但又不具备法人资格的组织。其他组织与法人相比，其复杂性在于民事责任的承担较为复杂。

2. 订立合同的程序

当事人订立合同，采用要约、承诺方式。合同的成立需要经过要约和承诺两个阶段，这是民法学界的共识，也是国际合同公约和世界各国合同立法的通行做法。建设工程合同的订立同样需要通过要约和承诺两个步骤。

(1) 要约

1) 要约的概念和条件。要约是希望和他人订立合同的意思表示。提出要约的一方为要约人，接受要约的一方为受要约人。要约应当具有以下条件：

①内容具体确定；

②表明经受要约人承诺，要约人即受该意思表示约束。

具体地讲，要约必须是特定人的意思表示，必须是以缔结合同为目的。要约必须是对相对人发出的行为，必须由相对人承诺，虽然相对人的人数可能为不特定的多数人。另外，要约必须具备合同的一般条款。

2) 要约邀请。是指希望他人向自己发出要约的意思表示。要约邀请并不是合同成立过程中的必经过程，它是当事人订立合同的预备行为，在法律上无须承担责任。这种意思表示的内容往往不确定，不含有合同得以成立的主要内容，也不含相对人同意后受其约束的表示。比如价目表的寄送、招标公告、商业广告、招股说明书等，即是要约邀请。

商业广告的内容符合要约规定的，视为要约。

3) 要约的撤回和撤销。要约撤回，是指要约在发生法律效力之前，欲使其不发生法律效力而取消要约的意思表示。要约人可以撤回要约，撤回要约的通知应当在要约到达受要约人之前或同时到达受要约人。

要约撤销，是要约在发生法律效力之后，要约人欲使其丧失法律效力而取消该项要约的意思表示。要约可以撤销，撤销要约的通知应当在受要约人发出承诺通知之前到达受要约人。但有下列情形之一的，要约不得撤销：一是要约人确定承诺期限或者以其他形式明示要约不可撤销；二是受要约人有理由认为要约是不可撤销，并已经为履行合同做了准备工作。可以认为，要约的撤销是一种特殊的情况，且必须在受要约人发出承诺通知之前到达受要约人。

(2) 承诺

1) 承诺的概念和条件。承诺是受要约人作出的同意要约的意思表示。承诺应具备以下条件：

①承诺必须由受要约人作出。非受要约人向要约人作出的接受要约的意思表示是一种要约而非承诺。

②承诺只能向要约人作出。非要约对象向要约人作出的完全接受要约意思的表示也不是承诺，因为要约人根本没有与其订立合同的意愿。

③承诺的内容应当与要约的内容一致。但是近年来，国际上出现了允许受要约人对要约内容进行非实质性变更的趋势。受要约人对要约的内容作出实质性变更的，视为新要约。有关合同标的、数量、质量、价款和报酬、履行期限和履行地点和方式、违约责任和解决争议方法等的变更，是对要约内容的实质性变更。承诺对要约的内容作出非实质性变更的，除要约人及时反对或者要约表明不得对要约内容作任何变更以外，该承诺有效，合同以承诺的内容为准。

④承诺必须在承诺期限内发出。超过期限，除要约人及时通知受要约人该承诺有效外，为新要约。

在建设工程合同的订立过程中，招标人发出中标通知书的行为是承诺。因此，作为中标通知书必须由招标人向投标人发出，并且其内容应当与招标文件、投标文件的内容一致。

2）承诺的期限。承诺必须以明示的方式，在要约规定的期限内作出。要约没有规定承诺期限的，视要约的方式而定：

①要约以对话方式作出的，应当即时作出承诺，但当事人另有约定的除外；

②要约以非对话方式作出的，承诺应当在合理期限内到达。

这样的规定主要是表明承诺的期限应当与要约相对应。“合理期限”要根据要约发出的客观情况和交易习惯确定，应当注意双方的利益平衡。要约以信件或者电报作出的，承诺期限自信件载明的日期或者电报交发之日开始计算。信件未载明日期的，自投寄该信件的邮戳日期开始计算。要约以电话、传真等快速通讯方式作出的，承诺期限自要约到达受要约人时开始计算。

受要约人在承诺期限内发出承诺，按照通常情形能够及时到达要约人，但因其他原因承诺到达要约人时超过承诺期限的，除要约人及时通知受要约人因承诺超过期限不接受该承诺的以外，该承诺有效。

3）迟到的承诺。超过承诺期限到达要约人的承诺，按照迟到的原因不同，《合同法》对承诺的有效性作出了不同的区分。

①受要约人超过承诺期限发出的承诺。除非要约人及时通知受要约人该承诺有效，否则该超期的承诺视为新要约，对要约人不具备法律效力。

②非受要约人责任原因延误到达的承诺。受要约人在承诺期限内发出承诺，按照通常情况能够及时到达要约人，但因其他原因承诺到达要约人时超过了承诺期限。对于这种情况，除非要约人及时通知受要约人因承诺超过期限不接受该承诺，否则承诺有效。

4）承诺的撤回。是指承诺人阻止或者消灭承诺发生法律效力的意思表示。承诺可以撤回，撤回承诺的通知应当在承诺通知到达要约人之前或者与承诺通知同时到达要约人。

(3) 要约和承诺的生效

对于要约和承诺的生效，世界各国有不同的规定，主要有投邮主义、到达主义和了解主义。目前，世界上大部分国家和《联合国国际货物销售合同公约》都采用了到达主义。我国也采用了到达主义。到达主义要求要约到达受要约人时生效，承诺到达要约人时生效。

《合同法》规定，要约到达受要约人时生效。采用数据电文形式订立合同，收件人指定特定系统接收数据电文的，该数据电文进入该特定系统的时间，视为到达时间；未指定特定系统的，该数据电文进入收件人任何系统的首次时间，视为到达时间。承诺应当以通知的方式作出，根据交易习惯或者要约表明可以通过行为作出承诺的除外。承诺的通知送达给要约人时生效。

3. 合同成立的时间和地点

(1) 不要式合同的成立

合同成立是指合同当事人对合同的标的、数量等内容协商一致。如果法律法规、当事人对合同的形式、程序没有特殊的要求，则承诺生效时合同成立。因为承诺生效即意味着当事人对合同的内容达成了一致，对当事人产生约束力。

在一般情况下，要约生效的地点为合同成立的地点。采用数据电文形式订立合同的，收件人的主营业地为合同成立的地点；没有主营业地的，其经常居住地为合同成立的地点。当事人另有约定的，按照其约定。

(2) 要式合同的成立

当事人采用合同书形式订立合同的，自双方当事人签字或者盖章时合同成立。需要注意的是，合同书的表现形式是多样的，在很多情况下双方签字、盖章只要具备其中的一项即可。双方签字或者盖章的地点为合同成立的地点。在建设工程施工合同履行中，有合法授权的一方代表签字确认的内容也可以作为合同的内容，就是这一法律规定在建设工程中的延伸。

当事人采用信件、数据电文等形式订立合同的，可以在合同成立之前要求签订确认书。签订确认书时合同成立。

(三) 合同的效力

1. 合同生效

(1) 合同效力的概念

合同效力即已经成立的合同的法律效力，其含义是指依法成立的合同对当事人具有法律约束力。具有法律效力的合同不仅表现为对当事人的约束，而且在合同有效的前提下，当事人可以通过法院获得强制执行的法律效果。《合同法》第8条规定："依法成立的合同，对当事人具有法律约束力。当事人应当按照约定履行自己的义务，不得擅自变更或者解除合同。依法成立的合同，受法律保护。"

合同成立，即意味着双方当事人就合同的主要条款已经达成一致。合同生效，则意味着已经成立的合同在当事人之间产生法律约束力，也就是通常所说的法律效力。合同成立与合同生效是两个不同的概念，《合同法》第25条和第44条分别就合同成立和合同生效作出了规定。合同的成立是合同生效的前提。已经成立的合同如不符合法律规定的生效要件，仍不能产生法律效力。合同的效力制度体现了国家对当事人已经订立的合同的评价。这种评价若是肯定的，即合同能够发生法律效力；这种评价若是否定的，即合同不能发生法律效力。因此，合同的成立主要表现了当事人的意志，体现了自愿订立合同的原则，而合同效力制度则体现了国家对合同关系的肯定或否定的评价，反映了国家对合同关系的干预。

（2）一般合同生效的要件

合同生效是指合同对双方当事人的法律约束力的开始。合同成立后，必须具备相应的法律条件才能生效，否则合同是无效的。合同生效应当具备下列条件：

1）当事人具有相应的民事权利能力和民事行为能力。订立合同的人必须具备一定的独立表达自己的意思和理解自己的行为的性质及后果的能力，即合同当事人应当具有相应的民事权利能力和民事行为能力。对于自然人而言，民事权利能力始于出生，完全民事行为能力人可以订立一切法律允许自然人作为合同主体的合同。法人和其他组织的权利能力就是它们的经营、活动范围，民事行为能力则与它们的权利能力相一致。

在建设工程合同中，合同当事人一般都应当具有法人资格，并且承包人还应当具备相应的资质等级，否则当事人就不具有相应的民事权利能力和民事行为能力，订立的建设工程合同无效。

2）意思表示真实。合同是当事人意思表示一致的结果。因此，当事人的意思表示必须真实。但是，意思表示真实是合同的生效条件而非合同的成立条件。意思表示不真实包括意思与表示不一致、不自由的意思表示两种。含有意思表示不真实的合同是不能取得法律效力的。如建设工程合同的订立，一方采用欺诈、胁迫的手段订立的合同，就是意思表示不真实的合同，这样的合同就欠缺生效的条件。

3）不违反法律或者社会公共利益。不违反法律或者社会公共利益，是合同有效的重要条件。所谓不违反法律或者社会公共利益，是就合同的目的和内容而言的。合同的目的，是指当事人订立合同的直接内心原因；合同的内容，是指合同中的权利义务及其指向的对象。不违反法律或者社会公共利益，实际是对合同自由的限制。

（3）合同生效的时间

1）合同生效时间的一般规定。通常依法成立的合同，自成立时生效。具体地讲：口头合同自受要约人承诺时生效；书面合同自当事人双方签字或者盖章时生效；法律规定应当采用书面形式的合同，当事人虽然未采用书面形式但已经履行全部或者主要义务的，可以视为合同有效。合同中有违反法律或社会公共利益的条款的，当事人取消或改正后，不影响合同其他条款的效力。

法律、行政法规规定应当办理批准、登记等手续生效的，依照其规定。

2）附条件和附期限合同的生效时间。当事人可以对合同生效约定附条件或者约定附期限。附条件的合同，包括附生效条件的合同和附解除条件的合同两类。附生效条件的合同，自条件成就时生效；附解除条件的合同，自条件成就时失效。当事人为了自己的利益不正当阻止条件成就的，视为条件已经成就；不正当促成条件成就的，视为条件不成就。附生效期限的合同，自期限界至时生效；附终止期限的合同，自期限届满时失效。

附条件合同的成立与生效不是同一时间，合同成立后虽然并未开始履行，但任何一方不得撤销要约和承诺，否则应承担缔约过失责任，赔偿对方因此而受到的损失；合同生效后，当事人双方必须忠实履行合同约定的义务，如果不履行或未正确履行义务，应按违约责任条款的约定追究责任。一方不正当地阻止条件成就，视为合同已生效，同样要追究其违约责任。

2. 合同效力待定

有些合同的效力较为复杂，不能直接判断是否生效，而与合同的一些后续行为有关，这类合同即为效力待定的合同。

（1）限制民事行为能力人订立的合同

无民事行为能力人不能订立合同，限制行为能力人一般情况下也不能独立订立合同。限制民事行为能力人订立的合同，经法定代理人追认以后，合同有效。限制民事行为能力人的监护人是其法定代理人。相对人可以催告法定代理人在1个月内予以追认，法定代理人未作表示的，视为拒绝追认。合同被追认之前，善意相对人有撤销的权利。撤销应当以通知的方式作出。

（2）无代理权人订立的合同

行为人没有代理权、超越代理权或者代理权终止后以被代理人的名义订立的合同，未经被代理人追认，对被代理人不发生效力，由行为人承担责任。相对人可以催告被代理人在1个月内予以追认。被代理人未作表示的，视为拒绝追认。合同被追认之前，善意相对人有撤销的权利。撤销应当以通知的方式作出。行为人没有代理权、超越代理权或者代理权终止后以被代理人的名义订立的合同，相对人有理由相信行为人有代理权的，该代理行为有效。

（3）表见代理人订立的合同

“表见代理”是善意相对人通过被代理人的行为足以相信无权代理人具有代理权的代理。基于此项信赖，该代理行为有效。善意第三人与无权代理人进行的交易行为（订立合同），其后果由被代理人承担。表见代理的规定，其目的是保护善意的第三人。在现实生活中，较为常见的表见代理是采购员或者推销员拿着盖有单位公章的空白合同文本，超越授权范围与其他单位订立合同。此时其他单位如果不知采购员或者推销员的授权范围，即为善意第三人，由此订立的合同有效。

表见代理一般应当具备以下条件：表见代理人并未获得被代理人的书面明确授权，是无权代理；客观上存在让相对人相信行为人具备代理权的理由；相对人善意且无过失。

有些情况下，表见代理与无权代理的区分是十分困难的。

（4）法定代表人、负责人越权订立的合同

法人或其他组织的法定代表人、负责人超越权限订立的合同，除相对人知道或应当知道其超越权限以外，该代表行为有效。

（5）无处分权人处分他人财产订立的合同

无处分权人处分他人财产订立的合同，一般情况下是无效的。但是，在下列两种情况下合同有效：

1）无处分权人处分他人财产，经权利人追认，订立的合同有效。

2）无处分权人通过订立合同取得处分权的合同有效。如在房地产开发项目的施工中，施工企业对房地产是没有处分权的，如果施工企业将施工的商品房卖给他人，则该买卖合同无效。但是，如果房地产开发商追认该买卖行为，则买卖合同有效；或者事后施工企业与房地产开发商达成该商品房折抵工程款，则该买卖合同也有效。

3. 无效合同

（1）无效合同的概念

无效合同是指当事人违反了法律规定的条件而订立的，国家不承认其效力，不给予法律保护的合同。无效合同从订立之时起就没有法律效力，不论合同履行到什么阶段，合同被确认无效后，这种无效的确认要溯及到合同订立时。

（2）合同无效的情形

1）无效合同主要有以下情形：

①一方以欺诈、胁迫的手段订立，损害国家利益的合同。“欺诈”是指一方当事人故意告知对方虚假情况，或者故意隐瞒真实情况，诱使对方当事人作出错误意思表示的行为。如施工企业伪造资质等级证书与发包人签订施工合同。“胁迫”是以给自然人及其亲友的生命健康、荣誉、名誉、财产等造成损害或者以给法人的荣誉、名誉、财产等造成损害为要挟，迫使对方作出违背真实意思表示的行为。如材料供应商以败坏施工企业名誉为要挟，迫使施工企业与其订立材料买卖合同。以欺诈、胁迫的手段订立合同，如果损害国家利益，则合同无效。

②恶意串通，损害国家、集体或第三人利益的合同。这种情况在建设工程领域中较为常见的是投标人串通投标或者招标人与投标人串通，损害国家、集体或第三人利益，投标人、招标人通过这样的方式订立的合同是无效的。

③以合法形式掩盖非法目的的合同。如果合同要达到的目的是非法的，即使其以合法的形式作掩护，也是无效的。如企业之间为了达到借款的非法目的，即使设计了合法的形式也属于无效合同。

④损害社会公共利益。如果合同违反公共秩序和善良风俗（即公序良俗），就损害了社会公共利益，这样的合同也是无效的。例如，施工单位在劳动合同中规定雇员应当接受搜身检查的条款，或者在施工合同的履行中规定以债务人的人身作为担保的约定，都属于无效的合同条款。

⑤违反法律、行政法规的强制性规定的合同。违反法律、行政法规的强制性规定的合同也是无效的。如建设工程的质量标准是《标准化法》、《建筑法》规定的强制性标准，如果建设工程合同当事人约定的质量标准低于国家标准，则该合同是无效的。

2）无效合同的免责条款。合同免责条款，是指当事人约定免除或者限制其未来责任的合同条款。当然，并不是所有的免责条款都有效，合同中的下列免责条款无效：

①造成对方人身伤害的；

②因故意或者重大过失造成对方财产损失的。

上述两种免责条款具有一定的社会危害性，双方即使没有合同关系也可追究对方的侵权责任。因此这两种免责条款无效。

（3）无效合同的确认

无效合同的确认权归人民法院或者仲裁机构，合同当事人或其他任何机构均无权认定合同无效。

4. 可变更与可撤销的合同

（1）可变更或可撤销合同的概念和种类

可变更或可撤销的合同，是指欠缺生效条件，但一方当事人可依照自己的意思使合同的内容变更或者使合同的效力归于消灭的合同。如果合同当事人对合同的可变更或可撤销发生争议，只有人民法院或者仲裁机构有权变更或者撤销合同。可变更或可撤销的合同不同于无效合同，当事人提出请求是合同被变更、撤销的前提，人民法院或者仲裁机构不得主动变更或者撤销合同。当事人如果只要求变更，人民法院或者仲裁机构不得撤销其合同。

有下列情形之一的，当事人一方有权请求人民法院或者仲裁机构变更或者撤销其合同：

1）因重大误解而订立的合同。重大误解是指由于合同当事人一方本身的原因，对合同主要内容发生误解，产生错误认识。由于建设工程合同订立的程序较为复杂，当事人发生重大误解的可能性很小，但在建设工程合同的履行或者变更的具体问题上仍有发生重大误解的可能性。如在工程师发布的指令中，或者建设工程涉及的买卖合同中等。行为人因对行为的性质、对方当事人、标的物的品种、质量、规格和数量等的错误认识，使行为的后果与自己的意思相悖，并造成较大损失时，可以认定为重大误解。当然，这里的重大误解必须是当事人在订立合同时已经发生的误解，如果是合同订立后发生的事实，且一方当事人订立时由于自己的原因而没有预见到，则不属于重大误解。

2）在订立合同时显失公平的合同。一方当事人利用优势或者利用对方没有经验，致使双方的权利与义务明显违反公平原则的，可以认定为显失公平。最高人民法院的司法解释认为，民间借贷（包括公民与企业之间的借贷）约定的利息高于银行同期同种贷款利率的 4 倍，为显失公平。但在其他方面，显失公平尚无定量的规定。

3）以欺诈、胁迫等手段或者乘人之危，使对方在违背真实意思的情况下订立的合同。一方以欺诈、胁迫等手段或者乘人之危，使对方在违背真实意思的情况下订立的合同，受损害方有权请求人民法院或者仲裁机构变更或者撤销。

（2）合同撤销权的消灭

由于可撤销的合同只是涉及当事人意思表示不真实的问题，因此法律对撤销权的行使有一定的限制。有下列情形之一的，撤销权消灭：

1）具有撤销权的当事人自知道或者应当知道撤销事由之日起 1 年内没有行使撤销权；

2）具有撤销权的当事人知道撤销理由后明确表示或者以自己的行为放弃撤销权。

5. 合同无效或被撤销合同的法律后果

(1) 无效合同的法律后果

合同被确认无效后，合同规定的权利义务即为无效。履行中的合同应当终止履行，尚未履行的不得继续履行。对因履行无效合同而产生的财产后果应当依法进行处理。

1) 返还财产。由于无效合同自始没有法律约束力，因此，返还财产是处理无效合同的主要方式。合同被确认无效后，当事人依据该合同所取得的财产，应当返还给对方；不能返还的，应当作价补偿。建设工程合同如果无效，一般都无法返还财产，因为无论是勘察设计成果还是工程施工，承包人的付出都是无法返还的。因此，一般应当采用作价补偿的方法处理。

2) 赔偿损失。合同被确认无效后，有过错的一方应赔偿对方因此而受到的损失。如果双方都有过错，应当根据过错的大小各自承担相应的责任。

3) 追缴财产，收归国有。双方恶意串通，损害国家或者第三人利益的，国家采取强制性措施将双方取得的财产收归国库或者返还第三人。无效合同不影响善意第三人取得合法权益。

(2) 合同被撤销后的法律后果

合同被撤销后的法律后果与合同无效的法律后果相同，也是返还财产，赔偿损失，追缴财产、收归国有三种。

(四) 合同的履行

1. 合同履行的概念和原则

(1) 合同履行的概念

合同履行是指合同各方当事人按照合同的规定，全面履行各自的义务，实现各自的权利，使各方的目的得以实现的行为。合同依法成立，当事人就应当按照合同的约定，全部履行自己的义务。签订合同的目的在于履行，通过合同的履行而取得某种权益。合同的履行以有效的合同为前提和依据，因为无效合同从订立之时起就没有法律效力，不存在合同履行的问题。合同履行是该合同具有法律约束力的首要表现。建设工程合同的目的也是履行，因此，合同订立后同样应当严格履行各自的义务。

(2) 合同履行的原则

1) 全面履行的原则。当事人应当按照约定全面履行自己的义务。即按合同约定的标的、价款、数量、质量、地点、期限、方式等全面履行各自的义务。按照约定履行自己的义务，既包括全面履行义务，也包括正确适当履行合同义务。建设工程合同订立后，双方应当严格履行各自的义务，不按期支付预付款、工程款，不按照约定时间开工、竣工，都是违约行为。

2) 诚实信用原则。当事人应当遵循诚实信用原则，根据合同性质、目的和交易习惯履行通知、协助和保密的义务。当事人首先要保证自己全面履行合同约定的义务，并为对方履行义务创造必要的条件。当事人双方应关心合同履行情况，发现问题应及时协商解决、一方当事人在履行过程中发生困难，另一方当事人应在法律允许的范围内给予帮助。在合同履行过程中应信守商业道德，保守商业秘密。

2. 合同履行的保护措施

（1）合同履行中的抗辩权

抗辩权是指在双务合同的履行中，双方都应当履行自己的债务，一方不履行或者有可能不履行时，另一方可以据此拒绝对方的履行要求。

1）同时履行抗辩权。当事人互负债务，没有先后履行顺序的，应当同时履行。同时履行抗辩权包括：一方在对方履行之前有权拒绝其履行要求；一方在对方履行债务不符合约定时，有权拒绝其相应的履行要求。如施工合同中期付款时，对承包人施工质量不合格部分，发包人有权拒付该部分的工程款；如果发包人拖欠工程款，则承包人可以放慢施工进度，甚至停止施工。产生的后果，由违约方承担。同时履行抗辩权的适用条件是：

①由同一双务合同产生互负的对价给付债务。

②合同中未约定履行的顺序。

③对方当事人没有履行债务或者没有正确履行债务。

④对方的对价给付是可能履行的义务。所谓对价给付是指一方履行的义务和对方履行的义务之间具有互为条件、互为牵连的关系并且在价格上基本相等。

2）后履行抗辩权。后履行抗辩权也包括两种情况：当事人互负债务，有先后履行顺序的，应当先履行的一方未履行时，后履行的一方有权拒绝其对本方的履行要求；应当先履行的一方履行债务不符合规定的，后履行的一方也有权拒绝其相应的履行要求。如材料供应合同按照约定应由供货方先行交付订购的材料后，采购方再行付款结算，若合同履行过程中供货方交付的材料质量不符合约定的标准，采购方有权拒付货款。后履行抗辩权应满足的条件为：

①均由同一双务合同产生互负的对价给付债务；

②合同中约定了履行的顺序；

③应当先履行的合同当事人没有履行债务或者没有正确履行债务；

④应当先履行的对价给付是可能履行的义务。

3）先履行抗辩权（又称不安抗辩权）

先履行抗辩权是指合同中约定了履行的顺序，合同成立后发生了应当后履行合同一方财务状况恶化的情况，应当先履行合同一方在对方未履行或者提供担保前有权拒绝先为履行。设立不安抗辩权的目的在于，预防合同成立后情况发生变化而损害合同另一方的利益。

应当先履行合同的一方有确切证据证明对方有下列情形之一的，可以中止履行：

①经营状况严重恶化；

②转移财产、抽逃资金，以逃避债务的；

③丧失商业信誉；

④有丧失或者可能丧失履行债务能力的其他情形。

当事人中止履行合同的，应当及时通知对方。对方提供适当的担保时应当恢复履行。中止履行后，对方在合理的期限内未恢复履行能力并且未提供适当的担保，中止履行一方可以解除合同。当事人没有确切证据就中止履行合同的应承担违约责任。

（2）合同不当履行中的保全措施

保全措施是指为防止因债务人的财产不当减少而给债权人带来危害时，允许债权人为确保其债权的实现而采取的法律措施。这些措施包括代位权和撤销权两种。

①代位权。是指因债务人怠于行使其到期债权，对债权人造成损害，债权人可以向人民法院请求以自己的名义代位行使债务人的债权，但该债权专属于债务人时不能行使代位权。代位权的行使范围以债权人的债权为限，其发生的费用由债务人承担。

②撤销权。是指因债务人放弃其到期债权或者无偿转让财产，对债权人造成损害的，债权人可以请求人民法院撤销债务人的行为。债务人以明显不合理低价转让财产，对债权人造成损害的，并且受让人知道该情形的，债权人可以请求人民法院撤销债务人的行为。撤销权的行使范围以债权人的债权为限，其发生的费用由债务人承担。撤销权自债权人知道或者应当知道撤销事由之日起 1 年内行使。自债务人的行为发生之日起 5 年内没有行使撤销权的，该撤销权消灭。

3. 合同履行应注意事项

（1）合同约定不明确内容的处理办法

合同有明确约定的，应当依约定履行。但是，合同约定不明确并不意味着合同无须全面履行或约定不明确部分可以不履行。

合同生效后，当事人就质量、价款或者报酬、履行地点等内容没有约定或者约定不明的，可以协议补充。不能达成补充协议的，按照合同有关条款或者交易习惯确定。按照合同有关条款或者交易习惯确定，一般只能适用于部分常见条款欠缺或者不明确的情况，因为只有这些内容才能形成一定的交易习惯。如果按照上述办法仍不能确定合同如何履行的，适用下列规定进行履行：

1）质量要求不明的，按国家标准、行业标准履行；没有国家、行业标准的，按通常标准或者符合合同目的的特定标准履行。作为建设工程合同中的质量标准，大多是强制性的国家标准。因此，当事人的约定不能低于国家标准。

2）价款或报酬不明的，按订立合同时履行地的市场价格履行；依法应当执行政府定价或政府指导价的，按规定履行。在建设工程施工合同中，合同履行地是不变的，肯定是工程所在地。因此，约定不明确时，应当执行工程所在地的市场价格。

3）履行地点不明确的，给付货币的，在接收货币一方所在地履行；交付不动产的，在不动产所在地履行；其他标的在履行义务一方所在地履行。

4）履行期限不明确的，债务人可以随时履行，债权人也可以随时要求履行，但应当给对方必要的准备时间。

5）履行方式不明确的，按照有利于实现合同目的的方式履行。

6）履行费用的负担不明确的，由履行义务一方承担。

合同在履行中既可能是按照市场行情约定价格，也可能执行政府定价或政府指导价。如果是按照市场行情约定价格履行，则市场行情的波动不应影响合同价，合同仍执行原价格。

如果执行政府定价或政府指导价的，在合同约定的交付期限内政府价格调整时，按照交付时的价格计价。逾期交付标的物的，遇价格上涨时按照原价格执行；遇价格下降时，按新价格执行。逾期提取标的物或者逾期付款的，遇价格上涨时，按新价格执行；价格下降时，按原价格执行。

（2）合同履行主体变动的履行

合同内可以约定，履行过程中由债务人向第三人履行债务或由第三人向债权人履行债务，但合同当事人之间的债权和债务关系并不因此而改变。

1）债务人向第三人履行债务。合同内可以约定由债务人向第三人履行部分义务。如某设备采购合同定购了 5 台设备，合同约定供货方向定购方交付 3 台，向另一不是合同当事人单位交付 2 台。这种情况的法律关系的特点表现为：

①债权的转让在合同内有约定，但不改变当事人之间的权利义务关系；

②在合同履行期限内，第三人可以向债务人请求履行，债务人不得拒绝；

③对第三人履行债务原则上不能增加履行的难度和履行费用，否则增加费用部分应由合同当事人的债权人给予补偿；

④债务人未向第三人履行债务或履行债务不符合约定，应向合同当事人的债权人承担违约责任，即仍由合同当事人依据合同追究对方的违约责任，第三人没有此项权利，他只能将违约的事实和证据提交给合同的债权人。

2）由第三人向债权人履行债务。合同内可以约定由第三人向债权人履行部分义务，如施工合同的分包。这种情况的法律关系特点表现为：

①部分义务由第三人履行属于合同内的约定。但当事人之间的权利义务关系并不因此而改变；

②在合同履行期限内，债权人可以要求第三人履行债务，但不能强迫第三人履行债务；

③第三人不履行债务或履行债务不符合约定，仍由合同当事人的债务方承担违约责任，即债权人不能直接追究第三人的违约责任。

（3）债权人发生变化的履行

合同生效后，当事人不得因姓名、名称的变更或法定代表人、负责人、承办人的变动而不履行合同义务。债权人分立、合并或者变更住所应当通知债务人。如果没有通知债务人，会使债务人不知向谁履行债务或者不知在何地履行债务，致使履行债务发生困难。出现这些情况，债务人可以中止履行或者将标的物提存。

中止履行是指债务人暂时停止合同的履行或者延期履行合同。提存是指由于债权人的原因致使债务人无法向其交付标的物，债务人可以将标的物交给有关机关保存以此消灭合同的制度。

（4）债务人提前或者部分履行债务

提前履行是指债务人在合同规定的履行期限到来之前就开始履行自己的义务。部分履行是指债务人没有按照合同约定履行全部义务而只履行了自己的一部分义务。提前或者部分履行会给债权人行使权利带来困难或者增加费用。

债权人可以拒绝债务人提前或者部分履行债务，由此增加的费用由债务人承担。但不损害债权人利益且债权人同意的情况除外。

（五）合同的变更和转让

1. 合同的变更

（1）合同变更的概念

合同变更是指当事人对已经发生法律效力，但尚未履行或者尚未完全履行的合同，进行修改或补充所达成的协议。《合同法》规定，当事人协商一致可以变更合同（这里讲的合同变更是狭义的，仅指合同内容的变更，不包括合同主体的变更）。

合同变更必须针对有效的合同，协商一致是合同变更的必要条件，任何一方都不得擅自变更合同。由于合同签订的特殊性，有些合同需要有关部门的批准或登记，对于此类合同的变更需要重新登记或审批。合同的变更一般不涉及已履行的内容。

有效的合同变更必须要有明确的合同内容的变更。如果当事人对合同的变更约定不明确，视为没有变更。

合同变更后原合同债消灭，产生新的合同债。因此，合同变更后，当事人不得再按原合同履行，而须按变更后的合同履行。

（2）合同变更的条件

根据《合同法》第77条规定，变更合同的内容，须经当事人协商一致。合同变更的目的是为了通过对原合同的修改，保障合同更好地履行和一定目的的实现。当事人变更合同，必须具备以下条件：

1）当事人之间本来存在着有效的合同关系；

2）合同的变更应根据法律的规定或者当事人的约定；

3）必须有合同内容的变化；

4）合同的变更应采取适当的形式；

5）对合同变更的约定应当明确，《合同法》第78条规定，当事人对合同变更的内容约定不明确的，推定为未变更。

2. 合同的转让

（1）合同转让的概念

合同转让是指合同一方将合同的权利、义务全部或部分转让给第三人的法律行为。《中华人民共和国民法通则》规定：“合同一方将合同的权利、义务全部或者部分转让给第三人的，应当取得合同另一方的同意，并不得牟利。依照法律规定应当由国家批准的合同，需经原批准机关批准。但是，法律另有规定或者原合同另有约定的除外。”合同的权利、义务的转让，除另有约定外，原合同的当事人之间以及转让人与受让人之间应当采用书面形式。转让合同权利、义务约定不明确的，视为未转让。合同的权利义务转让给第三人后，该第三人取代原当事人在合同中的法律地位。合同的转让包括权利转让和义务转移两种情况，当事人也可将权利义务一并转让。

（2）合同权利的转让

权利的转让是指合同债权人通过协议将其债权全部或者部分转让给第三人的行为。债权人可以将合同的权利全部或者部分转让给第三人。法律、行政法规规定转让权利应当办理批准、登记手续的，应当办理批准、登记手续。但下列情形债权不可以转让：

1）根据合同性质不得转让；

2）根据当事人约定不得转让；

3）依照法律规定不得转让。

债权人转让权利的，应当通知债务人。未经通知的，该转让对债务人不发生效力。且转让权利的通知不得撤销，除经受让人同意。受让人取得权利后，同时拥有与此权利相对应的从权利。若从权利与原债权人不可分割，则从权利不随之转让。债务人对债权人的抗辩同样可以针对受让人。

(3) 合同义务的转移

义务的转移是指债务人将合同的义务全部或者部分转移给第三人的情况。债务人将合同的义务全部或部分转移给第三人的，必须经债权人的同意，否则这种转移不发生法律效力。法律、行政法规规定转移义务应当办理批准、登记手续的，应当办理批准、登记手续。

债务人转移义务的，新债务人可以主张原债务人对债权人的抗辩。债务人转移义务的，新债务人应当承担与主债务有关的从债务，但该从债务专属于原债务人自身的除外。

(4) 合同权利义务一并转让

当事人一方经对方同意，可以将自己在合同中的权利和义务一并转让给第三人。

当事人订立合同后合并的，由合并后的法人或者其他组织行使合同权利，履行合同义务。当事人订立合同后分立的，除债权人和债务人另有约定外，由分立的法人或其他组织对合同的权利和义务享有连带债权，承担连带债务。

3. 合同转让中的第三人

债权人转让合同权利后，债务人与受让人之间因履行合同发生纠纷诉至人民法院，债务人对债权人的权利提出抗辩的，可以将债权人列为第三人。

经债权人同意，债务人转移合同义务后，受让人与债权人之间因履行合同发生纠纷诉至人民法院，受让人就债务人对债权人的权利提出抗辩的，可以将债务人列为第三人。

合同当事人一方经对方同意将其在合同中的权利义务一并转让给受让人，对方与受让人因履行合同发生纠纷诉至人民法院，对方就合同权利义务提出抗辩的，可以将出让方列为第三人。

(六) 合同的权利义务终止（也称合同终止）

1. 合同的权利义务终止概述

合同权利义务的终止是指当事人之间根据合同确定的权利义务在客观上不复存在，据此合同不再对双方具有约束力。合同终止是随着一定法律事实发生而发生的，与合同中止不同之处在于，合同中止只是在法定的特殊情况下，当事人暂时停止履行合同，当这种特殊情况消失以后，当事人仍然承担继续履行的义务；而合同终止是合同关系的消灭，不可能恢复。按照《合同法》的规定，有下列情形之一的，合同的权利义务终止：

（1）债务已经按照约定履行；

（2）合同解除；

（3）债务相互抵销；

（4）债务人依法将标的物提存；

（5）债权人免除债务；

（6）债权债务同归于一人；

（7）法律规定或者当事人约定终止的其他情形。

2. 合同的解除

（1）合同解除的类型及条件

合同解除是指对已经发生法律效力、但尚未履行或者尚未完全履行的合同，因当事人一方的意思表示或者双方的协议而使债权债务关系提前归于消灭的行为。

合同一经成立即具有法律约束力，任何一方都不得擅自解除合同。但是，当事人在订立合同后，由于主观和客观情况的变化，有时会发生原合同的全部履行或部分履行成为不必要或不可能的情况，需要解除合同，以减少不必要的经济损失或收到更好的经济效益，以有利于稳定和维护正常的社会主义市场经济秩序。因此，在符合法定条件下，允许当事人依照法定程序解除合同。

合同解除后，尚未履行的，终止履行。合同解除可以溯及既往的消灭基于合同的债权债务关系，如果已经履行的，根据履行情况和合同性质，当事人可以请求恢复原状、采取其他补救措施，并有权要求赔偿损失。

合同解除可分为约定解除和法定解除两类：

1）约定解除。是指当事人通过行使约定的解除权或者双方协商决定而进行的合同解除。当事人协商一致可以解除合同，即合同的协商解除。当事人也可以约定一方解除合同的条件，解除合同条件成就时，解除权人可以解除合同，即合同约定解除权的解除。

合同的这两种约定解除有很大的不同。合同的协商解除一般是合同已开始履行后进行的约定，且必然导致合同的解除；而合同约定解除权的解除则是合同履行前的约定，它不一定导致合同的真正解除，因为解除合同的条件不一定成就。

2）法定解除。是指解除条件直接由法律规定的合同解除。当法律规定的解除条件具备时，当事人可以解除合同。它与合同约定解除权的解除相同之处是当具备一定解除条件时，由一方行使解除权；区别则在于解除条件的来源不同。

有下列情形之一的，当事人可以解除合同：

①因不可抗力致使不能实现合同目的的；

②在履行期限届满之前，当事人一方明确表示或者以自己的行为表明不履行主要债务；

③当事人一方延迟履行主要债务，经催告后在合理的期限内仍未履行；

④当事人一方延迟履行债务或者有其他违法行为，致使不能实现合同目的的；

⑤法律规定的其他情形。

（2）合同解除的程序和方式

当事人一方依照法定解除的规定主张解除合同的，应当通知对方。合同自通知到达对方时解除。对方有异议的，可以请求人民法院或者仲裁机构确认解除合同的效力。法律、行政法规规定解除合同应当办理批准、登记等手续的，则应当在办理完相应手续后解除。

（3）合同解除的法律后果

合同解除后，尚未履行的，终止履行；已经履行的，根据履行情况和合同性质，当事人可以要求恢复原状、采取其他补救措施，并有权要求赔偿损失。合同的权利义务终止，不影响合同中结算和清理条款的效力。

3. 抵销

债务相互抵销是指两个人彼此互负债务，各以其债权充当债务的清偿，使双方的债务在等额范围内归于消灭。债务抵销可以分为约定债务抵销和法定债务抵销两类。

（1）法定债务抵销

法定债务抵销是指当事人互负到期债务，该债务标的物的种类、品质相同的，任何一方可以将自己的债务与对方的债务抵销。法定债务抵销的条件是比较严格的，要求必须是互负到期债务，且债务标的物的种类、品质相同。符合这些条件的互负债务，除了法律规定或者合同性质决定不能抵销的以外，当事人都可以互相抵销。

当事人主张抵销的，应当通知对方，通知自到达对方时生效。抵销不得附条件或者附期限。

（2）约定债务抵销

约定债务抵销是指当事人经协商一致而发生的抵销。约定债务抵销的债务要求不高，标的物的种类、品质可以不相同，但要求当事人必须协商一致。

4. 提存

（1）提存的概念及原因

提存是指由于债权人的原因致使债务人难以履行债务时，债务人可以将标的物交给有关机关保存，以此消灭合同的行为。

债务的履行往往要有债权人的协助，如果由于债权人的原因致使债务人无法向其交付标的物，不能履行债务，使债务人总是处于随时准备履行债务的局面，这对债务人来讲是不公平的。因此，法律规定了提存制度。

（2）提存的条件

《中华人民共和国合同法》规定，有下列情形之一，难以履行债务的，债务人可以将标的物提存：

1）债权人无正当理由拒绝受领；

2）债权人下落不明；

3）债权人死亡未确定继承人或者丧失民事行为能力未确定监护人；

4）法律规定的其他情形。

如果标的物不适于提存或者提存费用过高，债务人可以依法拍卖或者变卖标的物，提存所得的价款。

标的物提存后，除债权人下落不明外，债务人应当及时通知债权人或债权人的继承人、监护人。标的物提存后毁损、灭失的风险和提存费用由债权人负担。提存期间，标的物的孳息归债权人所有。

债权人可以随时领取提存物，但债权人对债务人负有到期债务的，在债权人未履行债务或提供担保之前，提存部门根据债务人的要求应当拒绝其领取提存物。

债权人领取提存物的权利期限为五年，超过该期限，提存物扣除提存费用后归国家所有。

5. 免除

债权人免除债务，是指债权人放弃自己的债权。债权人可以免除债务的部分，也可以免除债务的全部。根据《中华人民共和国合同法》第105条的规定："债权人免除债务人部分或者全部债务的，合同的权利义务部分或者全部终止。"值得注意的是，债权人免除个别债务人的债务，不能导致债权人的债权因此受损，否则，债权人可以依法行使撤销权来保全自己的债权。

6. 混同

债权债务的混同，即债权债务同归于一人，是指由于某种事实的发生，使一项合同中原本由一方当事人享有的债权，而由另一方当事人负担的债务统归于一方当事人，使得该当事人既是合同的债权人，又是合同的债务人。《中华人民共和国合同法》第106条规定："债权和债务同归于一人的，合同的权利义务终止，但涉及第三人利益的除外。"

（七）合同的违约责任

1. 违约责任概述

（1）违约责任的概念及特征

违约责任是指当事人任何一方不履行合同义务或者履行合同义务不符合约定而应当承担的法律责任。违约行为的表现形式包括不履行和不适当履行。不履行是指当事人不能履行或者拒绝履行合同义务。不能履行合同的当事人一般也应承担违约责任。不适当履行则包括不履行以外的其他所有违约情况。当事人一方不履行合同义务，或履行合同义务不符合约定的，应当承担继续履行、采取补救措施或者赔偿损失等违约责任。当事人双方都违反合同的，应各自承担相应的责任。

对于违约产生的后果，并非一定要等到合同义务全部履行后才追究违约方的责任，按照《中华人民共和国合同法》的规定对于预期违约的，当事人也应当承担违约责任。对于当事人一方"预期违约"，对方可以在履行期限届满之前要求其承担违约责任。这是《中华人民共和国合同法》严格责任原则的重要体现。

违约责任制度，在合同法律制度中具有重要地位。《中华人民共和国合同法》对此作了详细的规定，其目的在于用法律强制力督促当事人认真地履行合同，保护当事人的合法权益，维护社会经济秩序。

（2）承担违约责任的条件

当事人承担违约责任的条件，是指当事人承担违约责任应当具备的要件。按照《中华人民共和国合同法》规定，承担违约责任的条件采用严格责任原则，只要当事人有违约行为，即当事人不履行合同或者履行合同不符合约定的条件，就应当承担违约责任。

严格责任原则还包括，当事人一方因第三人的原因造成违约时，应当向对方承担违约责任。第三方造成的违约行为虽然不是当事人的过错，但客观上导致了违约行为，只要不是不可抗力原因造成的，应属于当事人可能预见的情况。为了严格合同责任，故就签订的合同而言归于当事人应承担的违约责任范围。承担违约责任后，与第三人之间的纠纷再按照法律或当事人与第三人之间的约定解决。如施工过程中，承包人因发包人委托设计单位提供的图纸错误而导致损失后，发包人应首先给承包人以相应损失的补偿，然后再依据设计合同追究设计承包人的违约责任。

当然，违反合同而承担的违约责任，是以合同有效为前提的。无效合同从订立之时起就没有法律效力，所以谈不上违约责任问题。但对部分无效合同中有效条款的不履行，仍应承担违约责任。所以，当事人承担违约责任的前提，必须是违反了有效的合同或合同条款的有效部分。

2. 违约行为的分类

（1）预期违约（亦称先期违约）

预期违约是指当事人一方在合同约定的期限届满之前，明示或默示其将来不能履行合同。

《中华人民共和国合同法》规定，当事人一方明确表示或者以自己的行为表明不履行合同义务的，对方可以在履行期限届满之前要求其承担违约责任。

预期违约的构成要件有：

1）违约的时间必须在合同有效成立后至合同履行期限截止前；

2）违约必须是对根本性合同义务的违反，即导致合同目的落空。

（2）实际违约

在合同履行期限截止后，当事人一方不履行合同义务或者履行合同义务不符合约定，应由当事人承担违约责任。

（3）双方违约

当事人双方都违反合同的，应当各自承担相应的责任。

当事人双方违约是指当事人双方分别违反了自身的义务。依照法律规定，双方违约责任承担的方式是由违约方分别各自承担相应的违约责任，即由违约方向非违约方各自独立地承担自己的违约责任。

（4）第三人违约

当事人一方因第三人的原因造成违约的，应当向对方承担违约责任。当事人一方和第三人之间的纠纷，依照法律规定或者按照约定解决。

3. 承担违约责任的主要形式

（1）继续履行

继续履行是指违反合同的当事人不论是否承担了赔偿金或者承担了其他形式的违约责任，都必须根据对方的要求，在自己能够履行的条件下，对合同未履行的部分继续履行。因为订立合同的目的就是通过履行实现当事人的目的，从立法的角度，应当鼓励和要求合同的实际履行。承担赔偿金或者违约金责任不能免除当事人的履约责任。

特别是金钱债务，违约方必须继续履行，因为金钱是一般等价物，没有别的方式可以替代履行。因此，当事人一方未支付价款或者报酬的，对方可以要求其支付价款或者报酬。

当事人一方不履行非金钱债务或者履行非金钱债务不符合约定的，对方也可以要求继续履行。但有下列情形之一的除外：

1）法律上或者事实上不能履行；

2）债务的标的不适于强制履行或者履行费用过高；

3）债权人在合理期限内未要求履行。

当事人就迟延履行约定违约金的，违约方支付违约金后，还应当履行债务。这也是承担继续履行违约责任的方式。如施工合同中约定了延期竣工的违约金，承包人没有按照约定期限完成施工任务，承包人应当支付延期竣工的违约金，但发包人仍然有权要求承包人继续施工。

（2）采取补救措施

所谓的补救措施主要是指《中华人民共和国民法通则》和《中华人民共和国合同法》中所确定的，在当事人违反合同的事实发生后，为防止损失发生或者扩大，而由违反合同一方依照法律规定或者约定采取的修理、更换、重新制作、退货、减少价格或者报酬等措施，以给权利人弥补或者挽回损失的责任形式。采取补救措施的责任形式，主要发生在质量不符合约定的情况下。建设工程合同中，采取补救措施是施工单位承担违约责任常用的方法。

（3）赔偿损失

当事人一方不履行合同义务或者履行合同义务不符合约定的，给对方造成损失的，应当赔偿对方的损失。损失赔偿额应相当于因违约所造成的损失，包括合同履行后可以获得的利益，但不得超过违反合同方订立合同时预见或应当预见的因违反合同可能造成的损失。这种方式是承担违约责任的主要方式。因为违约一般都会给当事人造成损失，赔偿损失是守约者避免损失的有效方式。

当事人一方不履行合同义务或履行合同义务不符合约定的，在履行义务或采取补救措施后，对方还有其他损失的，应承担赔偿责任。当事人一方违约后，对方应当采取适当措施防止损失的扩大，没有采取措施致使损失扩大的，不得就扩大的损失请求赔偿，当事人因防止损失扩大而支出的合理费用，由违约方承担。

（4）支付违约金

当事人可以约定一方违约时应当根据违约情况向对方支付一定数额的违约金，也可以约定因违约产生的损失额的赔偿办法。约定违约金低于造成损失的，当事人可以请求人民法院或仲裁机构予以增加；约定违约金过分高于造成损失的，当事人可以请求人民法院或仲裁机构予以适当减少。

违约金与赔偿损失不能同时采用。如果当事人约定了违约金，则应当按照支付违约金承担违约责任。

(5) 定金罚则

当事人可以约定一方向对方给付定金作为债权的担保。债务人履行债务后定金应当抵作价款或收回。给付定金的一方不履行约定债务的，无权要求返还定金；收受定金的一方不履行约定债务的，应当双倍返还定金。

当事人既约定违约金，又约定定金的，一方违约时，对方可以选择适用违约金或定金条款。但是，这两种违约责任不能合并使用。

(6) 强制履行

强制履行是指债务人不履行合同或者履行合同不符合约定时，债权人请求法律强制其按合同约定，继续履行合同义务。在强制履行情形下，虽然债务人履行的仍然是原合同债务，但并非其自动履行合同，而是由国家强制其履行。

(八) 合同争议的解决

合同争议也称合同纠纷，是指合同当事人对合同规定的权利和义务产生了不同的理解。合同争议的解决方式有和解、调解、仲裁、诉讼四种。在这四种解决争议的方式中，和解和调解的结果没有强制执行的法律效力，要靠当事人的自觉履行。当然，这里所说的和解和调解是狭义的，不包括仲裁和诉讼程序中在仲裁庭和法院的主持下的和解和调解，这两种情况下的和解和调解属于法定程序，其解决方法仍有强制执行的法律效力。

1. 合同争议的解决方式

(1) 和解

和解是指合同纠纷当事人在自愿友好的基础上，互相沟通、互相谅解，从而解决纠纷的一种方式。

合同发生纠纷时，当事人应首光考虑通过和解解决纠纷。事实上，在合同的履行过程中，绝大多数纠纷都可以通过和解解决。其优点是：

1) 简便易行，能经济、及时地解决纠纷；

2) 有利于维护合同双方的友好合作关系，使合同能更好地得到履行；

3) 有利于和解协议的执行。

(2) 调解

调解是指合同当事人对合同所约定的权利、义务发生争议，不能达成和解协议时，在合同管理机关或有关机关、团体等的主持下，通过对当事人进行说服教育，促使双方互相做出适当的让步，平息争端，自愿达成协议，以求解决合同纠纷的方法。

合同纠纷的调解往往是当事人经过和解仍不能解决纠纷后采取的方式，因此与和解相比，它面临的纠纷要大一些。与诉讼、仲裁相比，仍具有与和解相似的优点：它能够较经济、较及时地解决纠纷；有利于消除合同当事人的对立情绪，维护双方的长期合作关系。

(3) 仲裁（亦称公断）

仲裁是当事人双方在争议发生前或争议发生后达成协议，自愿将争议交给仲裁机构作出裁决，并负有自动履行义务的一种解决争议的方式。这种争议解决方式必须是自愿的，因此必须有仲裁协议。如果当事人之间有仲裁协议，争议发生后又无法通过和解和调解解决，则应及时将争议提交仲裁机构仲裁。

(4) 诉讼

诉讼是指合同当事人依法请求人民法院行使审判权，审理双方之间发生的合同争议，作出有国家强制保证实现其合法权益，从而解决纠纷的审判活动。合同双方当事人如果未约定仲裁协议，则只能以诉讼作为解决争议的最终方式。

二、施工合同的基本原理

(一) 施工合同的特征

施工合同是发包人与承包人之间为完成商定的建设工程项目，确定双方权利和义务的协议。依照施工合同，承包人应完成一定的建设工程任务，发包人应提供必要的施工条件并支付工程价款。施工合同是建设工程合同的一种，它与其他建设工程合同一样是一种双务合同，在订立时也应遵守自愿、公平、诚实信用等原则。

建设工程施工合同有如下特征：

1. 建设工程施工合同标的的特殊性

建设工程施工合同的标的是各类建设产品。建设产品属不动产，施工队伍和施工机械必须围绕建设产品移动。建设产品的类别庞杂，其外观、结构、使用目的各不相同，这就要求每一个建设产品都必须单独设计和施工，即使重复利用标准设计或重复使用图纸，也应采取必要的设计修改才能施工，而施工中的情况又各不相同。建设产品的固定性和单件性决定了建设工程施工合同标的的特殊性。

2. 建设工程施工合同履行期限的长期性

建设工程施工由于结构复杂、体积庞大、建筑材料类型多、工作量大等特点，使得工期都较长（与一般工业产品的生产相比），而合同履行期限肯定要比施工工期长。因为，建设工程施工活动应当在合同签订后才开始，且需加上施工准备时间、办理竣工结算及工程保修的时间。另外，在建设工程施工过程中，还可能因为不可抗力、工程变更、材料供应不及时等原因而导致工期顺延。因此，施工合同的履行期限具有长期性。

3. 建设工程施工合同内容的综合性

建设工程施工合同除了应当具备合同的一般内容外，还应对安全施工、专利技术使用、发现地下障碍和文物、工程分包、不可抗力、工程设计变更、材料设备的供应、验收等内容做出规定。在施工合同的履行过程中，除承包人与发包人的合同关系外，还涉及与劳务人员的劳动关系、与保险公司的保险关系、与材料设备供应单位的买卖关系等等。因此，施工合同的内容具有综合性的特点。

4. 建设工程施工合同监督的严格性

由于建设工程施工合同的履行对国家的经济发展、公民的工作和生活都有重大的影响，因此，国家对施工合同的监督是十分严格的。对施工合同监督的严格性主要体现在对合同主体的监督、对合同订立的监督、对合同履行的监督几个方面。

（二）施工合同的作用

在市场经济条件下，建设市场主体之间相互的权利义务关系主要是通过合同确立的。因此，在建设领域加强对施工合同的管理具有十分重要的意义。国家立法机关、国务院、国家建设行政管理部门都十分重视施工合同的规范工作，《合同法》对建设工程合同做了专门规定。《建筑法》、《招标投标法》也有许多涉及建设工程施工合同的规定。这些法律是我国建设工程施工合同管理的依据。

施工合同的当事人即发包人和承包人，双方是平等的民事主体。发承包双方签订施工合同，必须具备相应资质条件和履行施工合同的能力。对合同范围内的工程实施建设时，发包人必须具备组织协调能力，承包人必须具备有关部门核定的资质等级并持有营业执照等证明文件。

施工合同具有以下作用：

1. 施工合同确定了建设工程施工及管理的目标，主要包括工期、质量、价格。这些目标是合同双方当事人在工程施工中进行各种经济活动的依据，即是工程建设质量控制、进度控制、费用控制的主要依据。

2. 在市场经济条件下，建设市场主体之间相互的权利、义务关系主要是通过合同确立的，施工合同一经签订，合同使发承包双方形成了一定的经济法律关系。双方都可以利用合同保护自己的权益，限制和制约对方。

3. 施工合同是建设工程施工过程中发承包双方的最高行为准则。工程施工过程中的一切活动都是为了履行合同，都必须按合同办事，发承包双方的行为主要靠合同来约束，工程施工管理是以施工合同为核心。

4. 在施工合同中，实行的是以工程师为核心的管理体系（虽然工程师不是施工合同当事人）。因此，施工合同也是监理工程师监督管理工程的依据。要使监理工程师秉公办事，监督发承包双方履行各自的义务，一份完备公平的合同是基本前提条件。

5. 施工合同是建设工程施工过程中发承包双方解决争议的依据。施工合同是发包人和承包人双方经过协商而达成一致的协议。但由于发承包双方利益的不一致性，在施工过程中发生争议是难免的，施工合同为解决争议提供了依据。

（三）施工合同的分类

1. 按承包方式分类

（1）施工总承包合同

施工总承包合同是发包人与承包人之间为完成商定的施工任务，确定双方权利和义务的协议。

施工总承包合同的发包人可以是建设工程的建设单位或取得建设项目总承包资格的项目总承包单位，施工总承包合同的承包人是施工单位。

（2）施工专业分包合同

施工专业分包合同是施工承包单位（即专业分包工程的发包人）将其所承包工程中的专业工程发包给具有相应资质的其他建筑企业（即专业分包工程的承包人），确定双方权利和义务的协议。

（3）施工劳务分包合同

施工劳务分包合同是施工承包单位或者专业承包单位（即劳务作业的发包人）将其承包工程中的劳务作业发包给劳务分包单位（即劳务作业承包人），确定双方权利和义务的协议。

2. 按承包价格分类

（1）总价合同

总价合同是指在合同中确定一个完成建筑安装工程的总价，承包单位据此完成项目全部内容的合同。总价合同要求投标者按照招标文件的要求，对工程项目报一个总价。这种合同类型能够使建设单位在评标时易于确定报价最低的承包单位，易于进行支付计算。但这类合同仅适用于工程量不太大且能精确计算、工期较短、技术不太复杂、风险不大的工程项目。因为采用这种合同类型要求建设单位必须准备详细而全面的设计图纸（一般要求施工详图）和各项说明，使承包单位能准确计算工程量。

（2）单价合同

单价合同是指整个合同期间对于相同的分部分项工程执行同一单价，而工程量则按实际完成的数量进行计算的合同。单价合同要求施工单位在投标时，按照招标文件的要求，就分部分项工程所列的工程量表确定各分部分项工程单价。这种合同类型的适用范围比较宽，其风险可以得到合理的分摊，并且能鼓励承包单位通过提高工效等手段从降低成本中提高利润。这类合同能够成立的关键在于发承包双方对单价和工程量计算方法的确认。在合同履行中需要注意的问题则是双方对实际工程量计量的确认。

（3）成本加酬金合同

成本加酬金合同是由建设单位向施工单位支付建筑安装工程的实际成本，并按事先约定的某一种方式支付酬金的合同。成本加酬金合同中，建设单位需承担项目实际发生的一切费用，因此，也就承担了项目的全部风险；而施工单位由于无风险，其报酬往往也较低。这种合同类型的缺点是：建设单位对工程总造价不易控制，施工单位也往往不注意降低项目成本。

这类合同主要适用于以下项目：

1）需要立即开展工作（如震后救灾）的工程项目；

2）新型的工程项目，或对项目工程内容及技术经济指标未确定；

3）风险很大的工程项目。

三、施工合同的签订

（一）施工合同准备

1. 施工合同形成的过程

建设工程施工合同作为合同的一种，其订立也应经过要约和承诺两个阶段。其订立方式有直接发包和招标发包两种。如果没有特殊情况，建设工程的施工活动都应通过招标投标确定施工单位。

中标通知书发出后，中标的施工单位应当与建设单位及时签订合同。依据《招标投标法》和《工程建设项目施工招标投标办法》的规定，中标通知书发出30

天内，中标单位应与建设单位依据招标文件、投标书等签订建设工程施工合同。签订合同的必须是中标的施工企业，投标书中已确定的条款在签订合同时不得更改，合同价应与中标价相一致。如果中标的施工单位拒绝与建设单位签订合同，则建设单位将不再返还其投标保证金（如果是由银行等金融机构出具投标保函的，则投标保函出具者应当承担相应的保证责任），建设行政主管部门或其授权机构还可给予一定的行政处罚。

2. 业主的基本目标

业主的基本目标是以尽可能少的费用完成尽可能多的、高质量的工程。

3. 承包商的基本目标

承包商的基本目标是降低成本，增加收益，尽可能多地取得工程利润。

（二）施工合同签订

1. 签订施工合同的法律依据

(1)《合同法》；

(2)《建筑法》；

(3)《建设工程施工合同示范文本》。

2. 签订施工合同应具备的条件

(1) 初步设计已经批准；

(2) 工程项目已经列入年度建设计划；

(3) 有能够满足施工需要的设计文件和有关技术资料；

(4) 建设资金和主要建筑材料、设备来源已经落实；

(5) 招投标工程，中标通知书已经下达。

3. 施工合同的主要内容

(1) 工期和进度控制

进度管理是施工合同管理的重要组成部分。合同当事人应当在合同规定的工期内完成施工任务，发包人应当按时做好准备工作，承包人应当按照施工进度计划组织施工。

1) 合同工期。是指施工的工程从开工起到完成施工合同专用条款双方约定的全部内容，工程达到竣工验收标准所经历的时间。合同工期是施工合同的重要内容之一，合同双方要在协议书中做出明确约定。约定的内容包括开工日期、竣工日期和合同工期总日历天数。

①合同工期。是指在协议书中约定，按总日历天数（包括法定节假日）计算的承包天数。

②开工日期。是指双方在协议书中约定的，承包人开始施工的绝对或相对日期。

③竣工日期。是指由协议书规定的承包人完成承包范围内工程的绝对或相对的日期。实际竣工日期为承包人送交竣工验收报告的日期；如果工程没有达到合同所规定的竣工要求，必须再作修改，则实际竣工日期为承包人再次提请发包人验收的日期。

2) 进度计划：

①承包人提交进度计划。承包人应按照专用条款约定的日期，将施工组织设计和工程进度计划提交工程师。群体工程中采取分阶段进行施工的单位工程，承包人则应按照发包人提供图纸及有关资料的时间，按单位工程编制进度计划，分别向工程师提交。

②工程师确认进度计划。工程师接到承包人提交的进度计划后，应当按专用条款约定的时间予以确认或者提出修改意见。如果工程师逾期不确认也不提出书面意见的，则视为已经同意。但是，工程师对施工组织设计和工程进度计划予以确认或者提出修改意见，并不免除承包人施工组织设计和工程进度计划本身的缺陷所应承担的责任。工程师对进度计划予以确认的主要目的，是为工程师对进度进行控制提供依据。

③承包人实施进度计划。承包人必须按工程师确认的进度计划组织施工，接受工程师对进度的检查、监督。工程实际进度与经确认的进度计划不符时，承包人应按工程师的要求提出改进措施，经工程师确认后执行。因承包人的原因导致实际进度与进度计划不符，承包人无权就改进措施提出追加合同价款。

3）开工及延期开工：

①承包人要求的延期开工。承包人应当按协议书约定的开工日期开始施工。若承包人不能按时开工，应在不迟于协议书约定的开工日期前 7 天，以书面形式向工程师提出延期开工的理由和要求。工程师应当在接到延期开工申请后的 48 小时内以书面形式答复承包人。工程师在接到延期开工申请后的 48 小时内不答复，视为同意承包人的要求，工期相应顺延。若工程师不同意延期要求或承包人未在规定时间内提出延期开工要求，工期不予顺延。

②发包人造成的延期开工。因发包人的原因不能按照协议书约定的开工日期开工，工程师应以书面形式通知承包人后，可推迟开工日期。承包人对延期开工的通知没有否决权，但发包人应当赔偿承包人因此造成的损失，并相应顺延工期。

4）暂停施工。工程师认为确有必要暂停施工时，应当以书面形式要求承包人暂停施工，并在提出要求后 48 小时内提出书面处理意见。承包人应当按工程师要求停止施工，并妥善保护已完工程。承包人实施工程师的处理意见后，可以书面形式提出复工要求，工程师应当在 48 小时内给予答复。工程师未能在规定时间内提出处理意见，或收到承包人复工要求后 48 小时内未予答复，承包人可自行复工。因发包人原因造成停工的，由发包人承担所发生的追加合同价款，赔偿承包人由此造成的损失，相应顺延工期；因承包人原因造成停工的，由承包人承担发生的费用，工期不予顺延。

5）工期延误。承包人必须按照合同约定的竣工日期或工程师同意顺延的工期竣工。因承包人原因延误工期，使工程不能按约定的日期竣工，承包人承担违约责任。但是，在有些情况下工期延误后，竣工日期可以相应顺延。因以下原因造成工期延误，经工程师确认，工期相应顺延：

①发包人未能按专用条款的约定提供图纸及开工条件；

②发包人未能按约定日期支付工程预付款、进度款，致使工程不能正常进行；

③工程师未按合同约定提供所需指令、批准等，致使施工不能正常进行；

④设计变更和工程量增加；

⑤一周内非承包人原因停水、停电、停气造成停工累计超过 8 小时；

⑥不可抗力；

⑦专用条款中约定或工程师同意工期顺延的其他情况。

工期可以顺延的根本原因在于，这些情况属于发包人违约或者是应当由发包人承担的风险。

承包人在工期可以顺延的情况发生后 14 天内，就延误的工期向工程师提出书面报告。工程师在收到报告后 14 天内予以确认，逾期不予确认也不提出修改意见，视为同意顺延工期。

6）工程竣工。承包人必须按照协议书约定的竣工日期或工程师同意顺延的工期竣工，因承包人原因不能按照协议书约定的竣工日期或工程师同意顺延的工期竣工的，承包人承担违约责任。

施工中发包人如需提前竣工，双方协商一致后应签订提前竣工协议，作为合同文件组成部分。提前竣工协议应包括提前的时间，承包人为保证工程质量和安全采取的措施，发包人为提前竣工提供的条件以及提前竣工所需的追加合同价款等内容。

（2）质量与检验

1）工程质量应当达到协议书约定的质量标准，质量标准的评定以国家或者行业的质量检验评定标准为依据。因承包人原因工程质量达不到约定的质量标准，承包人承担违约责任。

双方对工程质量有争议，由双方同意的工程质量检测机构鉴定。所需费用及造成的损失，由责任方承担；双方均有责任，由双方根据其责任分别承担。

2）检查和返工。在工程施工中，工程师及其委派人员对工程的检查、检验，是其日常性工作和重要职能。承包人应认真按照标准、规范和设计要求以及工程师依据合同发出的指令施工，随时接受工程师及其委派人员的检查、检验，并为检查检验提供便利条件。

对于达不到约定质量标准的工程部分，工程师一经发现，应要求承包人拆除和重新施工，承包人应当按照工程师的要求拆除和重新施工，直到符合约定的质量标准。因承包人原因工程质量达不到约定的质量标准，由承包人承担拆除和重新施工的费用，工期不予顺延；因双方原因达不到约定质量标准，责任由双方分别承担。

工程师的检查、检验不应影响施工正常进行。若检查、检验不合格时，影响正常施工的费用由承包人承担；否则，检查、检验合格时，影响正常施工的追加合同价款由发包人承担，相应顺延工期。

因工程师指令失误或其他非承包人的原因所发生的追加合同价款，由发包人承担。

3）隐蔽工程和中间验收。由于隐蔽工程在施工中一旦完成隐蔽，很难再对其进行质量检查。因此，必须在隐蔽前进行检查验收。对于中间验收，合同双方应在专用条款中约定需要进行中间验收的单项工程和部位的名称、验收的时间和要求，以及发包人应提供的便利条件。

工程具备隐蔽条件或达到专用条款约定的中间验收部位，承包人进行自检，并在隐蔽或中间验收前48小时以书面形式通知工程师验收。通知包括隐蔽或中间验收的内容、验收时间和地点。承包人准备验收记录，经验收合格，工程师在验收记录上签字后，承包人可进行隐蔽或继续施工。验收不合格，承包人在工程师限定的时间内修改后重新验收。

工程师不能按时进行验收，应在开始验收前24小时向承包人提出书面延期要求，延期不能超过48小时。工程师未能按以上时间提出延期要求，不进行验收，承包人可自行组织验收，发包人应承认验收记录。

经工程师验收，工程质量符合标准、规范和设计图纸等的要求，验收24小时后，工程师不在验收记录上签字，视为工程师已经批准，承包人可进行隐蔽或者继续施工。

4）重新检验。无论工程师是否进行验收，当其提出对已经隐蔽的工程重新检验的要求时，承包人应按要求进行剥离或者开孔，并在检验后重新覆盖或者修复。检验合格，发包人承担由此发生的全部追加合同价款，赔偿承包人损失，并相应顺延工期。检验不合格，承包人承担发生的全部费用，工期不予顺延。

5）工程试车。对于设备安装工程，应当组织工程试车。工程试车内容应与承包人承包的安装工程范围相一致。

①单机无负荷试车。设备安装工程具备单机无负荷试车条件，由承包人组织试车，并在试车前48小时书面通知工程师。通知包括试车内容、时间、地点。承包人准备试车记录、发包人根据承包人要求为试车提供必要条件。试车通过，工程师在试车记录上签字。

②联动无负荷试车。只有单机试运转达到规定要求，才能进行联动无负荷试车。设备安装工程具备无负荷联动试车条件，由发包人组织试车。并在试车前48小时书面通知承包人，通知内容包括试车内容、时间、地点和对承包人的要求，承包人按要求做好准备工作和试车记录。试车通过，双方应在试车记录上签字。

（3）合同价款与支付

1）合同价款及调整。合同价款是指发包人与承包人在协议书中约定，发包人用以支付承包人按照合同的约定，完成承包范围内全部工程并承担质量保修责任的款项。合同价款是合同双方关心的核心问题之一，招投标等工作主要是围绕合同价款展开的。合同价款应依据中标通知书中的中标价格和非招标工程的工程预算书确定，合同价款在协议书内约定后，任何一方不得擅自改变。合同价款可以按照固定价格合同、可调价格合同、成本加酬金合同三种方式约定。

①固定价格合同。双方在专用条款内约定合同价款包含的风险范围和风险费用的计算方法，在约定的风险范围内合同价款不再调整。风险范围以外的合同价款调整方法，应当在专用条款内约定。

②可调价格合同。合同价款可根据双方的约定而调整，双方在专用条款内约定合同价款的调整方法。可调价格合同中合同价款的调整因素包括：国家法律、法规和政策变化影响合同价款；工程造价管理部门公布的价格调整；一周内非承

包人原因停水、停电、停气造成停工累计超过 8 小时；双方约定的其他调整或增减。

承包人应在合同价款可以调整的情况发生后 14 天内，将调整原因、金额以书面形式通知工程师，工程师确认调整金额后作为追加合同价款，与工程款同期支付。工程师收到承包人通知之后 14 天内不作答复也不提出修改意见，视为该项调整已经同意。

③成本加酬金合同。合同价款包括成本和酬金两部分，双方在专用条款内约定成本构成和酬金的计算方法。

2）工程预付款。工程预付款主要是用于采购建筑材料。预付额度，建筑工程一般不得超过当年建筑（包括水、电、暖、卫等）工程工作量的 30％，安装工程一般不得超过当年安装工程量的 10％。

实行工程预付款的，双方应当在专用条款内约定发包人向承包人预付工程款的时间和数额，开工后按约定的时间和比例逐次扣回。预付时间应不迟于约定的开工日期前 7 天。发包人不按约定预付，承包人在约定预付时间 7 天后向发包人发出要求预付的通知，发包人收到通知后仍不能按要求预付，承包人可在发出通知后 7 天停止施工，发包人应从约定应付之日起向承包人支付应付款的贷款利息，并承担违约责任。

3）工程量的确认。对承包人已完成工程量的核实确认，是发包人支付工程款的前提。承包人应按专用条款约定的时间向工程师提交已完工程量的报告。工程师接到报告后 7 天内按设计图纸核实已完工程量（以下称计量），并在计量前 24 小时通知承包人，承包人为计量提供便利条件并派人参加。承包人收到通知后不参加计量，计量结果有效，作为工程价款支付的依据。

工程师接到承包人报告后 7 天内未进行计量，从第 8 天起，承包人报告中开列的工程量即视为被确认，作为工程价款支付的依据。工程师不按约定时间通知承包人，使承包人不能参加计量，计量结果无效。

对承包人超出设计图纸范围和因承包人原因造成返工的工程量，工程师不予计量。

4）工程款（进度款）支付。发包人应在计量结果确认后 14 天内，向承包人支付工程款（进度款）。按约定时间发包人应按比例扣回的预付款，与工程款（进度款）同期结算。合同价款调整、工程变更调整的合同价款及追加的合同价款，应与工程款（进度款）同期调整支付。

发包人超过约定的支付时间不支付工程款（进度款），承包人可向发包人发出要求付款的通知，发包人收到承包人通知后仍不能按要求付款，可与承包人协商签订延期付款协议，经承包人同意后可延期支付。协议应明确延期支付的时间和从计量结果确认后第 15 天起计算应付款的贷款利息。

发包人不按合同约定支付工程款（进度款），双方又未达成延期付款协议，导致施工无法进行，承包人可停止施工，由发包人承担违约责任。

（4）材料设备供应

工程建设的材料设备供应的质量控制，是整个工程质量控制的基础。建筑材料、构配件生产及设备供应单位对其生产或者供应的产品质量负责。而材料设备的需方则应根据买卖合同规定进行质量验收。

1）发包人供应材料设备。实行发包人供应材料设备的，双方应当约定发包人供应材料设备的一览表，作为合同附件（附件2）。一览表包括发包人供应材料设备的品种、规格、型号、数量、单价、质量等级、提供时间和地点。

发包人按一览表约定的内容提供材料设备，并向承包人提供其供应材料设备的产品合格证明，对其质量负责。发包人应在其所供应的材料设备到货前24小时，以书面形式通知承包人，由承包人派人与发包人共同清点。发包人供应的材料设备经承包人派人参加清点后由承包人妥善保管，发包人支付相应的保管费用。发生损坏丢失，由承包人负责赔偿。发包人不按规定通知承包人清点，发生的损坏丢失由发包人负责。

发包人供应的材料设备使用前，由承包人负责检验或者试验，费用由发包人负责，不合格的不得使用。

发包人供应的材料设备与一览表不符时，应当由发包人承担有关责任，发包人应承担责任的具体内容，双方根据下列情况在专用条款内约定：

①材料设备单价与一览表不符时，由发包人承担所有价差；

②材料设备种类、规格、型号、数量、质量等级与一览表不符时，承包人可以拒绝接受保管，由发包人运出施工场地并重新采购；

③发包人供应材料的规格、型号与一览表不符时，承包人可以代为调剂串换，发包人承担相应的费用；

④到货地点与一览表不符时，发包人负责倒运至一览表指定的地点；

⑤供应数量少于一览表约定的数量时，发包人将数量补齐，多于一览表约定的数量时，发包人负责将多出部分运出施工场地；

⑥到货时间早于一览表约定的供应时间，发包人承担因此发生的保管费用；到货时间迟于一览表约定的供应时间，发包人赔偿由此给承包人造成的损失，造成工期延误的，相应顺延工期。

2）承包人采购材料设备。承包人根据专用条款的约定和设计及有关标准要求，采购工程需要的材料设备，并提供产品合格证明，对材料设备质量负责。承包人在材料设备到货前24小时通知工程师清点。

承包人采购的材料设备与设计或者标准要求不符时，工程师可以拒绝验收，由承包人按照工程师要求的时间运出施工场地，重新采购符合要求的产品，并承担由此发生的费用，由此延误的工期不予顺延。

承包人采购的材料设备在使用前，承包人应按工程师的要求进行检验或试验，不合格的不得使用，检验或试验费用由承包人承担。

工程师发现承包人采购并使用不符合设计或标准要求的材料设备时，应要求由承包人负责修复、拆除或者重新采购，并承担发生的费用，由此造成工期延误不予顺延。

承包人需使用代用材料时，须经工程师认可，由此对合同价款的调整双方以书面形式议定。

由承包人采购的材料、设备，发包人不得指定生产厂或供应商。

(5) 工程设计变更

在施工过程中如果发生设计变更，将对施工进度产生很大的影响。因此，应尽量减少设计变更，如果必须对设计进行变更，必须严格按照国家的规定和合同约定的程序进行。

1) 发包人对原设计进行变更。施工中发包人如果需要对原工程设计进行变更，应提前14天以书面形式向承包人发出变更通知。变更超过原设计标准或者批准的建设规模时，须经原规划管理部门和其他有关部门重新审查批准，并由原设计单位提供变更的相应图纸和说明。发包人办妥上述事项后，承包人根据工程师发出的变更通知及有关要求进行下列需要的变更：

①更改有关部分的标高、基线、位置和尺寸；

②增减合同中约定的工程量；

③改变有关工程的施工时间和顺序；

④其他有关工程变更需要的附加工作。

因变更导致合同价款的增减及造成的承包人损失，由发包人承担，延误的工期相应顺延。

2) 承包人对原设计进行变更。承包人应当严格按照图纸施工，不得随意变更设计。因承包人擅自变更设计发生的费用和由此导致发包人的直接损失，由承包人承担，延误的工期不予顺延。

在施工中承包人提出的合理化建议涉及对设计图纸的变更及对原材料、设备的换用，须经工程师同意。工程师同意变更后，也须经原规划管理部门和其他有关部门审查批准，并由原设计单位提供变更的相应图纸和说明，承包人实施变更。

工程师同意采用承包人合理化建议，所发生的费用和获得的收益，由发承包双方另行约定分担或者分享。

3) 变更价款的确定：

①变更价款的确定程序。设计变更发生后，承包人在工程设计变更确定后14天内，提出变更工程价款的报告，经工程师确认后调整合同价款。承包人在确定变更后14天内不向工程师提出变更价款报告时，视为该项设计变更不涉及合同价款的变更。工程师应在收到变更工程价款报告之日起14天内予以确认，工程师无正当理由不确认时，自变更价款报告送达之日起14天后变更工程价款报告自行生效。

②变更价款的确定方法：合同中已有适用于变更工程的价格，按合同已有的价格变更合同价款；合同中只有类似于变更工程的价格，可以参照类似价格变更合同价款；合同中没有适用或类似于变更工程的价格，由承包人提出适当的变更价格，经工程师确认后执行。

(6) 竣工验收与结算

①竣工验收。工程具备竣工验收条件，承包人按国家工程竣工验收有关规定，向发包人提供完整竣工资料及竣工验收报告。双方约定由承包人提供竣工图的，应当在专用条款内约定提供的日期和份数。

发包人收到竣工验收报告后28天内组织有关单位验收，并在验收后14天内给予认可或提出修改意见。承包人按要求修改，并承担由自身原因造成修改的费用。

因特殊原因，发包人要求部分单位工程或者工程部位甩项竣工的，双方另行签订甩项竣工协议，明确各方责任和工程价款的支付办法。

工程未经竣工验收或验收不合格，发包人不得使用。发包人强行使用的，由此发生的质量问题及其他问题，由发包人承担责任。

②竣工结算。工程竣工验收报告经发包人认可后28天内，承包人向发包人递交竣工结算报告及完整的结算资料。工程竣工验收报告经发包人认可后28天内，承包人未能向发包人递交竣工结算报告及完整的结算资料，造成工程竣工结算不能正常进行或工程竣工结算价款不能及时支付，发包人要求交付工程的，承包人应当交付；发包人不要求交付工程的，承包人承担保管责任。

发包人自收到竣工结算报告及结算资料后28天内进行核实，确认后支付工程竣工结算价款，承包人收到竣工结算价款后14天内将竣工工程交付发包人。

发包人收到竣工结算报告及结算资料后28天内无正当理由不支付工程竣工结算价款，从第29天起按承包人同期向银行贷款利率支付拖欠工程价款的利息，并承担违约责任。

发包人收到竣工结算报告及结算资料后28天内不支付工程竣工结算价款，承包人可以催告发包人支付结算价款。发包人在收到竣工结算报告及结算资料后56天内仍不支付的，承包人可以与发包人协议将该工程折价，也可以由承包人申请人民法院将该工程依法拍卖，承包人就该工程折价或者拍卖的价款优先受偿。

(7) 质量保修

承包人应按法律、行政法规或国家关于工程质量保修的有关规定，对交付发包人使用的工程在质量保修期内承担质量保修责任。

承包人应在工程竣工验收之前，与发包人签订质量保修书，作为合同附件。质量保修书的主要内容包括：

①质量保修项目内容及范围；

②质量保修期；

③质量保修责任；

④质量保修金的支付方法。

复习思考题

1. 简述合同的分类。
2. 合同法的法律特征是什么？
3. 简述合同法的基本原则。
4. 合同的形式有哪些？
5. 合同的主要内容是什么？
6. 简述订立合同当事人的主体资格。
7. 简述订立合同的程序。

8. 要约应当符合哪些条件？要约与要约邀请有什么区别？
9. 合同成立的时间和地点怎么确定？
10. 简述一般合同生效的要件。
11. 哪些合同是效力待定的合同？
12. 哪些合同是无效的合同？
13. 哪些合同是可变更或者可撤销的合同？
14. 合同无效或被撤销合同后的法律后果是什么？
15. 合同当事人在哪些情形下可以行使不安抗辩权？
16. 什么是代位权？
17. 什么是撤销权？
18. 什么是提存？
19. 简述合同的变更。
20. 合同转让的情形有哪些？
21. 简述违约行为的分类。
22. 承担违约责任的方式有哪些？
23. 合同解除的类型有哪些？
24. 解决合同争议的方法有哪些？
25. 工程施工合同有哪些特征？
26. 简述施工合同的分类。
27. 简述签订施工合同的法律依据。
28. 简述签订施工合同应具备的条件。
29. 施工合同的主要内容有哪些？
30. 哪些事件造成工期延误，经工程师确认，工期可以相应顺延？

任务二　建设工程施工合同示范文本

【引导问题】

1. 建设工程合同示范文本有哪几种类型？
2. 建设工程施工合同协议书的主要内容有哪些？
3. 建设工程施工合同通用条款主要有什么特点？
4. 为什么发承包双方必须签订合同的专用条款？
5. 如何签订合同的协议书和专用条款？

【工作任务】

了解各类合同示范文本的特点和类型，理解施工合同示范文本的协议书、通用条款和专用条款基本内容的含义，掌握协议书和专用条款签订要点和方法。

【学习参考资料】

1.《中华人民共和国合同法》；
2. 黑龙江省建设厅、黑龙江省工商行政管理局制定的《建设工程施工合同》（GF-1999-0201）、《建设工程施工专业分包合同》（GF-2003-0213）、《建设工程施工劳务分包合同》（GF-2003-0214）；

3.《建设工程施工合同系列文本应用》徐崇禄、董红梅编著；

4. 其他有关合同的法律法规书刊。

一、建设工程合同示范文本的分类

（一）建设工程施工合同示范文本

1. 建设工程施工合同示范文本的概念

建设工程施工合同示范文本是将各类合同的主要条款、式样等，制定出规范的、指导性的文本，在全国范围内积极宣传和推广，引导当事人采用示范文本签订合同，以实现合同签订的规范化。

使用建设工程施工合同示范文本签订合同的优点：

（1）有助于签订施工合同的当事人了解、掌握有关法律和行政法规，使施工合同签订规范化，避免缺款少项和当事人意思表示不真实、不确切，防止出现显失公平和违法条款。

（2）有助于建设行政主管部门对合同加强监督检查，有利于仲裁机关和人民法院及时解决合同纠纷，保护当事人的合法权益，保障国家和社会公共利益。

2. 建设工程施工合同示范文本的特点

建设工程施工合同示范文本是由建设行政主管部门主持，在广泛听取各方面意见后，按一定程序形成的。它具有规范性、可靠性、完备性、适用性的特点。

（1）规范性

建设工程施工合同示范文本格式是根据有关法律、行政法规和政策制定的，它具有相应的规范性。当事人使用这种文本格式，实际上把自己的签约行为纳入依法办事的轨道，接受这种规范性制度的制约。

（2）可靠性

由于建设工程施工合同示范文本是严格依据有关法律、行政法规，审慎推敲、反复优选制定的，因而它完全符合法律规范要求，它可以使施工合同具有法律约束力。

（3）完备性

建设工程施工合同示范文本的制定，主要是明确当事人的权利和义务，按照法律要求，把涉及双方权利和义务的条款全部开列出来，确保合同达到条款完备、符合要求的目的，以避免签约时缺款漏项和出现不符合程序的情况。

（4）适用性

各类合同示范文本，是依据各行业特点，归纳了相应各类法律、行政法规制订的。签订合同当事人可以以此作为协商、谈判合同的依据，免除当事人为起草合同条款费尽心机。合同示范文本，基本上可以满足当事人的需要，因此它具有广泛的适用性。

3. 建设工程施工合同示范文本的制定原则

建设工程施工合同示范文本，包括施工合同示范文本、施工专业分包合同示范文本和施工劳务分包合同示范文本，是遵循《中华人民共和国合同法》和《民法通则》所规定的原则制定的。

(1) 依法制定的原则

《中华人民共和国合同法》规定："当事人订立、履行合同，应当遵守法律、行政法规，尊重社会公德，不得扰乱社会经济秩序，损害社会公共利益。""依法成立的合同，受法律保护。"在施工合同示范文本制定和修订总体上，都是依据了有关合同的基本法律，如《中华人民共和国合同法》、《仲裁法》、《担保法》、《保险法》、《建筑法》、《民事诉讼法》等。施工合同示范文本的各项条款，除依据基本法律和行政法规外，还依据国家建设主管部门和相关部门发布的有关建设工程施工技术、经济等方面的规章和规范性文件等。

(2) 平等、公平和诚实信用原则

《中华人民共和国合同法》规定了合同当事人的法律地位平等；当事人应遵循公平原则和诚实信用原则；平等是指合同当事人的法律地位平等。法律地位平等，是合同法律的一大特征。公平是指处理事情合情合理，特别是处理涉及双方的事情要体现"一碗水端平"的原则；诚实信用是订立合同的一项基本原则，制定施工合同示范文本必须遵循这一原则。

(3) 等价有偿原则

等价有偿原则是《中华人民共和国民法通则》对民事活动规定的必须遵循的原则。合同属于民事活动，同时施工合同又属于有偿合同，因而施工合同的制定必须遵循这一原则。

(4) 详细与简化相结合原则

制定施工合同示范文本，采取了"应细则不简、可简而不繁"的原则，为了便于合同的履行和分清双方的责任，对一些明确责任的程序，作了比较详细的规定。

(5) 从实际出发的原则

制定施工合同示范文本必须从建筑市场发展的现状出发，从企业目前的实际管理水平出发。

(6) 以我为主，借鉴为辅的原则

我国的施工合同示范文本的内容，除借鉴了 FIDIC 土木工程施工合同条件的通用条件的部分条款外，其余条款都是依据我国有关施工合同的法律、行政法规制定而成。施工合同示范文本相对固定条款部分比 FIDIC 土木工程施工合同条件的运用条件的条款要少得多，这是因为我国有关建设工程施工的法律、行政法规与国外不同。

(7) 合同条款完备严密的原则

合同不能全面履行引起纠纷的原因之一是合同条款不完备、不严密，制定施工合同示范文本的目的主要是使合同条款完备严密，使发承包双方在签订合同时把各种可能发生的情况和问题事先作出约定，避免或者减少违约现象以及纠纷的发生。

4. 建设工程施工合同示范文本的形式

合同文本形式主要有填空式文本、提纲式文本、合同条件式文本、合同条件加协议条款式文本。根据我国目前施工企业的合同管理水平，同时借鉴国际通用的FIDIC《土木工程施工合同条件》，建设工程施工合同文本选择了合同条件式文本。

填空式文本，合同大部分条款都采用印好的固定内容，只在少数需要作出定量约定的地方留出相应的空白，由双方填入约定的内容。

提纲式文本，由一个简明而又全面的提纲和一个说明组成。提纲主要是指示双方必须就哪些问题进行协商，作出约定。说明主要介绍约定的具体内容和方法，双方依照提纲逐条协商后制订合同。

合同条件式文本，由措施严密准确的通用合同条款组成，充分考虑了施工期间必然或者可能遇到的各种情况和问题，能够适用于各种不同的工程。对于每个工程不相同的定量的约定，用专用条款补充。双方根据实际情况，对通用合同条款逐条协商，将双方达成的协议写入合同条件的专用条款。

5. 建设工程施工合同示范文本的组成内容（以黑龙江省建设工程施工合同为例）

建设工程施工合同示范文本由《协议书》、《通用条款》、《专用条款》三部分内容组成。

(1)《协议书》是参照国际惯例制定的，是发包人与承包人根据合同内容协商达成一致意见后，向对方承诺履行合同而签署的正式协议。《协议书》主要包括工程概况、工程承包范围、合同工期、质量标准、合同价格等主要内容，明确了包括《协议书》在内组成合同的所有文件，并约定了合同生效的方式及合同订立的时间、地点等。

(2)《通用条款》适用于各类建设工程施工的条款。它由词语定义及合同文件、双方一般权利和义务、施工组织设计和工期、质量与检验、安全施工、合同价款与支付、材料设备供应、工程变更、竣工验收与结算、违约、索赔和争议及其他等9个单元，共77条，322款内容组成。

(3)《专用条款》是供发包人和承包人结合工程的具体情况，经双方充分协商一致约定的条款。由于建设工程产品本身的固定性、单件性、庞体性的特点，导致产品的生产具有流动性、多样性、周期长、高空和露天作业多，消耗的资源大，涉及的专业多、外界单位广、综合性强，手工作业和湿作业多，机械化水平低，劳动条件差，工作强度大。因此，每个具体的建设工程都有一些特殊情况，发包人和承包人除使用《通用条款》外，还要根据具体工程的特殊情况，进行充分协商，达成一致意见后，在《专用条款》内约定。在《通用条款》的各条款中55条需要在《专用条款》内进行具体约定。

（二）建设工程施工专业分包合同示范文本

《中华人民共和国建筑法》第29条规定：分包单位按照分包合同的约定对总承包单位负责。总承包单位和分包单位就分包工程对建设单位承担连带责任。根据这一规定，施工总承包单位与施工分包单位必须签订和履行施工分包合同。为此，有必要制定《建设工程施工专业分包合同示范文本》，供施工总承包单位和专业分包单位签订施工专业分包合同时参考。

1. 建设工程施工专业分包合同的特点

（1）分包合同必须以书面形式签订

由于建设工程施工专业分包合同的标的物是建设工程的一部分，即专业工程。在专业工程的施工期内，由于整个工程在施工过程中的变化，也会导致专业工程随之而发生变化。为了适应这种情况，根据《中华人民共和国合同法》第270条规定：建设工程合同应当采用书面形式。所以，建设工程施工专业分包合同必须以书面形式签订。

（2）分包合同的签订和成立必须体现要约与承诺的方式

施工总承包单位和施工专业分包单位谈判、订立合同，必须是双方意思表示一致，施工专业分包合同才能生效。施工总承包人通过招标方式选择施工专业分包单位，招标过程实际上就是对施工专业分包合同协商的过程。招标人提出要约，投标人做出承诺，施工专业分包合同即为成立。

（3）签订分包合同双方的权利和义务共存

建设工程施工专业分包合同是专业分包单位为完成施工总承包单位分包工程和施工总承包单位支付分包工程价款的合同。专业分包单位承担完成分包工程的义务，施工总承包单位承担支付工程价款的义务，双方的义务与权利相互关联、互为因果。因此，施工分包合同缔约双方均具有履行合同的权利和义务。

（4）分包合同是依附于总承包合同而存在的从合同

专业分包合同是接受施工总承包单位分包的工程而签订的分包合同，因而施工专业分包合同的存在必须以施工总承包合同的存在为前提，如果施工总承包合同不存在，施工专业分包合同也就不存在。在施工专业分包合同的履行过程中，如果发生一些施工专业分包合同未约定的条款，而在施工总承包合同内有涉及这方面的条款，施工专业分包单位应当履行总承包合同中的相应条款。同时分包工程的责任承担由总承包单位和分包单位承担连带责任，即分包工程发生的工期、质量责任以及违约责任，发包人可以向总承包单位或分包单位要求赔偿。总承包单位或分包单位在进行赔偿后，双方有权利对于不属于自己的责任赔偿向另一方追偿。所以，施工专业分包合同是依附总承包合同而存在的从合同。

2. 建设工程施工专业分包合同与总承包合同的区别

建设工程施工专业分包合同虽然是依附总承包合同存在，但它与总承包合同有显著的不同点：

（1）合同当事人的主体不同

总承包合同的当事人主体是工程项目发包人和施工总承包单位，而施工专业分包合同的当事人主体是施工总承包单位和施工专业分包单位。

（2）合同客体不同

总承包合同的客体是全部工程或工程主体部分，而分包合同的客体只是总承包单位承包工程的一部分，即某一部分专业工程。

（3）合同的权利与义务不同

建设工程施工专业分包合同是施工专业分包单位与总承包单位之间的权利和

义务，施工专业分包合同的履行，是总承包单位与施工专业分包单位享有权利和承担义务的合同。施工专业分包单位并不与工程发包人发生权利和义务，只是与总承包单位向发包人承担连带责任。

根据以上几点，建设工程施工专业分包合同示范文本必须单独制定，供施工总承包单位与施工专业分包单位谈判与签订施工专业分包合同时参考使用。由于施工专业分包合同是施工合同的系列部分，因而其制定原则和依据应与施工合同一致。

3. 建设工程施工专业分包合同示范文本的组成内容（以黑龙江省建设工程施工专业分包合同为例）

建设工程施工专业分包合同示范文本由《协议书》、《通用条款》和《专用条款》三部分内容组成。

(1)《协议书》。它包括了合同主体、分包工程概况、工期、工程质量标准、分包合同价格等主要内容，明确了包括《协议书》在内组成合同的所有文件，并约定了合同生效的方式及合同订立的时间、地点等。

(2)《通用条款》。它是根据《中华人民共和国合同法》、《中华人民共和国建筑法》、《建设工程质量管理条例》、《建筑业企业资质管理规定》等法律、行政法规以及规章，对工程施工总承包人和分包人的权利和义务作出的约定条款。它是由词语定义及合同文件、双方一般权利和义务、工期、质量与安全、合同价款与支付、工程变更、竣工验收及结算、违约、索赔及争议、保障、保险及担保以及其他等 9 个单元，共 58 条，213 款内容组成。

(3)《专用条款》的概念和制定原理同建设工程施工合同。在《通用条款》的各条款中有 45 条需要在《专用条款》内进行具体约定。

（三）建设工程施工劳务分包合同示范文本

1. 建设工程施工劳务分包管理

建设工程施工劳务是指建筑劳务企业提供活劳动以满足工程建设和使用劳务的单位，为完成建筑产品施工生产而取得报酬的服务活动。

(1) 劳务分包管理的意义

1）组建具有劳务分包资质的企业，可以有效地避免靠工头招募，私招乱雇的现象发生，使施工劳务形成成建制的企业，使施工劳务的提供从无序到有序。

2）组织具有劳务分包资质的企业，可以将原来临时雇佣和松散性的劳务提供，转变为定点、定向、长期稳定的施工劳务提供组织。

3）组织分工种具有劳务分包资质的企业，有利于劳务人员施工技能的提高，有利于施工劳务长期稳定的协作，可以有针对性地按分部工程承包劳务作业。

4）组织具有劳务分包资质的企业，可以充分发挥这些企业的劳务优势，使其成为完善的建筑劳务市场，对建设工程提供劳务，不再成为独立承包的企业，在一定程度上解决建筑市场的混乱现象。

(2) 劳务分包管理

根据《建筑业企业资质管理规定》，获得劳务分包资质的企业，可以承接施工总承包企业或者专业承包企业分包的劳务作业。《中华人民共和国建筑法》规定：

分包单位按照分包合同的约定对总承包单位负责，总承包单位和分包单位就分包工程对建设单位承担连带责任。由于劳务分包也属于分包范畴，因而劳务分包单位也要与施工总承包企业或专业承（分）包企业签订施工劳务分包合同。为规范劳务市场，国家制定了《建设工程施工劳务分包合同示范文本》，可供总承包企业、专业承（分）包企业与劳务企业在签订施工劳务合同时参照使用。

2. 建设工程施工劳务分包合同管理

（1）劳务分包合同的特点

劳务分包合同与施工合同有一定的区别，制定劳务分包合同除要遵循制定施工合同的原则外，还要考虑劳务分包合同的特点。

1）劳务分包合同与劳动合同不同。劳动合同是劳动者与用人单位确立劳动关系、明确双方权利和义务的协议。根据劳动合同，劳动者成为用人单位的成员或合同工，劳动合同的主体（当事人）是用人单位和劳动者。而劳务分包合同的劳务提供者是获得建筑业劳务分包资质的企业。劳务分包合同的主体是施工总承包企业或专业承（分）包企业和劳务分包企业。劳动合同受《劳动法》调整，劳务分包合同受《建筑法》和《合同法》调整。

2）劳务分包合同客体的特点。建设工程总承包合同或专业承（分）包合同的客体都是工程，而作为劳务分包企业是向总承包企业或专业承（分）包企业提供劳务作业，按分部工程的特点，提供专业技术操作工人，而不是完成一个整个工程或一个专业工程。因此，劳务分包合同的客体是提供劳务服务，它所服务的对象，是在保证质量的前提下，完成一定的作业量。

3）劳务分包合同是从合同。劳务分包企业可以承接总承包企业或者专业承（分）包企业分包的劳务作业。根据这一特点，劳务分包企业必须依附于总承包企业或专业承（分）包企业，向这些企业分包劳务作业。而劳务作业是总承包企业或专业承（分）包企业所承包工程的一部分劳务工作。因此，劳务分包合同的存在，必须以总承包合同或专业承（分）包合同为前提，如果总承包合同或专业承（分）包合同终止，劳务分包合同也就终止。故劳务分包合同属于从合同。

4）劳务分包合同除了上述特点外，由于劳务作业有一定周期，所以劳务分包合同当事人双方需要签订书面合同，成为要式合同。由于劳务分包合同需要当事人双方互相承担义务，享受权利，所以它又是双务合同。

（2）劳务分包合同示范文本的组成内容（以黑龙江省建设工程施工劳务分包合同为例）

施工劳务分包合同的订立，必须是当事人双方对提供劳务内容、工作对象、工作日期、工作质量和劳务报酬等进行协商，达成一致意见后合同才能成立。《施工劳务分包合同》的主要内容包括：劳务分包人资质情况、劳务分包工作对象及提供劳务内容、分包工作期限、质量标准、工程承包人和劳务分包人义务、安全施工与检查、安全防护、事故处理、劳务报酬及支付方式、工时及工程量的确认、施工变更、施工验收、违约责任、索赔、争议、禁止分包或再分包、不可抗力、合同解除、合同终止、合同生效、补充条款等，共计35条。

二、建设工程施工合同示范文本应用（以黑龙江省建设工程施工合同为准）

(一)《协议书》应用

建设工程施工合同的协议书主要包括以下内容：

1. 发包人和承包人

(1) 发包人（全称）：依据我国有关法律规定，发包人可以是法人，也可以是非法人的其他组织或自然人。作为发包人的单位名称或个人姓名，要准确完整地写在《协议书》的位置内，不应写简称。

(2) 承包人（全称）：依据我国有关法律规定，承包人不得是自然人，必须是具备建筑工程施工资质的企业法人。否则所签订的施工合同无效，其所得为非法所得，国家将依法予以没收。作为承包人的单位名称，要准确完整地写在《协议书》的位置内，不应写简称。

2. 工程概况

工程概况主要有工程名称、工程地点、工程内容、群体工程应附承包人承揽工程项目一览表、工程立项批准文号、资金来源等。

工程内容：要写明工程的建设规模、结构特征等。对于房屋建筑工程，应写明工程建筑面积、结构类型、层数等；对于道路、隧道、桥梁、机场、堤坝等其他土木建筑工程，应写明反映设计生产能力或工程效益的指标，如长度、跨度、容量等。群体工程包括的工程内容，应列表说明。

资金来源：指工程建设资金取得的方式或渠道，如政府财政拨款、银行贷款、单位自筹以及外商投资、国外金融机构贷款、赠款等。资金来源有多种方式的，应列明不同方式所占比例。

工程立项批准文号：对于需经有关部门审批立项才能建设的工程，应填写立项批准文号。

3. 工程承包范围

工程承包范围应根据招标文件或施工图纸确定的承包范围填写。如土建、装饰装修、线路、管道、设备安装、道路、给水、排水、供热等工程，更具体一些的可填写是否包括采暖（水、电、煤气）、通风与空调、电梯、通信、消防、绿化等工程。

4. 合同工期

合同工期包括开工日期、竣工日期和合同工期总日历天数。合同工期可以是绝对工期（填写完整的年月日），也可以是相对工期（如开工日期为签订合同后的第10天）。

5. 质量标准

有国家标准的应采用国家标准，没有国家标准的应采用行业标准。有强制性标准的应采用强制性标准，没有强制性标准的可采用推荐性标准。

6. 合同价款

合同价款应填写双方确定的合同金额。对于招标工程，合同价款就是投标人的中标价格。合同价款应同时填写大小写。

7. 组成合同的文件

《协议书》列出的组成合同的文件包括：

(1) 本合同协议书；

(2) 中标通知书；

(3) 投标书及其附件；

(4) 本合同专用条款；

(5) 本合同通用条款；

(6) 标准、规范及有关技术文件；

(7) 图纸；

(8) 工程量清单（如有时）；

(9) 投标报价单汇总表。

对于双方有关工程的洽商、变更等书面协议或文件视为本合同的组成部分。

组成合同的文件很多，不只是包括构成合同文本的《协议书》、《通用条款》和《专业条款》三部分。双方达成一致意见的协议或有关文件都应是合同文件的组成部分。《协议书》在此仅列出了组成合同的主要文件，合同双方可根据工程的实际情况进行补充。

8. 有关词语定义

本协议书中有关词语含义与本合同第二部分《通用条款》中的定义相同。

9. 承包人义务

承包人向发包人承诺按照合同约定进行施工、竣工并在质量保修期内承担工程质量保修责任。

10. 发包人义务

发包人向承包人承诺按照合同约定的期限和方式支付合同价款及其他应当支付的款项。

11. 合同生效

合同生效包括合同订立时间、合同订立地点及本合同双方约定合同生效的条件。

（二）《通用条款》应用

《通用条款》分为9个单元，共77条，322款。《通用条款》是依据法律、行政法规规定及建设工程施工的需要订立的，适用于各类建设工程施工的条款。如果双方在《专用条款》中没有具体约定，均按《通用条款》执行。

发承包双方签订建设工程施工合同时，对于《通用条款》的内容，合同双方当事人不得随意修改，如果双方协商的内容与《通用条款》不一致，可在《专用条款》中约定和补充。由于《通用条款》的内容是固定而不能修改的，所以本教材不再叙述《通用条款》的具体应用。

（三）《专用条款》应用

在《通用条款》的各条款中有55条需要在《专用条款》内进行具体约定。

（四）建设工程施工合同实例（以黑龙江省建设工程施工合同为准）

第一部分　协　议　书

发包人（全称）：黑龙江×××学院

承包人（全称）：哈尔滨××建筑工程公司

依照《中华人民共和国合同法》、《中华人民共和国建筑法》及其他有关法律、法规，规章，遵循平等、自愿、公平和诚实信用的原则，双方就本建设工程施工事项协商一致，订立本合同。

一、工程概况

工程名称：教学楼

工程地点：哈尔滨××经济技术开发区××路

工程内容：建筑面积：19742m²　　　　结构形式：框架

层数：五层

投资计划或工程立项批准文号：黑发改社会［2008］××号

资金来源：自筹

二、工程承包范围

承包范围：建筑物 2m 以内的土建、装饰装修、水暖、电气、消防、电梯等专业的建筑安装工程。

三、合同工期

开工日期：2008 年 3 月 15 日

竣工日期：2008 年 11 月 5 日

合同工期总日历天数 236 天。

四、质量标准

工程质量标准：国家标准　合格

五、合同价款

金额（大写）：叁仟伍佰叁拾陆万柒仟捌佰贰拾伍圆肆角伍分（人民币）

￥：35367825.45 元

六、组成合同的文件

组成本合同的文件及优先级解释顺序与本合同第二部分《通用条款》第 2.1 款的规定一致。

七、本协议书中有关词语含义与本合同第二部分《通用条款》中分别赋予它们的定义相同。《专用条款》中没有具体约定的事项，均按《通用条款》执行。

八、承包人向发包人承诺按照合同约定进行施工、竣工并在质量保修期内承担工程质量保修责任，履行本合同所约定的全部义务。

九、发包人向承包人承诺按照合同约定的期限和方式支付合同价款及其他应当支付的款项，履行本合同所约定的全部义务。

十、合同生效

合同订立地点：哈尔滨××经济技术开发区××路黑龙江×××学院建设指挥部

本合同双方约定甲乙双方签字盖章后生效，并报建设行政主管部门备案。

发包人：黑龙江×××学院	承包人：哈尔滨××建筑工程公司
住所：哈尔滨市南岗区××路86号	住所：哈尔滨市南岗区××街28号
法定代表人：王志伟	法定代表人：李建光
委托代理人：	委托代理人：
电话：×××××××××	电话：×××××××××
传真：×××××××××	传真：×××××××××
网址：	网址：
开户银行：哈尔滨市建设银行××支行	开户银行：光大银行××支行
账号：	账号：
邮政编码：150001	邮政编码：150008
电子邮箱：	电子邮箱：

建设行政主管部门备案意见： 备案机关（章） 经办人：　　　　年　月　日

第二部分　通用条款（见附录）

第三部分　专　用　条　款

一、总则

2. 合同文件及解释顺序

2.1（10）组成合同的其他文件：按通用条款2.1条执行。

3. 语言文字和适用法律、标准及规范

3.2　适用法律和法规

需要明示的法律、法规、规章及有关文件：

《中华人民共和国建筑法》、《中华人民共和国招标投标法》、《中华人民共和国合同法》、《建设工程质量管理条例》、《建筑工程安全生产管理条例》和本省市相关法规及规章、建设工程造价管理办法等。

3.3　适用标准、规范

约定适用的标准、规范的名称：

(1) 建筑工程

①《建筑工程施工质量验收统一标准》(GB 50300—2001)；

②《建筑地基基础工程施工质量验收规范》(GB 50202—2002);

③《砌体工程施工质量验收规范》(GB 50203—2002);

④《混凝土结构工程施工质量验收规范》(GB 50204—2002);

⑤《屋面工程质量验收规范》(GB 50207—2002);

⑥《建筑地面工程施工质量验收规范》(GB 50209—2002);

⑦《建筑装饰装修工程质量验收规范》(GB 50210—2001)。

(2) 安装工程

①暖气工程:《建筑给水排水及采暖工程施工质量验收规范》(GB 50242—2002);

②电气安装:《建筑电气工程施工质量验收规范》(GB 50303—2002)。

(3) 以上没有注明工程的适用标准、规范,均按现行国家、省、市建筑工程标准与施工验收规范执行。

发包人提供标准、规范、技术要求的时间:无。

4. 图纸

4.1　发包人向承包人提供图纸日期和套数:开工前7日内向承包人提供施工图纸8套(包含2套竣工图纸)。

发包人对图纸的保密要求:执行通用条款4.2条规定。承包人不得将图纸用于本工程以外的其他工程,如有特殊需要时,需征得发包人同意。

5. 通讯联络

5.2　各方通讯地址、收件人及其他送达方式:

(1) 各方通讯地址和收件人:

发包人

通讯地址:哈尔滨市南岗区××路86号

收件人:王志伟

邮编:150001

承包人

通讯地址:哈尔滨市南岗区××街28号

收件人:李建光

邮编:150008

监理单位

通讯地址:哈尔滨市南岗区××路45号

收件人:赵宏晨

邮编:150001

造价咨询单位

通讯地址:哈尔滨市南岗区××街126号

收件人:韩强

邮编:150008

(2) 视为送达的其他方式:直接送达收件人、传真或电话联络。

6. 工程分包

6.1（3）指定分包工程：桩基础、石材装饰。

7. 文物和地下障碍物

7.2　发包人指出的地下障碍物：无。

12. 财产

12.1　关于施工机械的约定：执行通用条款12.1条规定。

二、合同主体

13. 发包人

13.1　发包人完成下列工作的约定：

（1）办理土地征用、拆迁工作、平整工作场地、施工合同备案等工作，使施工场地具备施工条件的时间：开工前5日内办理完毕。

（2）施工所需水、电、通信线路接通的时间及地点：开工前5日内，将施工所需临时供水、供电线路接至施工现场，并满足施工要求。

（3）开通施工现场与城乡公共道路间通道的约定：开工前5日内，完成施工现场与公共道路的开通，满足施工运输的需要。

（4）开工前5日内提供工程地质及地下管线资料。

（5）办理有关所需证件的约定：开工前5日内将施工所需各种证件及有关手续办理完毕。

（6）组织现场交验的时间：开工前5日内将水准点、坐标控制点以书面形式提供给承包人。

（7）组织图纸会审和设计交底的约定：开工前7日内召集设计单位、监理单位、施工单位进行图纸会审和设计交底工作。

（8）承包人有义务保护施工现场周围地下管线、障碍物等工作。

（9）发包人应做的其他工作及其约定：无。

委托给承包人负责的部分工作有：合同备案及协助发包人办理前期手续。

13.2　支付期及支付方式的约定：

（1）工程价款支付期限

☑按合同支付的有关规定。

☐其他特殊说明：

（2）工程价款支付方式：

☑按协议书所注明的账号银行转账。

☐支票支付。

☐其他方式：

14. 承包人

14.1　承包人有关工作的约定

（4）向发包人提供施工现场办公和生活房屋设施的时间和要求：无。

费用承担：无。

（9）承包人应做的其他工作及要求：对于发包人指定的分包工程，总承包人要与分包人做好配合协调工作。

14.2　承包人负责设计的约定。

(1) 合同规定由承包人负责的设计：无。

(2) 承包人提供设计的时间：无。

(3) 费用承担：无。

16. 发包人代表

16.1　发包人代表及其权力的限制

(1) 发包人任命的发包人代表是秦海胜联络通讯地址如下：

通讯地址：哈尔滨市南岗区××路86号邮政编码：150001

联系电话：＿＿＿＿＿＿＿＿＿＿传真号码：＿＿＿＿

(2) 发包人对发包人代表权力做如下限制：负责现场施工进度、质量、安全、文明施工监督、设计变更、现场签证。代表业主处理和协调现场发生的问题。对于工程经济方面的问题要与造价工程师协商。

17. 监理工程师

17.1　负责工程的监理单位及任命的监理工程师。

(1) 监理单位：哈尔滨×××建设工程监理有限公司　法定代表人：李国辉

(2) 任命赵宏晨为监理工程师，其联络通讯地址如下：哈尔滨市南岗区××路45号

通讯地址：哈尔滨市南岗区××路45号

邮政编码：150001

联系电话：＿＿＿＿＿＿＿＿＿＿　传真号码：＿＿＿＿

17.3 (10) 需要发包人批准的其他事项：①工程设计变更；②现场签证；③工程使用功能的改变；④新材料、新工艺、新设备的采用；⑤材料、设备价格的确定；⑥顺延工期的批复；⑦暂时停工的指令；⑧向承包人支付各种价款等。

18. 造价工程师（或造价员）

18.1　负责工程的造价咨询单位及任命的造价工程师

(1) 造价咨询单位：哈尔滨市××造价咨询公司　法定代表人：韩强

(2) 任命陈宏为造价工程师（或造价员），其联络通讯地址如下：

通讯地址：哈尔滨市南岗区××街126号　邮政编码：150008

联系电话：＿＿＿＿＿＿＿＿＿＿　传真号码：＿＿＿＿

18.3 (4) 需要发包人批准的其他事项：涉及金额较大的设计变更，事先要通过主管领导同意。

19. 承包人代表

19.1　承包人任命刘国强为承包人代表，其通讯联络地址如下：

通讯地址：哈尔滨市南岗区××街28号

邮政编码：150008

联系电话：＿＿＿＿＿＿＿＿＿＿

传真号码：＿＿＿＿＿＿＿＿＿＿

承包人任命王宏光为技术负责人，其职称高级工程师

20. 指定分包人

20.1　事先指定的分包人及有关规定：①桩基础：哈尔滨××基础工程有限责任公司；②石材装饰：泉州市××石材工艺有限公司。

三、担保、保险与风险

22. 工程担保

22.1　承包人向发包人提供履约担保的约定：

(1) 履约担保的金额：合同总价的10%。

(2) 提供履约担保的时间：

□签订本合同时。

☑其他时间，具体为：签订合同10日内提交银行保函。

(3) 出具履约担保的银行：哈尔滨市建设银行××支行。

22.4　发包人向承包人提供支付担保的约定

(1) 支付担保的金额：合同总价的10%。

(2) 提供支付担保的时间：

□签订本合同时。

☑其他时间，具体为：签订合同10日内提交银行保函。

(3) 出具支付担保的银行：哈尔滨市建设银行××支行。

22.8　担保内容、方式和责任等事项的约定：______________________

25. 不可抗力

25.1　关于不可抗力的约定：

(1) 6级以上的地震；

(2) 8级以上的持续5天的大风；

(3) 20mm以上持续5天的大雨；.

(4) 50年以上未发生过，持续5天的高温天气；

(5) 50年以上未发生过，持续5天的严寒天气；

(6) 50年以上未发生过的洪水。

(7) 其他：执行通用条款第25条规定。

26. 保险

26.1　发包人委托承包人办理的保险事项有：

□通用条款26.1款的第（1）项；

☑通用条款26.1款的第（2）项；

□通用条款26.1款的第（3）项；

26.8 对保险事项的其他约定：无。

四、工期

27. 进度计划和报告

27.3　对承包人编制进度报告和修订进度计划的时间要求：

开工前3日内将施工总进度计划和各单项工程施工进度计划报给监理工程师和发包人。每月15日前向监理工程师和发包人上报已完工程的实际施工进度报表和下月的工程施工进度计划报表一式两份。

五、质量和安全

35. 质量目标。

35.1（1）评比项目：国家质量标准合格

（2）增加的费用或奖惩办法：若工程质量达不到合同约定的标准，按工程总造价的10%罚款。

35.2　双方共同选定的工程质量检测机构：哈尔滨××建筑工程质量检测有限公司。

40. 发包人供应材料设备

40.1　约定发包人是否供应材料设备

☑发包人不供应材料设备，本条不适用。

□发包人供应材料设备，约定“发包人供应材料设备一览表”，作为本合同的附件。

40.6　发包人供应材料设备的结算方式：　　无。

44. 隐蔽工程和中间验收

44.1　中间验收部位包括：（1）隐蔽工程验收：土建、给水、排水、采暖及电气照明等所有各专业的隐蔽工程，按国家现行建筑工程施工验收规范和通用条款第44条规定执行。

（2）中间验收：主体结构工程完成后要进行验收。

46. 工程试车

46.1　约定是否试车

☑不需要试车，本条不适用。

□需要试车，试车的内容及具体要求如下：

48. 竣工验收

48.1　中间交工工程的验收

☑合同工程无中间交工工程，本款不适用。

□合同工程有中间交工工程，各中间交工工程的范围、计划竣工时间如下：

六、工程造价

50. 合同价款的确定方式

50.2 合同价款的确定方式

☑ 50.2（1）；

□50.2（2）；

□50.2（3）；

□其他方式：

51. 合同价款的调整

51.1　合同价款的调整因素包括：

☑工程量的偏差；

☑工程变更；

☑法律、法规、国家有关政策及物价的变化；

☑费用索赔事件或发包人负责的其他情况；

□工程造价管理机构发布的造价调整；

□一周内非承包人原因停水、停电、停气造成的停工累计超过 8 小时；

☑其他调整因素：根据招标文件 13.5 条规定和投标文件的“投标报价说明”中“本工程量清单报价表中所填入的综合单价和合价，均包括人工费、材料费、机械费、管理费、利润以及采用固定价格的工程所测算的风险金等全部费用。”因此，除钢材（土建、水暖、电气、消防、弱电等专业）在施工期间每月末由施工单位上报使用数量、价格，由发包人确认后签字认定，并调整价格外，其他风险因素一律不得调整。

51.2 （1）合同价款包含的风险范围：无。

（2）风险费用的计算：

□风险系数：无。

□风险金额：无。

（3）风险范围以外合同价款的调整：

□工程变更；

□法律、法规和国家有关政策及物价变化；

□费用索赔事件或发包人负责的其他情况；

□一周内非承包人原因停水、停电、停气造成的停工累计超过 8 小时；

□其他调整因素：无。

51.3 （1）材料价差的调整方法：无。

（2）合同价款的调整因素包括：

□工程变更；

□法律、法规和国家有关政策变化；

□费用索赔事件或发包人负责的其他情况；

□工程造价管理机构发布的造价调整；

□一周内非承包人原因停水、停电、停气造成的停工累计超过 8 小时；

□其他调整因素：________________

（3）各项费率的具体标准：________________

53. 预留金

53.1　本合同预留金：60 万元。

55. 提前竣工奖与误期赔偿费

55.1　提前竣工奖的约定

☑不设提前竣工奖，本款不适用。

□设提前竣工奖，每日历天应奖额度为____元，提前竣工奖的最高限额是____元。

55.2　误期赔偿费的约定

（1）每日历天应赔付额度1000.00元。

(2) 误期赔偿费最高限额合同总价50万元。

58. 法律、法规、国家有关政策及物价的变化

58.1　物价变化引起合同价款的调整

□合同价款不因物价涨落而调整，本款不适用。

☑物价涨落超过通用条款规定的幅度，应调整合同价款，调整方法约定如下：

除钢材按《专用条款》51.1中“其他调整因素”的规定调整材料价差外，其他一律不调整。

58.2　投标截止日期：2008年2月8日。

59. 支付事项

59.2　约定利率

☑按照中国人民银行发布的同期同类贷款利率；

□约定为：____

60. 预付款

60.1　关于预付款的约定：

预付款的金额为8841956.00元或合同价款的25%，支付办法开工前7日内预付。

60.3　预付款抵扣办法：

□预付款按照期中应支付款项的______（百分比）扣回，直到扣完为止；

☑其他抵扣方式：在一层主体结构完成后，拨付工程进度款时起扣，至第三次拨付工程进度款时扣完预付款。

61. 安全生产措施费

61.1　安全生产措施费的内容、范围和金额的约定：

(1) 安全生产措施费的内容及范围：

☑按通用条款的规定，以黑龙江省现行有关安全文明施工的规定为准；

□发包人的其他要求：无。

(2) 安全生产措施费的总额140.50万元。

61.2 (1) 安全生产措施费预付、支付方法：

□通用条款61.2款的规定：

☑其他：开工前7日内，按安全生产措施费总额的50%预付，其余部分按通用条款61.2条规定执行。

(3) 安全生产措施费的抵扣方式：在一层主体结构完成后，拨付工程进度款时起扣，至第三次拨付工程进度款时扣完安全生产措施费的预付款。

62. 进度款

62.1　支付期间：

□以月为单位；

□以季度为单位；

☑以形象进度为准，具体为：一层主体结构封顶时，发包人支付已完工程价

款的70%；工程主体结构封顶时，发包人按已完工程价款的70%付款；工程竣工验收交付使用时，发包人累计支付工程总造价的85%。

64. 竣工结算

64.1　结算的程序和时限：

□按通用条款64.2款至64.7款的规定办理；

☑不按通用条款64.2款至64.7款的规定。办理结算程序和时限为：

竣工验收合格后，承包人按补充条款77.1条规定编制竣工结算，然后按通用条款64.2款至64.7款规定办理竣工结算，再交由工程造价审计单位审定。

64.8　发包人对工程竣工结算的特殊要求：

发包人在完成本工程的结算审计工作后，向承包人支付除保修金外的全部工程款。

65. 质量保证金

65.2　质量保证金的金额及扣留

(1) 质量保证金的金额：

☑按通用条款的规定，为合同价款的3%。

□约定为：无。

(2) 质量保证金的扣留：

□按照通用条款的规定，从每次应支付给承包人的工程款（包括进度款和结算款）中扣留，扣留比例为5%。

☑其他扣留方式：工程竣工结算审计完成后，工程款支付至结算总额度的97%，剩余3%作为质量保证金。保修期和质量保证金的返还，按发承包双方签订的“工程质量保修书”规定执行。

65.3　质量保证金的利率：无。

七、合同争议、解除与终止

67. 合同争议

67.5　双方同意选择下列一种方式解决争议：

☑向当地仲裁机构申请仲裁；

□向有管辖权的人民法院提起诉讼。

八、采用工程量清单计价的工程应特别遵循的约定

72. 工程量的偏差

72.2　工程量偏差，导致分部分项工程的清单项目的综合单价调整的方法：

□按通用条款本款的规定进行调整。

☑按以下约定进行调整：

(1) 因设计变更增加新的（图纸中没有）或取消图纸中某一分项工程，以及原有分项工程的工程量增减幅度超过同一定额子项工程量的±10%，其增加或减少部分的工程量所对应的综合单价由承包人提出，经发包人确认后作为结算依据。

(2) 若实际施工原有分项工程的工程量增减幅度不超过同一定额子项工程量的±10%，仍执行原有的综合单价。

72.3 工程量的偏差，导致措施项目费调整的方法：

□按通用条款本款的规定进行调整；

☑按以下约定进行调整：措施费为包括完成招标图纸全部工程（不含暂定项目工程）所需措施费，竣工结算时不再增加。如发生工程量变更，可按72.2条规定调整综合单价后，再调整措施费用。

九、其他

75. 保密要求

75.1 保密信息提供的时间：开工前7日内。

76. 合同份数

76.1 合同文本的提供

□按通用条款本款的规定，由发包人提供。

☑不按通用条款的规定，具体提供方式如下：

由承包人提供合同文本，并执行通用条款76.2、76.3条的规定。

76.3 合同副本6份，其中发包人3（含建设行政主管部门备案1份）份，承包人3份。

77. 补充条款

77.1 合同价款计价原则

（1）2004年《黑龙江省建筑工程消耗量定额》、2006年《黑龙江省建设工程预算定额及消耗量定额哈尔滨市单价表》、2006年《黑龙江省建设工程预算定额土建问题解释及补充定额》、2007年《黑龙江省建筑安装工程费用定额》、哈建发[2008]149号哈尔滨市建设委员会关于转发黑龙江省住房和城乡建设厅黑建造[2008]9号文件的通知，以及其他现行省市有关文件规定执行。

（2）承包人必须依据上述原则编制工程预结算书报发包人审批。

77.2 设计变更

（1）设计变更须经发包人、设计单位、监理工程师和承包人四方签字同意。

（2）设计变更计价按77.1款执行。

77.3 现场洽商及签证

（1）当发生涉及工程实体价值的签证时，计量参照设计变更执行，计入结算总价。

（2）在施工中由建设单位提出需要增加的分项工程，而且在招标文件中又未包括的，可以追加施工项目，甲乙双方进行现场签证，其主要材料必须由建设单位认定生产厂家、质量和价格。

77.4 人工费调差

高级装饰人工费按60元/工日，其他工程均按43元/工日调整人工费。

77.5 施工用的水电

施工用的水电，由发包人提供。待工程结算时水费按直接费的0.1%扣除，电费按现场挂表计算，并扣除其费用。

复习思考题

1. 建设工程合同示范文本有哪几种类型?
2. 建设工程施工合同示范文本的特点是什么?
3. 建设工程施工合同示范文本的制定原则是什么?
4. 建设工程施工合同示范文本主要由哪几部分组成?
5. 建设工程施工专业分包合同与总承包合同有何区别?
6. 建设工程施工劳务分包合同与施工专业分包合同有何区别?

任务三　建筑工程施工合同操作实务

【引导问题】

1. 对无效合同的认定和处理有何规定?

2. 发包人和承包人应具备哪些条件可以解除合同?

3. 我国《司法解释》(简称)[2004] 14 号对垫资和垫资利息有何规定?

4. 我国《司法解释》(简称)[2004] 14 号对工程质量、工期、工程价款、工程争议及保修责任有何规定?

5. 建设工程施工合同的《通用条款》对工程现场签证有哪些规定?

6. 工程索赔的作用和程序有哪些?

7. 工程索赔主要有哪几种类型?

8. 建设工程施工合同的《通用条款》对工程索赔有哪些规定?

9. 发承包双方引起工程索赔的原因主要有哪些?

10. 建设工程合同的常见纠纷有哪些?

11. 建设工程合同仲裁的基本制度和仲裁程序是什么?

12. 建设工程合同诉讼的基本制度和诉讼程序是什么?

13. 我国对仲裁时效和诉讼时效有哪些法律规定?

【工作任务】

掌握建设工程施工合同在实际操作中常见的问题及处理方法，掌握施工合同纠纷的解决方法，对工程中发生的索赔案例能进行合理的分析和计算。

【学习参考资料】

1.《中华人民共和国合同法》;

2.《中华人民共和国民法通则》;

3.《中华人民共和国仲裁法》;

4.《中华人民共和国民事诉讼法》;

5.《最高人民法院关于审理建设工程施工合同纠纷案件适用法律问题的解释》发释 [2004] 14 号;

6. 其他有关合同的法律法规书刊。

一、建设工程施工合同纠纷案件适用法律问题

经2004年9月29日最高人民法院审判委员会第1327次会议通过的“发释[2004]14号《最高人民法院关于审理建设工程施工合同纠纷案件适用法律问题的解释》”（以下简称《司法解释》），自2005年1月1日起施行。

（一）无效合同的认定及处理

合同效力问题始终是建设工程施工合同纠纷案件审理中的一个疑难复杂问题，要想准确地处理建设工程施工合同纠纷案件，就必须准确把握建设工程施工合同的效力认定界限，严格执行《司法解释》的相关规定。

1. 合同无效的认定

(1)《合同法》第52条规定，有下列情形之一的，合同无效：

1）一方以欺诈、胁迫的手段订立合同，损害国家利益；

2）恶意串通，损害国家、集体或者第三人利益；

3）以合法形式掩盖非法目的；

4）损害社会公共利益；

5）违反法律、行政法规的强制性规定。

(2)《司法解释》确定合同无效有五种情形：

1）承包人未取得建筑施工企业资质或者超越资质等级的；

2）没有资质的实际施工人借用有资质的建筑施工企业名义的；

3）建设工程必须进行招标而未招标或者中标无效的；

4）承包人非法转包建设工程的；

5）承包人违法分包建设工程的。

上述1）～3）种属于违反法律、行政法规的情形，对于建设工程施工合同具有上述情形1）～3）种之一的，应按《合同法》第52条第5）项规定，认定合同无效。

对于第4）、5）种属于合同无效中的行为无效，具体包括承包人非法转包、违法分包建设工程和没有资质的实际施工人借用有资质的建筑企业名义与他人签订建设工程施工合同的行为无效。人民法院可以根据《民法通则》第134条规定，收缴当事人已经取得的非法所得。

2. 无效合同的处理

(1)《合同法》第58条规定：合同无效或者被撤销后，因该合同取得的财产，应当予以返还；不能返还或者没有必要返还的，应当折价补偿。有过错的一方应当赔偿对方因此所受到的损失，双方都有过错的，应当各自承担相应的责任。

(2)《司法解释》规定对合同无效的处理原则：

1）合同无效，工程验收合格的处理，按《司法解释》第2条规定：建设工程施工合同无效，但建设工程经竣工验收合格，承包人请求参照合同约定支付工程价款的，应予支持。

2）合同无效，工程验收不合格的处理，按《司法解释》第3条规定：建设工程施工合同无效，且建设工程经竣工验收不合格的，按照以下情形分别处理：

①修复后的建设工程经竣工验收合格，发包人请求承包人承担修复费用的，应予支持；

②修复后的建设工程经竣工验收不合格，承包人请求支付工程价款的，不予支持。

因建设工程不合格造成的损失，发包人有过错的，也应承担相应的民事责任。

以上两条强调了工程质量是至高的重要指标，是施工合同的生命线。承包人只有确保建设工程的质量，才能保证工程价款的正常结算。

3）对于合同无效中的行为无效，人民法院应根据《民法通则》第134条规定，收缴当事人已经取得的非法所得。有关非法所得最高人民法院圈定了如下范围：

①承包人因违法分包、转包取得的利益；

②出借建筑施工企业法定资质的建筑施工企业，因出借行为取得的利益；

③不具备法定资质的施工人通过借用资质签订建设工程承包合同取得的利益。

（二）合同解除问题

1. 发包人的解除权

《司法解释》第8条规定：承包人具有下列情形之一，发包人请求解除建设工程施工合同的，应予支持：

（1）明确表示或者以行为表明不履行合同主要义务的；

（2）合同约定的期限内没有完工，且在发包人催告的合理期限内仍未完工的；

（3）已经完成的建设工程质量不合格，并拒绝修复的；

（4）将承包的建设工程非法转包、违法分包的。

承包人出现的上述情况都属于不履行合同主要义务的行为，导致发包人难以实现按期按质完成建设工程的合同目的，依法允许发包人解除合同。

2. 承包人的解除权

《司法解释》第9条规定：发包人具有下列情形之一，致使承包人无法施工，且在催告的合理期限内仍未履行相应义务，承包人请求解除建设工程施工合同的，应予支持：

（1）未按约定支付工程价款的；

（2）提供的主要建筑材料、建筑构配件和设备不符合强制性标准的；

（3）不履行合同约定的协助义务的。

3. 合同解除的后果

《司法解释》第10条规定：建设工程施工合同解除后，已经完成的建设工程质量合格的，发包人应当按照约定支付相应的工程价款；已经完成的建设工程质量不合格的，参照《司法解释》第3条规定处理。因一方违约导致合同解除的，违约方应当赔偿因此而给对方造成的损失。

4. 合同解除与合同无效的关系

解除的前提：合同有效；

解除是解除权行使的结果：不行使则不解除。

（三）垫资和垫资利息问题

目前建筑市场垫资现象比较普遍，工程施工大部分发包人都要求承包人垫资，承包人不垫资则难以承揽到工程。如果不承认垫资有效，不利于保护承包人的合法权益。另外，在国际建筑市场，工程施工是允许垫资的，况且我国已加入了WTO，国内外的施工企业均可以参与建筑市场。如果我们认定垫资无效，是违反国际惯例的，与国际建筑市场的发展潮流相悖。虽然原国家计划委员会、建设部和财政部联合发布了《关于严格禁止在工程建设中带资承包的通知》，但这不属于法律、行政法规，至多归为部颁规章，不能作为人民法院认定合同条款无效的法律依据。

基于以上情况，《司法解释》第6条规定：当事人对垫资和垫资利息有约定，承包人请求按照约定返还垫资及其利息的，应予支持，但是约定的利息计算标准高于中国人民银行发布的同期同类贷款利率的部分除外。当事人对垫资没有约定的，按照工程欠款处理。当事人对垫资利息没有约定，承包人请求支付利息的，不予支持。

（四）工程质量问题

1. 承包人拒绝修理、返工、改建的法律后果

《司法解释》第11条规定：因承包人的过错造成建设工程质量不符合约定，承包人拒绝修理、返工或者改建，发包人请求减少支付工程价款的，应予支持。

2. 发包人造成工程质量缺陷的法律后果

《司法解释》第12条规定：发包人具有下列情形之一，造成建设工程质量缺陷，应当承担过错责任：

(1) 提供的设计有缺陷；

(2) 提供或者指定购买的建筑材料、建筑构（配）件、设备不符合强制性标准；

(3) 直接指定分包人分包专业工程。

承包人有过错的，也应当承担相应的过错责任。

3. 工程未验收即使用产生的法律后果

《司法解释》第13条规定：建设工程未经竣工验收，发包人擅自使用后，又以使用部分质量不符合约定为由主张权利的，不予支持；但是承包人应当在建设工程的合理使用寿命内对地基基础工程和主体结构质量承担民事责任。

（五）工程工期问题

根据合同通用条款规定，工期是指发包人、承包人在协议书中约定，按总日历天数（包括法定节假日）计算的承包天数。一般是从开工计算到工程通过竣工验收之日。

1. 开工日期的确定

开工日期由发包人与承包人在工程合同协议书中约定，承包人开始施工的绝对或相对的日期。

2. 竣工日期的确定

竣工日期由发包人与承包人在工程合同协议书中约定，承包人完成承包范围内工程的绝对或相对的日期。

有关实际竣工日期发承包双方意见不统一时，可根据《司法解释》第14条规定：当事人对建设工程实际竣工日期有争议的，按照以下情形分别处理：

（1）建设工程经竣工验收合格的，以竣工验收合格之日为竣工日期。

（2）承包人已经提交竣工验收报告，发包人拖延验收的，以承包人提交验收报告之日为竣工日期。

（3）建设工程未经竣工验收，发包人擅自使用的，以转移占有建设工程之日为竣工日期。

《司法解释》第15条规定：建设工程竣工前，当事人对工程质量发生争议，工程质量经鉴定合格的，鉴定期间为顺延工期期间。

（六）工程价款结算问题

1. 工程价款结算

（1）《司法解释》第16条规定：当事人对建设工程的计价标准或者计价方法有约定的，按照约定结算工程价款。

因设计变更导致建设工程的工程量或者质量标准发生变化，当事人对该部分工程价款不能协商一致的，可以参照签订建设工程施工合同时当地建设行政主管部门发布的计价方法或者计价标准结算工程价款。

建设工程施工合同有效，但建设工程经竣工验收不合格的，工程价款结算参照《司法解释》第3条规定处理。

（2）《司法解释》第20条规定：当事人约定，发包人收到竣工结算文件后，在约定期限内不予答复，视为认可竣工结算文件的，按照约定处理。承包人请求按照竣工结算文件结算工程价款的，应予支持。

（3）《司法解释》第21条规定：当事人就同一建设工程另行订立的建设工程施工合同与经过备案的中标合同实质性内容不一致的，应当以备案的中标合同作为结算工程价款的根据。

（4）《司法解释》第22条规定：当事人约定按照固定价结算工程价款，一方当事人请求对建设工程造价进行鉴定的，不予支持。

2. 拖欠工程款的利息支付

（1）《司法解释》第17条规定：当事人对欠付工程价款利息计付标准有约定的，按照约定处理；没有约定的，按照中国人民银行发布的同期同类贷款利率计息。

（2）《司法解释》第18条规定：利息从应付工程价款之日计付。当事人对付款时间没有约定或者约定不明的，下列时间视为应付款时间：

1）建设工程已实际交付的，为交付之日；

2）建设工程没有交付的，为提交竣工结算文件之日；

3）建设工程未交付，工程价款也未结算的，为当事人起诉之日。

（七）工程争议的解决

（1）《司法解释》第19条规定：当事人对工程量有争议的，按照施工过程中形成的签证等书面文件确认。承包人能够证明发包人同意其施工，但未能提供签证文件证明工程量发生的，可以按照当事人提供的其他证据确认实际发生的工程量。

(2)《司法解释》第 23 条规定：当事人对部分案件事实有争议的，仅对有争议的事实进行鉴定，但争议事实范围不能确定，或者双方当事人请求对全部事实鉴定的除外。

(3)《司法解释》第 24 条规定：建设工程施工合同纠纷以施工行为地为合同履行地。

(4)《司法解释》第 25 条规定：因建设工程质量发生争议的，发包人可以以总承包人、分包人和实际施工人为共同被告提起诉讼。

(5)《司法解释》第 26 条规定：实际施工人以转包人、违法分包人为被告起诉的，人民法院应当依法受理。实际施工人以发包人为被告主张权利的，人民法院可以追加转包人或者违法分包人为本案当事人。发包人只在欠付工程价款范围内对实际施工人承担责任。这一条体现了对农民工的特殊保护，即便违法分包或转包合同被确认无效，实际施工人可以分包人、转包人、发包人作为共同被告，人民法院支持实际施工人要求共同被告负连带责任的主张。

（八）工程保修责任问题

《司法解释》第 27 条规定：因保修人未及时履行保修义务，导致建筑物毁损或者造成人身、财产损害的，保修人应当承担赔偿责任。保修人与建筑物所有人或者发包人对建筑物毁损均有过错的，各自承担相应的责任。

二、工程签证

（一）工程签证的概念及法律特征

1. 工程签证的概念

工程签证是工程发承包双方在施工过程中按合同约定，对额外费用补偿、工期延长等赔偿损失所达成的双方意思表示一致的书面证明材料和补充协议。互相书面确认的签证可以直接作为工程款结算或最终增减工程造价的凭据。

2. 工程签证的法律特征

(1) 工程签证是双方协商一致的结果，是双方法律行为。

(2) 工程签证涉及的利益已经确定，可直接作为工程结算的凭据。

(3) 工程签证是施工过程中的例行工作，一般不依赖于证据。

（二）建设工程施工合同示范文本有关工程签证的规定（黑龙江省建设工程施工合同）

1.《通用条款》5.2 款规定发承包双方通讯的签证

发包人承包人应在专用条款中约定各方通讯地址和收件人；并按约定发送通讯，收件人应在通讯回执上签署姓名和时间。一方拒绝签收另一方通讯，另一方以特快专递，挂号信等专用条款约定的通讯方式将通讯送至通讯地址的，视为送达。

2.《通用条款》15.2 款规定更换承包人代表的签证

承包人代表如需更换，应取得发包人的同意和遵守建设行政主管部门的规定，否则更换无效。承包人更换承包人代表的，应至少提前 7 天以书面形式通知发包人，发包人应在收到通知后 7 天内予以答复，否则视为同意。后任承包人代表应继续行使合同约定的承包人代表的职权和履行相应的义务。

3.《通用条款》15.3 款规定更换监理工程师的签证

除合同约定或依法应由监理工程师履行的职权外，监理工程师将其职权以书面形式授予其任命的监理工程师代表，亦可将其授权撤回。任何此类任命和撤回，均应至少提前 7 天以书面形式通知承包人。未将有关文件送交承包人之前，任何此类任命和撤回均为无效。

4.《通用条款》17.4、17.5 款规定监理工程师的签证

（1）监理工程师提供的指令、批准和通知等，均应采用书面形式。如有必要，监理工程师也可发出口头指令，但应在 48 小时内给予书面确认。对监理工程师的口头指令，承包人应予执行。如果承包人在监理工程师发出的口头指令 48 小时后未收到书面确认，则应在接到口头指令后 7 天内提出书面确认要求。监理工程师应在承包人提出书面确认要求后 48 小时内给予答复，逾期不予答复的，视为承包人的书面要求已被确认。

（2）如果承包人认为监理工程师的指令不合理，应在收到指令后 24 小时内向监理工程师提出书面报告，监理工程师应在收到承包人报告后 24 小时内做出修改指令或继续执行原指令的决定，并书面通知承包人。逾期不做出决定的，承包人可不执行监理工程师的指令。

5.《通用条款》18.4、18.5 款规定造价工程师（或造价员）的签证

（1）造价工程师（或造价员）提供的指令，均应采用书面形式。如有必要，造价工程师也可发出口头指令，但应在 48 小时内给予书面确认。对造价工程师的口头指令，承包人应予执行。如果承包人在造价工程师发出的口头指令 48 小时后未收到书面确认，则应在接到口头指令后 7 天内提出书面确认要求。造价工程师应在承包人提出书面确认要求后 48 小时内给予答复，逾期不予答复的，视为承包人的书面要求已被确认。

（2）如果承包人认为造价工程师（或造价员）的指令不合理，应在收到指令后 24 小时内向造价工程师提出书面报告，造价工程师应在收到承包人报告后 24 小时内做出修改指令或继续执行原指令的决定，并书面通知承包人。逾期不做出决定的，承包人可不执行造价工程师的指令。

6.《通用条款》19.4 款规定施工遇紧急情况的签证

在情况紧急且无法与监理工程师取得联系时，承包人代表应立即采取保证人员生命和工程、财产安全的有效措施，并在采取措施后 48 小时内向监理工程师送交书面报告，抄送发包人。属于发包人或第三方责任的，其发生的费用由发包人承担，工期相应顺延；属于承包人责任的，其发生的费用由承包人承担，工期不予顺延。

7.《通用条款》第 30 条有关工期延误的签证

（1）合同履行期间，因下列原因造成工期延误的，承包人有权要求工期相应顺延：

1）发包人未能按《专用条款》的约定提供图纸及开工条件；

2）发包人未能按约定日期支付工程预付款、进度款；

3）发包人代表或施工现场发包人雇用的其他人的人为因素；

4）监理工程师未按合同约定及时提供所需指令、批准等；

5）工程变更；

6）工程量增加；

7）一周内非承包人原因停水、停电、停气造成停工累计超过8小时；

8）不可抗力；

9）发包人风险事件；

10）非承包人失误、违约，以及监理工程师同意工期顺延的其他情况。

顺延工期的天数，由承包人提出，经监理工程师核实后与发包人、承包人协商确定；协商不能达成一致的，由监理工程师暂定，通知承包人并抄报发包人。

（2）当第（1）款所述情况首次发生后，承包人应在14天内向监理工程师发出要求延期的通知，并抄送发包人。承包人应在发出通知后的7天内向监理工程师提交要求延期的详细情况，以备监理工程师查核。

（3）如果延期的事件持续发生时，承包人应按第（2）款规定的14天之内发出要求延期的通知，然后每隔7天向监理工程师提交事件发生的详细资料，并在该事件终结后的14天内提交最终详细资料。

（4）如果承包人未能在第（2）款和第（3）款（发生时）规定的时间内发出要求延期的通知和提交（最终）详细资料，则视为该事件不影响施工进度或承包人放弃索赔工期的权利，监理工程师可拒绝做出任何延期的决定。

8.《通用条款》44.3款规定有关隐蔽验收的签证

经验收工程质量符合标准与规范、设计要求的，监理工程师应在验收记录上签字，承包人可进行隐蔽或继续施工。验收合格24小时后，监理工程师不在验收记录上签字，视为监理工程师已认可验收记录。验收不合格，由承包人按监理工程师的指令修改后重新验收，并承担因而造成的发包人损失，工期不予顺延。

9.《通用条款》46.3款规定有关工程试车的签证

单机试车合格，监理工程师应在试车记录上签字，承包人可继续施工或申请办理竣工验收手续。单机试车合格24小时后，监理工程师不在试车记录上签字的，视为监理工程师已认可试车记录。

10.《通用条款》54.2款规定有关零星工作的签证

所有按零星工作项目方式支付的工作，承包人应按零星工作项目表格做好记录。当此工作持续进行时，承包人应每天将记录完毕的零星工作项目表一式2份送交给监理工程师。监理工程师在收到承包人提交记录的2天内予以确认，并将其中一份返还给承包人，作为工程计价和工程款支付的依据。逾期未确认或未提出修改意见的，视为监理工程师已认可记录。

11.《通用条款》第56条有关工程变更的签证

（1）合同履行期间，发包人可对工程或其任何部分的形式、质量或数量做出变更。为此，监理工程师应至少提前14天以书面形式向承包人发出变更指令，提供变更的相应图纸及其说明等资料。承包人应按照监理工程师发出的变更指令和要求，及时进行工程变更。变更项目包括：

1）本合同中任何工程数量的改变（不含工程量的偏差）；

2）任何工作的删减，但不包括取消拟由发包人或其他承包人实施的工程；

3）任何工作内容的性质、质量或其他特征的改变；

4）工程任何部分的标高、基线、位置和（或）尺寸的改变；

5）工程完工所必须的任何附加工作的实施；

6）工程的施工次序和时间安排的改变。

（2）合同履行期间，承包人可以提出工程变更建议。变更建议应以书面形式向监理工程师提出，同时抄送发包人，详细说明变更的原因、变更方案及合同价款的增减情况。

发包人采纳承包人的建议给发包人带来的利益，由发包人、承包人另行约定分享比例。

（3）如果发包人要求承包人提交一份工程变更建议书，则承包人应在 7 天内做出书面回应，该建议书的内容至少应包括：

1）对所涉及工作的说明，以及实施的进度计划；

2）对原进度计划做出的必要修改；因变更所需调整的金额。

发包人应在接到建议书后的 7 天内予以答复。在等待答复期间内，承包人不得延误任何工作。

（4）工程变更不应使合同作废或无效。工程变更导致合同价款的增减，按第 57 条规定确定，工期相应调整。但是，如果变更是由于下列原因导致或引起的，则承包人无权要求额外或附加的费用，工期不予顺延：

1）为了便于组织施工需采取的技术措施的变更或临时工程的变更；

2）为了施工安全、避免干扰等原因需采取的技术措施的变更或临时工程的变更；

3）因承包人的违约、过错或承包人负责的其他情况导致的变更。

12.《通用条款》67.2 款有关合同双方争议的签证

合同争议发生后的 14 天内，合同双方可进一步进行协商。协商达成一致的，双方应签订书面协议，并将结果抄送监理工程师或造价工程师（或造价员）；协商仍不能达成一致的，按第 67.3 款至第 67.5 款规定进行调解或认定、仲裁或诉讼。

三、工程索赔管理

（一）工程索赔的基本原理

1. 索赔的概念

工程索赔是指发承包双方在工程合同履行过程中，合同当事人中的任何一方因非自身责任或对方不履行或未能正确履行合同而受到经济损失或权利损害时，通过一定的合法程序向对方提出的价款与工期补偿的要求。索赔是约定期限内向对方提出赔偿请求的一种权利，是单方的权利主张。

索赔有可能发生于各类建设合同的履行过程中，在工程施工合同中尤为常见，索赔是一种正当的权利要求，它是业主、工程师和承包商之间一项正常的、大量发生而且普遍存在的合同管理业务，是一种以法律和合同为依据的、合情合理的行为。它对对方尚未形成约束力，这种索赔要求能否得到最终实现，必须要通过确认（如双方协商、谈判、调解、仲裁或诉讼）后才能实现。

2. 索赔的法律特征

（1）与工程签证是双方法律行为的特征不同，工程索赔是双方未能协商一致的结果，是单方主张权利的要求，是单方法律行为。

（2）与工程签证涉及的利益已经确定的特点不同，工程索赔涉及的利益尚待确定，是一种期待权益。

（3）与工程签证一般不依赖于其他证据不同，工程索赔是要求未获确认的权利的单方主张，必须依赖于证据。

3. 工程索赔应遵循的原则

（1）客观性原则

合同当事人提出的任何索赔要求，首先必须是真实的。因此，当确实发生索赔事件且有证据能够证实时，才能索赔。合同当事人必须认真、及时、全面地收集有关证据，实事求是地提出索赔要求。

（2）合法性原则

当事人的任何索赔要求，都应当限定在法律和合同许可的范围内，没有法律上或合同上的依据不要盲目索赔。

（3）合理性原则

索赔要求必须合情合理，首先要采取科学合理的计算方法和计算基础，真实反映索赔事件造成的实际损失；再者索赔必须结合工程的实际情况，兼顾对方的利益，不要滥用索赔，多估冒算，漫天要价。

4. 工程索赔的作用

（1）索赔是落实和调整合同双方经济责、权、利关系的手段。当事人不按合同约定履行，造成了对方损失，侵害了对方权利，则应承担相应的合同处罚和赔偿。所以，索赔是合同双方风险分担的合理再分配，离开了索赔，合同责任就不能全面体现，合同双方的责、权、利关系就难以平衡。

（2）索赔是合同和法律赋予正确履行合同者免受意外损失的权利。对当事人是一种保护自己、维护自己正当权益、避免损失、增加利润、提高效益的重要手段。在现代工程承包过程中，如果承包人不精通索赔业务，不能进行有效的索赔，就会使当事人的损失得不到及时、合理的补偿，严重者会导致不能正常进行生产经营，甚至会破产。

（3）索赔是合同实施的保证，是合同法律效力的具体体现。对合同双方形成约束条件，特别能对违约者起到警戒作用，违约方必须考虑违约后的后果，从而尽量减少其违约行为的发生。

（4）索赔对提高企业和工程项目管理水平起着重要的促进作用。我国承包人在许多项目上提不出或提不好索赔，与其企业管理松散混乱、计划实施不严、成本控制不力等有着直接关系。在工程施工中，没有科学合理的网络施工进度计划，就难以说明工期延误的原因及天数；没有完整详实的记录，就缺乏索赔定量要求的基础。因而索赔有利于促进双方加强内部管理，严格履行合同，有助于双方提高管理素质，加强合同管理，维护市场正常秩序。

（5）索赔有助于合同当事人双方依据合同和实际情况实事求是地协商工程造价和工期，促进工程造价趋于合理化。索赔的正常开展，可以把原来打入工程报价中的一些不可预见费用，改为实际发生的损失支付，有助于降低工程报价，使工程造价更符合实际。

（6）索赔有助于发承包双方更快地熟悉国际惯例，有助于对外开放和对外工程承包的开展。在国际承包工程中，索赔已成为许多承包人的经营策略之一，“赚钱靠索赔”是很多承包商的经验之谈。业主为了节约投资，降低工程造价，在招标文件中提出一些苛刻条件，千方百计与承包人讨价还价，使承包人处于不利地位。承包人为了获得工程承包任务，采取的投标策略是：压低投标报价，争取低价中标，事后再通过施工索赔，减少或转移工程风险，保护自己，避免亏本，赢得利润。因此，如果承包商不注重工程索赔，不熟悉索赔业务，不仅会失去索赔机会，致使经济受到损失，而且还会有许多纠缠不清的烦恼，造成大量的时间和金钱损失。

虽然索赔是合同当事人保护自己、维护自己正当权益、避免损失、增加利润、提高效益的重要手段。但值得注意的是，如果承包人单靠索赔的手段来获取利润并非正途。往往一些承包商采取压低标价的方法以获取工程，为了弥补自己的损失，又试图靠索赔的方式达到获取利润的目的。但能否得到这种索赔的机会是难以确定的，这种经营方式存在着很大的风险，采用这种策略的企业也很难维持长久。因此承包人运用索赔手段来维护自身利益，以求增加企业效益和谋求自身发展，应基于对索赔概念的正确理解和全面认识，既不必畏惧索赔，也不可利用索赔搞投机钻营。

5. 工程索赔的程序

工程索赔的程序是：书面提出索赔请求；报送索赔资料；当事人协商解决；谋求中间人调解；提交仲裁或诉讼。另外，发承包双方应力争通过友好协商的办法解决，不要轻易诉诸仲裁或诉讼。否则，极有可能既没达到索赔的目的，又因为持久的法律诉讼导致两败俱伤。

（1）书面提出索赔通知书

当出现索赔事项时，在现场先与工程师磋商，如果不能达成妥协方案时，承包商应慎重地检查自己索赔要求的合理性，然后决定是否提出索赔通知书。根据FIDIC合同条款的规定，书面的索赔通知书，应在索赔事项发生后的28天以内向工程师正式提出，并抄送业主；逾期才报告，将遭到业主和工程师的拒绝。

索赔通知书要说明索赔事项的名称，根据相应的合同条款提出自己的索赔要求。至于索赔金额或应延长工期的天数以及有关的证据资料等，可随后再报。

（2）报送索赔资料

在索赔通知书发出后的28天内或经工程师同意的合理时间内，应提出索赔的正式书面报告。索赔证据资料要语句清晰，简明扼要，着重说明事实，富有逻辑性，切忌使用刺激和不尊重对方的语言；不要随意指责对方不遵守合同；资料应尽可能完备，数据计算准确，符合合同条款，有说服力。

索赔报告要一事一报（同类型的可以合并在一起），不要将不同性质的索赔混在一起。

（3）当事人协商解决

索赔报告送出后，不能坐等对方的书面答复，最好约定时间向工程师和业主进行细致的解释和会谈，可能要经过多次正式会谈和私下会晤才能相互沟通和达成谅解。要有耐心和毅力，并认真倾听对方拒绝补偿的依据，既要坚持原则，又要在考虑其某些合理因素的情况下作出合理让步，以求问题的解决。

（4）谋求中间人调解

在双方直接谈判不能达成一致解决意见时，为争取通过友好协商办法解决索赔争端，可邀请中间人进行调解。

有些调解是非正式的，例如通过有影响的人物（业主的上层机构，官方人士或社会名流等）或中间媒介人物（双方的朋友、中间介绍人、佣金代理人等）进行幕前幕后调解。

也有些调解是正式的，例如在双方同意的基础上共同委托专门的调解人进行调解，调解人可以是当地的工程师协会或承包商协会、商会等机构。这种调解要举行一些听证会和调查研究，而后提出调解方案，如双方同意则可达成协议并由双方签字和解。

（5）仲裁或诉讼

对于那些确实涉及重大经济利益而又无法用其他协商和调解办法解决的索赔问题，只能依靠法律程序解决。在正式采取法律程序解决之前，一般可以先通过自己的律师向对方发出正式索赔函件，此函件最好通过当地公证部门登记确认，以表示诉诸法律程序的前奏。这种通过律师致函属于“警告”性质，多次警告而无法和解（例如由双方的律师商讨仍无结果），则只能根据合同中“争端的解决”条款提交仲裁或司法程序。

（二）工程索赔的分类

索赔有可能发生在工程项目实施的各个阶段，由于范围比较广泛，其分类随着划分方法以及标准的不同而存在不同，大致有以下几类划分。

1. 按索赔的主动性分类

（1）索赔

索赔是指承包商对业主提起的索赔。企业自觉地把索赔管理作为工程及合同管理的重要组成部分，成立专门机构认真总结索赔的经验，深入研究索赔的方法，不断提高索赔的成功率。从而在工程实施过程中，能仔细分析合同缺陷，及时抓住对方的失误或过错，积极主动寻找索赔机会，为自己争取应得的利益。

（2）反索赔

反索赔是指业主对承包商提起的索赔。

索赔和反索赔是相互依存、互为条件的，是一个问题的正、反两个方面。在实际工作中，要想进行有效的索赔管理，就必须同时对这两个方面予以高度的重视，培养和加强管理人员索赔与反索赔的意识。

在索赔管理策略上表现为防止被索赔，不给对方留有能据以进行索赔的漏洞，使对方找不到索赔的机会。在工程管理中体现为签署严密连贯、责任明确的合同条款，并在合同实施过程中，避免违约。当对方提出索赔时，对其索赔的证据进行质疑，对索赔理由予以反驳，指出其索赔值计算的纰漏，以达到尽量减少索赔额度，甚至否定对方索赔要求。

2. 按索赔所依据的理由分类

（1）合同内索赔

合同内索赔是指索赔所涉及的内容可以在合同条款中找到依据，它是支持承包商索赔的主要理由，根据合同规定明确责任，提出索赔要求。一般情况下，合同内索赔的处理和解决相对要顺利些。

（2）合同外索赔

合同外索赔是指施工过程中发生的干扰事件的性质已超过合同范围，索赔的内容和权利难以在合同条款中找到依据，一般必须根据适用于合同关系的法律或政府颁布的有关法规中找到索赔的根据。例如工程施工中发生重大的民事侵权行为造成承包商损失。

（3）道义索赔

道义索赔是指承包商无论在合同内或合同外都找不到进行索赔的合同依据和法律依据，因而没有提出索赔的条件和理由。但承包商认为自己有要求补偿的道义基础，而对其遭受的损失提出具有优惠性质的补偿要求。例如由于承包商失误（如报价失误、环境调查失误等），或发生承包商应负责的风险，造成承包商重大的损失，极大地影响了承包商的财务能力、履约的能力和积极性，甚至危及了承包商的生存。承包商提出要求，希望业主从道义或工程整体利益的角度给予一定的补偿。

业主在下面四种情况下，可能会同意并接受道义索赔：

1）若另找承包商，费用会更大；

2）为了树立自己的形象；

3）出于对承包商的同情和信任；

4）谋求与承包商更理想或更长久的合作。

3. 按索赔当事人分类

（1）总承包商向业主索赔

总承包商向业主索赔是指总承包商在履行合同过程中，因非承包方（总承包商或分包商）责任事件影响造成工程延误及额外支出后向业主提出的索赔。这类索赔大都是有关工程量计算、工期、变更、质量和价格方面的争议，也有施工中断或终止合同等其他违约行为的索赔。

（2）总承包商向其分包商或分包商之间的索赔

总承包商向其分包商或分包商之间的索赔，是指总承包商与分包商或分包商之间，为合同实施过程中的相互干扰事件影响其利益平衡而相互间发生的索赔。

（3）联合体索赔

联合体索赔是指联合体成员之间的索赔。

（4）劳务索赔

劳务索赔是指承包商与劳务供应商之间的索赔。

(5) 业主向承包商的索赔（反索赔）

业主向承包商的索赔是指业主向不能按期、按质、按量完成合同任务的承包商提出的索赔。

(6) 其他索赔

其他索赔是指承包商与设备材料供应商、与保险公司、与银行等之间的索赔。

4. 按索赔的目的（或要求）分类

(1) 工期索赔

工期索赔是指承包商对非自身原因造成的工期延误，向业主提出的工期延长、推迟竣工日期的要求。与此相应，业主可以向承包商索赔缺陷通知期（即保修期）。

(2) 费用索赔

费用索赔是指承包商对非自身原因造成的合同以外的额外费用支出，向业主提出的补偿费用（包括利润）损失、调整合同价格的要求。同样，业主可以向承包商索赔费用。

5. 按索赔的起因分类

(1) 工期延误索赔

由于当事人一方的原因，或由于双方不可控制因素的发生而引起工程延误，致使一方当事人受到损失而提出的索赔。例如，业主未能按合同规定提供施工条件（如未及时交付设计图纸、技术资料、三通一平等）；非承包商原因业主停止工程施工；业主不按合同及时支付工程款；承包商的施工质量存在缺陷；不可抗力因素作用等原因，造成工程中断，或工程进度放慢，使工期拖延等。

(2) 现场条件变更索赔

由于现场施工条件与预计情况严重不符，如不可预见到的外界障碍或条件、现场地质条件的变化（与业主提供的资料不同）、淤泥或地下水等所引起的索赔。

(3) 加速施工索赔

由于业主要求提前竣工，或由于业主的原因发生工程延误，业主要求按时竣工而引起承包商费用增加所产生的索赔。

(4) 工程变更索赔

由于业主变更工程范围，增加或减少合同工程量、增加或删除部分工程、修改施工计划、变更施工方法和程序、指令工程暂停施工等，导致工期延长和费用损失而产生的索赔。

(5) 工程终止索赔

由于某种非承包商责任原因，如不可抗力因素影响或业主违约等，使工程在竣工前被迫停止，并不再继续施工，承包商因此蒙受损失而提出索赔。

(6) 不可抗力因素索赔

由于恶劣的气候条件、地震、洪水、战争状态、禁运等，承包商因此蒙受损失而提出索赔。

(7) 其他原因索赔

如货币贬值、汇率变化、物价和工资上涨、政策法规变化、业主推迟支付工程款等原因引起的索赔。

6. 按索赔的处理方式分类

（1）单项索赔

单项索赔是针对干扰事件提出的，是指某一干扰事件发生对当事人一方造成工程延误或额外费用支出时，当事人在事件发生时或发生后立即进行责任分析和损失计算，并在合同规定的索赔有效期内提出的索赔。

单项索赔原因单一，责任分析容易，处理比较简单。如工程师指令某地面素混凝土垫层改为钢筋混凝土垫层，对此承包商只需提出与钢筋有关的费用索赔即可（如果该项变更没有其他影响原因）。但有些单项索赔额可能很大，处理较复杂，如工期延长、工程中断、工程终止事件引起的索赔。

（2）综合索赔（也称一揽子索赔或总索赔）

综合索赔是指在工程竣工前，承包商将工程实施过程中未得到最终解决的多个单项索赔集中起来，综合提出一份总索赔报告。合同双方在工程交付前或交付后进行最终谈判，以一揽子方案解决索赔问题。这是在国际工程中经常采用的索赔处理方法。

综合索赔中涉及的事件一般都是单项索赔中遗留下来的，双方对其责任的划分、费用的计算等往往意见分歧较大。有时是由于业主故意拖延对单项索赔的及时处理和解决，致使许多索赔问题集中起来。在国际工程承包中，很多业主常常就以拖延的办法对付承包商的索赔。综合索赔由于不是在事件发生时立即进行，以致许多干扰事件交织在一起，其原因、责任错综复杂，使得证据资料的收集、整理和援引以及事件原因、责任和影响的分析等都变得更为艰难。而且索赔额的积累也常造成索赔谈判的困难。因此，在最终的一揽子解决过程中，承包商往往不得不作出较大的让步。

7. 按索赔的范围分类

（1）广义的索赔。它包括工程索赔、贸易索赔和保险索赔等。

（2）狭义的索赔。这里仅指工程索赔。由于国际工程实施过程中发生的索赔涉及的内容非常广泛，按各种不同的角度、标准和方法对索赔进行分类，有助于承包商全面了解和准确领会索赔的概念，深入探讨各类索赔问题的规律及特点，以便在具体的工程项目中，尽早辨识索赔种类，准确地找出索赔的原因及其影响因素，进行全面而有效的索赔管理。

（三）建设工程施工合同示范文本的索赔规定（黑龙江省建设工程施工合同）

1.《通用条款》11.1、11.2 款规定发承包双方保障的索赔

（1）合同一方应负责和保障另一方，不负责因其自身的行为疏忽所引起的一切损害、损失和索赔。

（2）承包人应保障发包人不负担因承包人移动或使用施工场地外的施工机械和临时设施所造成的损害而引起的索赔。

2.《通用条款》13.6 款规定因发包人责任的索赔

发包人未能正确完成本合同约定的全部义务，导致拖延了工期和（或）增加了费用，其增加的费用由发包人承担，工期相应顺延；给承包人造成损失的，发

包人应予以赔偿。

3.《通用条款》14.2、14.7款规定因承包人责任的索赔

(1) 不按合同约定或监理工程师依据合同发出的指令组织施工，且在监理工程师书面要求改正后的7天内仍未采取补救措施的，则发包人可自行或者指派第三方进行补救，因此发生的费用和损失由承包人承担。

(2) 承包人未能正确完成本合同约定的全部义务，导致拖延了工期和（或）增加了费用，其增加的费用由承包人承担，工期不予顺延；给发包人造成损失的，承包人应予以赔偿。

4.《通用条款》17.7款规定因监理工程师责任的索赔

监理工程师（含其代表）未能正确完成本合同约定的全部义务，或工作出现失误，导致拖延了工期和（或）增加了费用，其增加的费用由发包人承担，工期相应顺延；给承包人造成损失的，发包人应予以赔偿。

5.《通用条款》18.6款规定因造价工程师责任的索赔

造价工程师未能正确完成本合同约定的全部义务，或工作出现失误，导致拖延了工期和（或）增加了费用，其增加的费用由发包人承担，工期相应顺延；给承包人造成损失的，发包人应予以赔偿。

6.《通用条款》20.3款规定因分包人责任的索赔

由于指定分包人责任造成的工程质量缺陷，由指定分包人和发包人承担过错责任。

7.《通用条款》21.4款规定因拖欠劳务工资的索赔

承包人应按时足额向雇员支付劳务工资，并不低于当地最低工资标准。因承包人拖欠其雇员工资而造成群体性示威、游行等一切责任，由承包人承担。对发包人造成损失或导致工期延误的，应赔偿发包人的损失，工期不予顺延。因发包人拖欠承包人工程款引起承包人拖欠其雇员工资的一切责任，由发包人承担。

8.《通用条款》22.3、22.6、22.7款规定履约担保的索赔

(1) 发包人在对履约担保提出索赔要求之前，应书面通知承包人，说明导致此项索赔的原因，并及时向担保人提出索赔文件。担保人根据担保合同的约定在担保范围内承担担保责任，并无须征得承包人的同意。

(2) 承包人在对支付担保提出索赔要求之前，应书面通知发包人和造价工程师（或造价员），说明导致此项索赔的原因，并及时向担保人提出索赔文件。担保人根据担保合同的约定在担保范围内向承包人支付索赔款项，并无须征得发包人的同意。

(3) 发包人承包人均应确保工程担保有效期符合工期合理顺延的要求。若合同一方未能保证延长担保有效期，另一方可向其索赔担保的全部金额。

9.《通用条款》25.2、25.3款规定不可抗力事件的索赔

(1) 不可抗力事件结束后48小时内，承包人向监理工程师通报受害情况和损失情况，并预计清理和修复的费用，抄送造价工程师。不可抗力事件持续发生，承包人应每隔7天向监理工程师和造价工程师（或造价员）报告一次受害情况。不可抗力事件结束后14天内，承包人应分别按第30条规定索赔工期、按第63条

规定索赔费用。

(2) 因不可抗力事件导致费用增加和工期顺延，由双方按以下规定分别处理：

1) 工程本身的损害、因工程损害导致第三方人员伤亡和财产损失以及运至施工场地用于施工的材料和待安装在工程上的设备的损害，由发包人承担。

2) 发包人、承包人施工场地内的人员伤亡由其所在单位负责，并承担相应费用。

3) 承包人带入现场的施工机械和用于本工程的周转材料损坏及停工损失，由承包人承担；发包人提供的施工机械、设备损坏，由发包人承担。

4) 停工期间，承包人按监理工程师要求留在施工场地的必要的管理人员及保卫人员的费用，由发包人承担。

5) 工程所需的清理、修复费用，由发包人承担。

6) 延误的工期相应顺延。

10.《通用条款》26.4、26.5、26.7款规定因保险事项的索赔

(1) 发包人、承包人应遵守本合同保险条款的规定。如果任何一方未遵守，责任一方应赔偿另一方由此引起的损失。

(2) 当工程发生保险事故时，被保险人应及时通知保险公司，并提供有关资料。发包人、承包人应采取合理有效措施防止或减少损失，并应相互协助做好向保险公司的报告和索赔工作。

(3) 从保险公司收到的因工程本身损失或损坏的保险赔偿金，应专项用于修复合同工程这些损失或损坏，或作为未能修复工程这些损失或损坏的补偿。

11.《通用条款》29.3款规定暂停施工的索赔

因发包人原因造成暂停施工的，由发包人承担所发生的费用，工期相应顺延，并赔偿承包人因而造成的损失。因承包人原因造成暂停施工的，由承包人承担发生的费用，工期不予顺延。因不可抗力因素造成暂停施工的，按照第25条规定处理。

12.《通用条款》第33条有关工期延误的索赔

(1) 如果承包人未能按照协议书约定的竣工日期或工程师同意顺延的工期竣工，承包人应按第55.2款规定向发包人支付误期赔偿费。但误期赔偿费的支付不能免除承包人根据合同约定应负的任何责任和义务。

(2) 误期（实际延误竣工天数）按第32.3款规定的实际竣工日期减去协议书约定的竣工日期或工程师同意顺延的日期，即按照下述公式计算：

实际延误竣工天数＝实际竣工日期－协议书约定的竣工日期或工程师同意顺延的日期

13.《通用条款》43.3款规定因监理工程师原因的索赔

监理工程师的检查检验，不应影响施工的正常进行。如影响施工正常进行时，承包人应向监理工程师或发包人发出纠正通知，监理工程师应及时纠正其行为，否则承包人有权提出索赔和得到补偿。

14.《通用条款》48.3、48.6、48.7款有关工程竣工验收的索赔

(1) 发包人收到承包人提交的竣工报告后，在竣工报告中承包人提请发包人

验收的日期起28天内不组织验收，从第29天起承担工程照管和一切意外责任。

(2) 工程未经竣工验收或竣工验收未通过的，发包人不得使用。发包人强行使用的，视为工程质量合格，由此发生的质量问题及其他问题，由发包人承担责任。

(3) 工程竣工验收时发生工程质量争议，由双方同意的工程质量检测机构鉴定，工程质量符合国家规定的标准的，由发包人承担所需费用，工期相应顺延；工程质量不符合国家规定的标准的，承包人应按要求修改后再次提请发包人验收，并承担修改的费用，工期不予顺延。

15.《通用条款》49.3款有关质量保修的索赔

如果承包人未能在规定时间内修正质量缺陷，则发包人可自行或指派第三方修正缺陷，因此产生的费用由承包人承担。

16.《通用条款》55.2款有关工程误期的索赔

发包人、承包人应在《专用条款》中约定误期赔偿费，明确每日历天应赔付额度。如果承包人的实际竣工日期迟于协议书约定的竣工日期或监理工程师同意顺延的竣工日期，发包人有权向承包人索取《专用条款》中约定的误期赔偿费。除《专用条款》另有约定外，误期赔偿费的最高限额为合同价款的5%。发包人可从应支付或到期应支付给承包人的款项中扣除误期赔偿费。如果在工程竣工之前，发包人已对合同工程内的某单项工程签发了竣工验收证书，且竣工验收证书中表明的竣工日期并未延误，而是工程的其他部分产生了工期延误，则误期赔偿费应按已签发竣工验收证书的工程价值占合同价款的比例予以减少。

17.《通用条款》第57条有关工程变更价款的索赔

(1) 承包人应在工程变更确定后的14天内向造价工程师（或造价员）提出工程变更价款报告；如承包人未在工程变更确定后的14天内提出工程变更价款报告，则造价工程师（或造价员）可以在报经发包人批准后，根据掌握的实际资料决定是否调整合同价款以及调整的金额。变更合同价款按下列方法进行：

1) 合同中已有适用于变更工程的价格，按合同已有的价格变更合同价款；

2) 合同中只有类似于变更工程的价格，可以参照类似价格变更合同价款；

3) 合同中没有适用或类似于变更工程的价格，由承包人提出适当的变更价格，经造价工程师（或造价员）核实，并经发包人确认后执行。

(2) 造价工程师（或造价员）在收到工程变更价款报告之日起14天内对其核实，并予以确认或提出修改意见。造价工程师（或造价员）在收到工程变更价款报告之日起14天内未确认也未提出修改意见的，视为工程变更价款报告已被确认。造价工程师（或造价员）提出修改意见的，双方应在承包人收到修改意见后的14天内进行协商确定；协商不能达成一致的，由造价工程师（或造价员）暂定工程变更价款，通知承包人并抄报发包人。工程变更价款被确认或被暂定后列入合同价款，与工程进度款同期支付。

(3) 如果因为非承包人原因删减了合同中的某项原定工作或工程，致使承包人发生的费用或（和）预期收益不能被包括在其他已支付或应支付的项目中，也未包含在任何替代的工作或工程中，则承包人有权按照本条规定提出和得到补偿。

18.《通用条款》第58条有关法律、法规、国家有关政策及物价变化的索赔

(1) 合同履行期间，当工程造价管理机构发布的人工、材料、设备价格或机械台班价格涨落超过合同工程基准期（招标工程为递交投标文件截止日期前28天；非招标工程为订立合同前28天。下同）价格10%或者专用条款中约定的幅度时，发包人、承包人不利一方应在事件发生的14天内通知另一方，并按《专用条款》中约定的调整方法调整合同价款。否则，除征得有利一方同意外，合同价款不作调整。

(2) 如果在合同工程基准期以后，国家或省颁布的法律、法规出现修改或变更，且因执行上述法律、法规致使承包人在履行合同期间的费用发生了第58.1款规定以外的增减，则应调整合同价款。调整合同价款由承包人依据实际变化情况提出，经造价工程师（或造价员）核实，并经发包人确认后调整合同价款。

19.《通用条款》59.2款有关工程款支付事项的索赔

如果发包人支付延迟，则承包人有权按《专用条款》约定的利率计算和得到利息。计息时间从应支付之日算起直到该笔延迟款额支付之日止。《专用条款》没有约定利率的，按照中国人民银行发布的同期同类贷款利率计算。

20.《通用条款》60.2款有关工程预付款支付的索赔

发包人没有按时支付预付款的，承包人可在付款期限满后向发包人提出付款要求，发包人在收到付款要求后的7天内仍未按要求支付的，承包人可在提出付款要求后的第8天起暂停施工，因此造成的损失由发包人承担，工期相应顺延。

21.《通用条款》61.3款有关安全生产措施费的索赔

安全生产措施费专款专用，设专项资金账户，承包人应在财务账目中单独列项备查，不得挪作他用，否则造价工程师（或造价员）有权责令限期改正；逾期未改正的，可以责令暂停施工，因此造成的损失由承包人承担，延误的工期不予顺延。

22.《通用条款》62.4款有关进度款支付的索赔

发包人未按第62.2款和第62.3款规定支付进度款的，承包人有权根据第59.2款规定获得延迟支付的利息，并可向发包人提出付款要求。发包人在收到付款要求后的7天内仍未按要求支付的，承包人可在提出付款要求后的第8天起暂停施工，因此造成的损失由发包人承担，工期相应顺延。

23.《通用条款》第63条有关费用索赔的规定

(1) 如果承包人根据合同约定提出任何费用或损失的索赔时，应在该索赔事件首次发生的14天内向造价工程师（或造价员）发出索赔意向书，并抄送发包人。

(2) 在索赔事件发生时，承包人应保存当时的记录，作为申请索赔的凭证。造价工程师（或造价员）在接到索赔意向书时，无需认可是否属于发包人责任，应先审查记录并可指示承包人进一步做好补充记录。承包人应配合造价工程师（或造价员）审查其记录，在造价工程师（或造价员）有要求时，应当向造价工程师（或造价员）提供记录的复印件。

(3) 在发出索赔意向书后的14天内，承包人应向造价工程师（或造价员）提

交索赔报告和有关资料。如果索赔事件持续进行时，承包人应每隔7天向造价工程师（或造价员）发出索赔意向书，在索赔事件终了后的14天内，提交最终索赔报告和有关资料。

(4) 如果承包人提出的索赔未能遵守第63.1款至第63.3款，则承包人无权获得索赔或只限于获得由造价工程师按提供记录予以核实的那部分款额。

(5) 造价工程师（或造价员）在收到承包人提供的索赔报告和有关资料后的28天内予以核实或要求承包人进一步补充索赔理由和证据，并与发包人和承包人协商确定，承包人有权获得的全部或部分的赔款额；协商不能达成一致的，由造价工程师（或造价员）暂定，通知承包人并抄报发包人。如果造价工程师（或造价员）在规定期限内未予答复也未对承包人做出进一步要求，视为该项索赔已经认可。

(6) 承包人未能按合同约定履行各项义务或发生错误，给发包人造成损失，发包人可按本条规定的时限和要求向承包人提出索赔。

(7) 造价工程师（或造价员）应将根据第63.5款和第63.6款规定确定或暂定的结果通知承包人并抄报发包人。索赔款额列入合同价款，与工程进度款或竣工结算款同期支付或扣回。

24.《通用条款》64.6款有关支付竣工结算价款的索赔

发包人未按第64.5款规定支付竣工结算价款的，承包人有权依据第59.2款规定取得延迟支付的利息，并可催告发包人支付结算价款。竣工结算报告生效后28天内仍未支付的，承包人可与发包人协商将该工程折价，也可直接向人民法院申请将该工程依法拍卖，承包人就该工程折价或拍卖价款优先受偿。

25.《通用条款》69.4款有关合同解除的支付索赔

根据第68.4款规定解除合同的，发包人除应按第69.2款规定向承包人支付各项款额外，还应支付给承包人由于合同解除而引起的或涉及的对承包人的损失或损害的款额。该笔款额由承包人提出，造价工程师（或造价员）核实后与发包人、承包人协商确定，并在确定后的14天内支付给承包人。协商不能达成一致的，按照第67条规定处理。

26.《通用条款》74.2款有关税费缴纳的索赔

合同任何一方没交或少交合同工程需缴税费的，由违法方承担一切责任；给另一方造成损失的，应赔偿其损失。

(四) 工期索赔

1. 工期索赔事件

工期索赔是以增加或延长工程施工工期，推迟竣工日期为目的，承包商应善于挖掘和掌握工期索赔事件。工期索赔事件是指据以提出增加或延长工期的事实。通常出现的工期索赔事件如下：

(1) 由业主或监理工程师的原因所引起的索赔事件

1) 施工现场管理权交接延误。造成延误的原因是多方面的，主要是业主没有做好工程项目前期准备工作（如征地、拆迁、安置、三通一平），或未能及时取得有关部门批准的准建手续等，造成施工现场交付时间推迟，承包商不能及时进驻现场施工，从而导致工程延误。

2）施工图纸交付延误。业主未能按合同规定的时间和数量向承包商提供施工图纸，尤其是目前国内较多的边设计、边施工的项目，从而引起工期索赔。

3）业主或工程师拖延审批图纸、施工方案、计划等。

4）设计变更。设计变更不能及时出图，将会造成承包商停工。

5）业主未在规定时间内支付预付款（备料款等）。

6）业主未在规定时间内支付工程进度款，导致后续工程难以为继。

7）业主未在规定的时间内移交由其自行采购或提供的建筑材料和设备。

8）业主未在规定的时间内对由承包商负责购进的建筑材料和设备进行检查、验收。

9）业主提供的设计数据或工程数据延误，如有关放线的资料不准确。

10）业主指定的分包商违约或延误。

11）业主拖延关键线路上工作的验收时间，造成承包商下一工作施工延误。工程师对合格工程要求拆除或剥露部分工程予以检查，造成工程进度被打乱，影响后续工程的开展。

12）业主要求增加额外工程，导致工程量增加。工程变更或工程量增加引起施工程序的变动。

13）业主对工程质量的要求超出原合同的约定。

14）业主或工程师发布指令延误，或发布的指令打乱了承包商的施工计划。

15）业主或工程师原因暂停施工导致的延误。

16）业主不及时进行隐蔽工程和中间工程的验收。

17）结果表明承包商没有过错的对隐蔽工程重新检查、检验。

18）在施工过程中业主对承包商的施工安排进行不合理的干预。

19）业主所提供的施工资料存在严重错误。

20）业主要求承包商完成与合同义务无关的事务。

（2）由承包商（人）原因引起的延误

由承包商原因引起的延误一般是其内部计划不周、组织协调不力、指挥管理不当等原因所致。

1）施工组织不当，如采用的施工方法、施工顺序、各专业队及工种之间配合不合理等，导致施工出现窝工或停工待料现象。

2）工程质量不符合合同要求而造成的返工。

3）资源配置不足，如劳动力不足，机械设备不足或不配套，技术力量薄弱，管理水平低，缺乏流动资金等造成的延误。

4）由于承包商施工准备不力，导致开工延误。

5）施工队伍的劳动生产率低。

6）承包商雇用的分包人或供应商引起的延误等。

显然上述延误难以得到业主的谅解，也不可能得到业主或工程师给予延长工期的补偿。承包商若想避免或减少工程延误的罚款及由此产生的损失，只有通过加强内部管理或增加投入，或采取加速施工的措施，才能保证工程的正常施工。

（3）不可控制因素导致的延误

1）不可抗力的自然灾害导致的延误。如有记录可查的特殊反常的恶劣天气、不可抗力引起的工程损坏和修复。

2）社会事件的影响。如战争、暴乱、罢工、游行示威、核装置污染等造成的延误。

3）不利的自然条件或客观障碍引起的延误等。如现场发现化石、古墓、古代文物等。

4）施工现场中其他承包商的干扰。

5）合同文件中某些内容的错误或互相矛盾。

6）非正常停水、停电、交通中断等。

7）其他经济风险引起延误，如政府抵制、禁运、经济危机等造成工程延误。

2. 工期索赔的计算方法

（1）网络分析法

承包商提出工期索赔，必须确定干扰事件对工期的影响值，即工期索赔值。利用原施工网络计划与可能状态的网络施工进度计划进行对比分析即可得到工期索赔值，而对比分析的重点是两种状态的网络施工进度计划的关键线路。

1）按单项索赔事件计算：

关键工作：　　　　工期补偿 = 延误时间　　　　(3-3-1)

非关键工作：当延误时间≤总时差时，不予补偿；

当延误时间 > 总时差时，工期补偿 = 延误时间 − 总时差　　　　(3-3-2)

2）按总体网络综合计算：

工期补偿 =（计划工期 + 补偿工期）− 计划工期　　　　(3-3-3)

工期索赔分析的基本思路是：假设工程一直按原网络施工进度计划确定的施工顺序和工期施工，当一个或一些干扰事件发生后，使原网络施工进度计划中的某个或某些工作受到干扰而延长施工持续时间，或工作之间逻辑关系发生变化，或增加新的工作。将这些工作受干扰后的新的持续时间或影响变化代入网络中，重新进行网络分析和计算，即会得到一个新工期。新工期与原工期之差即为干扰事件对总工期的影响，即为承包商的工期索赔值。如果受干扰的工作在关键线路上，则该工作的持续时间的延长值即为总工期的延长值；如果该工作在非关键线路上，受干扰后仍在非关键线路上，则这个干扰事件对工期无影响。网络分析是一种科学、合理的计算方法，它是通过分析干扰事件发生前、后网络施工进度计划之差异而计算工期索赔值的，适用于各种干扰事件引起的工期索赔。但对于大型、复杂的工程，手工计算比较困难，需借助计算机来完成。

（2）比例类推法

在实际工程中，若干扰事件仅影响某些单项工程、单位工程或分部分项工程的工期，要分析它们对总工期的影响，可采用较简单的比例类推法。比例类推法可分为两种情况：

1）按工程量进行比例类推。当计算出某一分部分项工程的工期延长后，还要把局部工期转变为整体工期，可以用局部工程的工作量占整个工程工作量的比例来折算，其计算方法见下式：

$$工期索赔值 = 原合同工期 \times \frac{额外或新增工程量}{原工程量} \tag{3-3-4}$$

若合同规定工程量增加在10%以内的由承包商承担风险，超过10%部分由业主承担，则工期索赔值为：

$$工期索赔值 = 原合同工期 \times \frac{额外或新增工程量 - 原工程量(1+10\%)}{原工程量} \tag{3-3-5}$$

【例3-3-1】 某工程基础施工中出现了不利的地质障碍，业主指令承包商进行处理，土方工程量由原来的$3250m^3$增至$3680m^3$，原定工期为32天，计算承包商的工期索赔值。

【解】

$$工期索赔值 = 32 \times \frac{3680-3250}{3250} = 4.23(天) \approx 4(天)$$

若本例中合同规定工程量增加在10%以内的为承包商应承担的风险，则工期索赔为：

$$工期索赔值 = 32 \times \frac{3680-3250(1+10\%)}{3250} = 1.03(天) \approx 1(天)$$

2）按造价进行比例类推。若施工中出现了很多大小不等的工期索赔事由，较难准确地单独计算且又麻烦时，可经双方协商，采用造价比较法确定工期补偿天数，其计算方法见下式：

$$工期索赔值 = 原合同工期 \times \frac{额外或新增工程量价格}{原合同总价} \tag{3-3-6}$$

【例3-3-2】 某工程合同总价为2140万元，总工期为18个月，现业主指令增加额外工程120万元，计算承包商的工期索赔值。

【解】

$$工期索赔值 = 18 \times \frac{120}{2140} = 1.01(月) \approx 1(月)$$

比例类推法简单、方便，易于被人们理解和接受，但不尽科学、合理，有时不符合工程实际情况，且对有些情况如业主变更施工程序等不适用，甚至会得出错误的结果，在实际工作中应予以注意，正确掌握其适用范围。

（3）直接法

有时干扰事件直接发生在网络施工进度计划的关键线路上或一次性地发生在一个项目上，造成总工期的延误。这时可通过查看施工日志、变更指令等资料，直接将这些资料中记载的延误时间作为工期索赔值。如承包商按工程师的书面工程变更指令，完成变更工程所用的实际工时即为工期索赔值。

【例3-3-3】 某高层写字楼工程，在开工初期，由于业主提供的地下管网坐标资料不准确，经双方协商，由承包商经过多次重新测算得出准确资料，花费了4

周时间。在此期间，整个工程几乎陷于停工状态，于是承包商直接向业主提出4周的工期索赔。

(4) 工时分析法

某一工种的分项工程项目延误事件发生后，按实际施工的程序统计出所用的工时总量，然后按延误期间承担该分项工程工种的全部人员投入来计算要延长的工期。

$$工期索赔值=\frac{实际增加劳动量(工日)}{实际增加人数} \tag{3-3-7}$$

【例3-3-4】 某工程由于地下土质问题，基槽深度加大，使钢筋混凝土基础的工程量增加，导致了基础施工实际增加了劳动量40工日，施工人数增加了10人，计算承包商的工期索赔值。

【解】

$$工期索赔值=\frac{40}{10}=4(日)$$

3. 工期索赔注意事项

(1) 承包商在计算应予顺延施工天数时，除统计实际发生延误的天数外，对于造成延误的原因，要区别对待。如对于改变设计、中途停工等情况，还要另计重新准备到进入正常施工所需要的时间，这部分时间一并索赔。

(2) 在考虑某项延误是否用以作为提出工期索赔的事由时，应先分析该项延误应由哪一方承担责任，如果属于双方共同的责任或者不属于任何一方的责任，要考虑索赔的比例。

(3) 正确掌握提出索赔的时机。工期索赔应在索赔事件发生后14天内发出索赔通知书。这样做可以防止事过境迁，还可以避免各种错综复杂的其他因素交织在一起，给责任的确认带来困难。

(五) 费用索赔

费用索赔是指合同当事人一方在非自身因素影响下，而遭受经济损失时向对方当事人提出补偿其额外费用损失的要求。因此，费用索赔实质上包含了两个方面的含义，即承包人向发包人的费用索赔和发包人向承包人的费用索赔（反索赔）。

1. 费用索赔事件

在工程施工过程中发生的费用索赔事件，有很多与工期索赔事件是共存的。有的事件发生后，既可引起工期索赔，也可引起费用索赔，但有的事件只能引起费用索赔。

(1) 承包人向发包人的费用索赔事件

1) 施工现场管理权交接延误。要求支付违约金。

2) 施工图纸交付延误。要求支付违约金。

3) 业主或工程师拖延审批图纸、施工方案、计划等。要求支付违约金。

4) 设计变更。设计变更将引起工程量增加，导致工程价款的增加。

5）业主未在规定时间内支付预付款（备料款等）。要求支付违约金。

6）业主未在规定时间内支付工程进度款，导致后续工程难以为继。要求支付违约金。

7）业主未在规定的时间内移交由其自行采购或提供的建筑材料和设备。要求支付违约金。

8）业主未在规定的时间内对由承包商负责购进的建筑材料和设备进行检查、验收。要求支付逾期验收的违约金。

9）业主提供的设计数据或工程数据延误，造成施工成本增加。

10）业主指定的分包商违约或延误。要求赔偿损失。

11）业主拖延关键线路上工作的验收时间，造成承包商下一工作施工延误。要求赔偿损失。

12）业主要求增加额外工程，引起工程量增加，致使工程价款的增加。

13）业主对工程质量的要求超出原合同的约定。应按优质优价的原则支付工程款。

14）业主或工程师发布指令延误，或发布的指令打乱了承包商的施工计划。要求赔偿损失。

15）业主或工程师原因暂停施工导致的延误。要求赔偿因停工造成的损失费用。

16）业主不及时进行隐蔽工程和中间工程的验收。要求支付逾期验收的违约金。

17）结果表明承包商没有过错的对隐蔽工程重新检查、检验。要求增加补偿费用。

18）在施工过程中业主对承包商的施工安排进行不合理的干预。

19）业主所提供的施工资料存在严重错误，造成施工成本增加。

20）业主要求承包商完成与合同义务无关的事务。要求增加补偿费用。

21）提高装饰、装修档次。不同的装饰、装修档次，其工程价款是不一样的。

22）检查、检验影响正常施工或造成窝工。要求增加补偿费用。

23）要求提前竣工。应支付赶工费用。

24）不可抗力的自然情况、社会事件、经济危机等现象的出现，造成在建工程的损失。要求增加损失费用。

25）工程地质条件异常造成工程量增加，致使工程价款增加。

26）出现地下障碍、古墓、文物等，导致费用增加。

27）物价暴涨。

28）非承包商的原因而造成的停工、缓建。要求赔偿因停工、缓建造成的损失费用。

29）非正常停水、停电、交通中断等。要求赔偿损失。

30）逾期审核工程竣工结算报告。要求支付违约金。

31）逾期办理工程竣工验收手续或未按时接管工程。要求支付违约金和工程保护费。

32）逾期支付工程尾款。要求支付违约金。

33）保修期内非承包商的原因造成的工程返修。要求支付工程价款。

（2）发包人向承包人的费用索赔（反索赔）

由承包人原因引起的费用索赔，通常都是承包人内部计划不周、组织协调不力、指挥管理不当等原因所致。

1）施工组织不当，如采用的施工方法、施工顺序、各专业队及工种之间配合不合理等，导致施工出现窝工或停工待料现象。要求赔偿停工损失费。

2）工程质量不符合合同要求而造成的返工。要求支付违约金并赔偿损失。

3）在施工过程中出现质量事故。要求赔偿损失。

4）由于承包人的过错造成中间施工停工。要求赔偿停工损失费。

5）逾期交工。要求支付违约金并赔偿损失。

6）未承担保修责任，应赔偿损失。

2. 索赔费用的构成（见表 3-3）

索赔事件的费用项目构成示例表　　**表 3-3**

索赔事件	可能的费用项目	说　明
工期延误	人工费增加	包括工资上涨、现场停工、窝工、生产效率降低，不合理使用劳动力等损失
	材料费增加	因工期延长而引起的材料价格上涨
	机械设备费	因延期引起的设备折旧费、保养费、进出场费或租赁费等增加
	现场管理费增加	包括现场管理人员的工资、津贴等，现场办公设施，现场日常管理费支出，交通费等
	因工期延长的通货膨胀使工程成本增加	
	相应保险费、保函费增加	
	分包商索赔	分包商因延期向承包商提出的费用索赔
	总部管理费分摊	因延期造成公司总部管理费增加
	推迟支付引起的兑换率损失	工程延期引起支付延迟
工程加速	人工费增加	因业主指令工程加速造成增加劳动力投入，不经济地使用劳动力，生产效率降低等
	材料费增加	不经济地使用材料，材料提前交货的费用补偿，材料运输费增加
	机械设备费	增加机械投入，不经济地使用机械
	因加速增加现场管理费	应扣除因工期缩短减少的现场管理费
	资金成本增加	费用增加和支出提前引起负现金流量所支付的利息

续表

索赔事件	可能的费用项目	说明
工程中断	人工费增加	如留守人员工资，人员的遣返和重新招雇费，对工人的赔偿等
	机械使用费	设备停置费，额外的进出场费，租赁机械的费用等
	保函、保险费、银行手续费	
	贷款利息	
	总部管理费	
	其他额外费用	如停工、复工所产生的额外费用，工地重新整理等费用
工程量增加	费用构成与合同报价相同	合同规定承包商应承担一定比例（如5%，10%）的工程量增加风险，超出部分才予以补偿 合同规定工程量增加超出一定比例(如10%～15%）可调整单价，否则合同单价不变

3. 费用索赔计算

(1) 合同内的窝工闲置

人工费：按窝工标准计算，一般只考虑将这部分工人调用其他工作时的降效损失。

机械费：①自有机械按折旧费或停滞台班费计算；

②租赁机械按合同租金计算。

不得补偿管理费和利润损失。

(2) 合同外的新增工程（或工作）

除人工费、材料费和机械台班费按合同单价计算外，还应补偿管理费及利润损失。

4. 费用索赔应注意的问题

(1) 在考虑提出费用索赔的要求时，务必先分析该索赔事件是否应由对方承担全部或部分责任，做到胸有成竹。

(2) 据以索赔的证据力求确实、充分，行文应当简明扼要、条理清楚，语调应平和中肯，具有说服力。

(3) 在确定索赔数额时，一是不能漏项，也不能随意添加；二是各种费用的计算应力求准确无误；三是不要漫天要价，适可而止，以便对方易于接受。

(4) 索赔要求应以书面形式提出，并在合同规定的期限内提交。不论对方是否认可，均应提请其签收（作提起诉讼或申请仲裁的证据)。

四、《司法解释》对工程签证索赔管理提出的新要求

1. 提高和强化及时签证、依约索赔的意识和自觉性，把签证和索赔作为加强造价管理、降低成本和提高企业效益的最有效手段。

2. 建立严格的文档记录和资料保管制度，加强专业的和有针对性的签证和索赔管理。合同履约管理的主要环节：合同交底；资料专管；过程检查。

3. 明确工程负责人签证和索赔的量化管理责任，杜绝该签未签、该赔不赔的情况。一方不确认或拒绝签证的对策：宾馆发传真；快递送来回；挂号并公证。

4. 严密注意提出签证和索赔的期限和程序，逾期提出可能会被认为放弃确认或索赔，凡是应该在施工过程中提出的均应按合同约定期限及时提出。

5.《司法解释》第 6 条规定的垫资开禁带来的签证管理的新要求，垫资工程更应加强月工程量报表申报和确认工作。

6.《司法解释》第 16、19 条首次以有执法效力的法律文件规定了工程签证和索赔，按第 19 条要求搜集其他证据的方法和注意事项。

7. 遇合同有多人会签要求或招标文件附有签证管理办法的，当事人要深入研究应对措施以及化解因此产生风险的对策。

8. 对于只确认事实而不确认增减工程价款的应作为索赔处理，要继续提供相应费用计算表和变更引起的价款的组成，以便在最终结算时双方核对或提交审价时有相应依据。

9. 在约定期限内深入研究获得签证确认和成功索赔的方法和实际效果，友好协商和谋求调解是最重要和最有效方法。

10. 签证和索赔均属于专业法律问题，有疑问应及时进行签证、索赔咨询，必要时应聘请懂行的律师或专业咨询、服务机构进行有效的签证和索赔的过程管理和控制。

五、建设工程合同纠纷的解决

(一) 建设工程合同纠纷的基本原理

建设工程合同纠纷是指订立合同当事人对合同的生效、解释、履行、变更、终止等行为而引起的争议。由于建设工程产品具有固定性、单件性和庞体性的特点，致使产品的生产又具有流动性、多样性、高空作业多、生产周期长、消耗资源大、涉及的单位和专业工种多、机械化强度低、劳动强度大等特点。导致了建设工程合同项目风险大、环境复杂、参与方多、投资规模巨大，所签订的合同种类繁多。因此，出现建设工程合同纠纷的可能性大。

1. 建设工程合同纠纷产生的原因

(1) 建设工程合同涉及的问题广泛而复杂

建设工程活动涉及勘探测量、设计咨询、物资供应、现场施工、竣工验收、维护修理等全过程，有些还涉及试车投产人员培训，运营管理乃至备件供应和保证生产等工程竣工后的责任，每一项进程都可能涉及标准劳务、质量、进度、监理、计量和付款等技术、商务、法律和经济问题。

(2) 建设工程合同履行时间长

建设工程项目合同周期长，履约过程中，由于建设工程内外部环境条件、法律法规政策和工程业主意愿变化导致工程变更、履约困难和支付款项方面的问题增多，由此引起工期拖延、迟误、责任划分纠纷。

(3) 建设工程合同各方利益期望值相悖

在建设工程合同商签期间，业主和承包商的期望值并不完全一致，业主要求尽可能将合同价款压低并得到严格控制执行；而承包商虽希望提高合同价格，但由于激烈的市场竞争，只好在价格上退让，以免失去中标机会。但承包商希望在执行合同中通过其他途径获得额外补偿，这种期望值的差异虽因暂时的妥协而签定了合同，却埋下了纠纷的隐患。

2. 建设工程合同的常见纠纷

(1) 实际完成工程量纠纷

除合同有约定外，多数承包合同的付款按实际完成工程量乘以该工程单价计算。虽然合同已确定工程量，约定了合同价款，但实际施工中还会出现很多变化，如设计变更、监理工程师签发的变更指令、现场地质、地形条件的变化，以及计量方法等引起的工程量的增减。但由于承包商对于发生的工程量增减往往不能实事求是，遭到业主或监理工程师的拒绝或拖延不决，因而造成发承包双方的纠纷。

(2) 工期延误责任纠纷

建设工程的工期延误，都是由于工程施工过程中出现的各种错综复杂的原因所致。因此，在许多合同条款中都约定了竣工逾期违约金，但同时也规定承包商对于非自己责任的工期延误免责，甚至对业主方面的原因造成的工期延误，有权要求业主赔偿该项目工期延误的损失。但由于工期延误的原因是多方面的，要分清各方的责任有时比较困难，致使发承包双方对工期延误的责任认定容易产生分歧。

(3) 质量纠纷

建设工程施工合同中承包方所用建筑材料不符合质量标准要求，偷工减料，无法生产出合同规定的合格产品，导致施工有严重缺陷造成质量纠纷。

(4) 工程付款纠纷

工程量、工期、质量的纠纷都会导致或直接表现为付款纠纷，施工过程中业主按进度支付工程款时，会扣除监理工程师未予确认的某些分项工程量，认为存在质量问题。而承包商不承认某些工程有质量问题，从而引起发承包双方的工程付款纠纷。

(5) 安全损害赔偿纠纷

安全损害赔偿纠纷包括相邻关系纠纷引发的损害赔偿、施工人员安全、设备安全、施工导致第三人安全、工程本身发生安全事故等方面的纠纷。特别是建筑工程相邻关系纠纷较多（如安全防护、施工噪声、空气和环境污染等），这已成为城市居民十分关心的问题。《建筑法》第39条规定："施工现场对毗邻的建筑物、构筑物和特殊作业环境可能造成损害的，建筑施工单位应当采取安全防护措施。"

(6) 终止合同的纠纷

业主认为，当承包商不履约，严重拖延工程并无力改变局面，或承包商破产或严重负债无力偿还，致使工程停顿等情形时，业主可宣布终止合同将承包商逐出工地，并要求赔偿损失，甚至通知开具履约保函和预付款保函的银行全额支付保函金额。承包商则否认自己责任，要求取得已完工程的款项。同样，业主不履约，严重拖延应付工程款并已无力支付欠款、破产或严重干扰阻碍承包商工作等，承包商可终止合同，业主则否认上述行为，双方发生终止合同纠纷。

(7) 工程保修纠纷

在工程保修期的质量缺陷修复问题，业主与承包商之间产生的纠纷较多。例如有的工程还未办理竣工验收手续，业主就强行使用，结果在使用过程中发现了工程质量缺陷，业主要求承包商维修，并在保修金中扣除维修费；但承包商不同意，理由是工程未办理竣工手续，业主便强行使用，质量缺陷是业主在使用过程中造成的，其责任和维修费用应由业主承担。

3. 建设工程合同纠纷的解决方式

根据我国有关法律的规定，建设工程合同纠纷的解决方式，主要有当事人双方协商、调解、仲裁或诉讼四种方式。

(1) 建设工程合同纠纷的协商解决

协商是解决民事纠纷经常采用的行之有效的方法之一。协商是指建设工程合同纠纷的当事人双方在没有第三者参加的情况下，本着平等、自愿、互谅、互让的精神，根据法律和事实，分清是非，明确责任，就争议的问题达成和解协议，使建设工程合同纠纷得到及时妥善解决的一种方式。这种方式的优点是简便易行，有利于双方的团结合作，能够及时解决纠纷，对所达成的协议，也便于履行。其缺点是双方就解决纠纷所达成的协议不具有强制执行的效力，当事人较易反悔。

(2) 建设工程合同纠纷的调解解决

调解是指建设工程合同纠纷当事人在不能相互协商时，根据一方当事人的申请，在建设工程合同行政管理部门或其他第三方主持下，坚持自愿、依法、公平公正的原则，促使纠纷当事人相互谅解，统一认识，达成和解协议，解决建设工程合同纠纷。发挥第三人在建设工程合同纠纷调解中的作用，有效利用调解程序，提高调解成功率有利于化解纠纷，减少诉讼，节约司法成本。调解与自行协商的性质、特点以及采取该方式解决纠纷的基本原则都是相同的，不同之处只是调解是在第三方的参与下进行而已。

调解合同纠纷有三种情况：第一种是在仲裁过程中发生的，即仲裁庭在作出裁决前，可以先进行调解，也就是仲裁庭的组成人员作为第三人进行合同纠纷的调解；第二种是在诉讼过程中发生的，即人民法院进行审理案件时进行的调解，也就是由审判员或合议庭组成人员作为第三人进行合同纠纷的调解；第三种情况与以上两种情况最大的不同点，就是由仲裁机构或人民法院以外的任何第三人担任调解人，当事人可以选择。

值得注意的是，这里所谈的合同纠纷调解，属于第三种调解，与仲裁机构或法院以调解方式结案的调解不同。第三种调解是诉讼外的调解，不具有法律上的强制执行力，当事人如果不履行该调解协议的，不能直接申请法院强制执行；后者是仲裁或诉讼过程中在仲裁机构或法院主持下，当事人达成的调解协议，该调解协议在法律效力上同仲裁书或判决书，当事人不履行的，另一方当事人可直接依此向法院申请强制执行。

（3）建设工程合同纠纷的仲裁解决

仲裁又称“公断”。解决合同纠纷除采用协商或调解外，还可以采用申请仲裁机构审理的方法。建设工程合同纠纷的仲裁，是仲裁机构根据当事人双方的申请，依据《仲裁法》的规定，对建设工程合同的争议，通过仲裁解决建设工程合同纠纷。

（4）建设工程合同纠纷的诉讼解决

诉讼是法律赋予公民和法人的基本权利之一，任何组织或个人的合法权益受到侵害时，都有权诉诸人民法院，请求人民法院行使国家审判权，保护其合法权益。当事人依照法律规定和建设工程合同纠纷的性质，可以提起民事诉讼或行政诉讼，性质上属于公力救助，也是当事人寻求救助的最后途径。对建设工程合同纠纷导致违法犯罪的，由检察机关提起刑事诉讼，保护当事人的合法权益和人身权利。

值得注意的是，仲裁制度和诉讼制度是解决建设工程合同纠纷的两种截然不同制度，选择诉讼就不能选择仲裁。选择仲裁的前提是双方达成仲裁的合意即有仲裁协议或仲裁条款。在我国诉讼有严格的级别管辖和地域管辖，当事人不得随意选择受诉法院，而仲裁允许当事人通过仲裁协议或仲裁条款选择仲裁地和仲裁庭的组成人员。诉讼是两审终审，而仲裁是一次裁决具有终局性。

（二）建设工程合同纠纷仲裁

建设工程合同仲裁是指合同仲裁机构根据公民或法人的申请，依法对其发生的有关建设工程合同订立、履行、变更、中止、解除过程中的纠纷，做出具有约束力的调解或仲裁。

在建设工程合同仲裁中，仲裁机构是以第三者的身份，对当事人争执的事实和权利义务关系，依法做出裁决。它既不同于人民法院对建设工程合同纠纷案件进行审理的诉讼活动，也不属于建设工程合同行政管理机关对建设工程合同的管理活动，而是处于当事人之间的居中地位，为解决当事人建设工程合同纠纷进行裁处。建设工程合同仲裁在机构设置、审理程序以及行为效力等方面要与《仲裁法》规定相符合。

1. 建设工程合同仲裁的原则

（1）自愿仲裁原则

《仲裁法》第 4 条规定：“当事人采用仲裁方式解决纠纷，应当自愿，达成仲裁协议。没有达成仲裁协议，一方申请仲裁的，仲裁委员会不予受理。”第 6 条规定：“仲裁委员会应当由当事人协议选定”。根据《仲裁法》规定，解决合同纠纷，是否采用仲裁方法，必须是合同双方当事人协商一致，自愿仲裁。若只有一方申请仲裁，仲裁委员会是不受理的。

（2）以事实为根据，以法律为准绳原则

《仲裁法》第 7 条规定：“仲裁应当根据事实，符合法律规定，公平合理地解决纠纷。”仲裁机构在进行仲裁过程中或作出仲裁裁决时，必须是以客观事实为依据，并在客观事实的基础上，要依法公平合理地进行仲裁。公平合理是建立在各方当事人法律地位平等的基础上，秉公办事，公正和合法的裁决，以体现仲裁委员会对当事人适用法律的平等，维护当事人的合法权益，正确解决合同纠纷。

（3）独立仲裁的原则

《仲裁法》第8条规定："仲裁依法独立进行，不受行政机关、社会团体和个人的干涉"。在仲裁过程中，人民法院对仲裁活动有权监督。

2. 建设工程合同仲裁的基本制度

（1）或裁或审制度

《仲裁法》第5条规定："当事人达成仲裁协议，一方向人民法院起诉的，人民法院不予受理，但仲裁协议无效的除外。"对建设工程合同纠纷，当事人可以采取裁或审的方式解决，而不能既申请仲裁，又提起诉讼。因为，仲裁或诉讼都是解决合同纠纷的方法，既然合同纠纷当事人双方自愿选择了仲裁方法解决合同纠纷，仲裁委员会和人民法院都要尊重合同纠纷当事人的意愿。仲裁委员会在审查当事人申请仲裁符合仲裁条件时，应当受理合同纠纷案件。另外人民法院则依法告知因双方有有效的仲裁协议，应当向仲裁机构申请仲裁。

（2）一裁终局制度

《仲裁法》第9条规定："仲裁实行一裁终局制度。"也就是说，仲裁委员会作出裁决后，当事人就同一纠纷再向仲裁委员会申请仲裁或者向人民法院起诉的，仲裁委员会和人民法院均不予受理。但是，对仲裁委员会作出的裁决不服时，并提出足够的证据，可以向人民法院申请撤销裁决。裁决被人民法院依法裁定撤销或者不予执行的，当事人可以就已裁决的纠纷，重新达成仲裁协议申请仲裁，或向人民法院起诉。如果撤销裁决的申请被人民法院裁定驳回时，仲裁委员会作出的裁决仍然要执行。

3. 仲裁程序

仲裁活动除了要遵循仲裁原则和仲裁制度外，还必须依据《仲裁法》规定的程序进行。仲裁程序分为协议、申请、受理、开庭和裁决四个阶段。

（1）仲裁协议

仲裁协议是申请仲裁的先决条件。只有当事人在合同内订立了仲裁条款或以其他书面形式在纠纷发生前或纠纷发生后达成了请求仲裁的协议，仲裁委员会才会受理仲裁申请。仲裁协议应包括下列内容：

1）请求仲裁的意思表示。是指合同当事人各方对发生的纠纷一致同意采取仲裁方法解决。

2）仲裁事项。是指发生的合同纠纷事件，申请仲裁委员会仲裁。

3）选定的仲裁委员会。根据《仲裁法》规定："仲裁不实行级别管辖和地域管辖"，任何一个仲裁委员会，都可以受理仲裁申请，进行仲裁活动。因此，《仲裁法》规定："仲裁委员会应当由当事人协议选定。"也就是说，仲裁委员会由当事人各方协商一致选定，这充分体现了仲裁的自愿原则。

（2）仲裁申请

当事人申请仲裁必须具备的条件是：有仲裁协议；有具体的仲裁请求和事实、

理由；属于仲裁委员会的受理范围。

在具备申请仲裁条件后，当事人应当向仲裁委员会递交仲裁申请书。仲裁申请书应写明下列事项：

1）当事人的姓名、性别、年龄、职业、工作单位和住所，法人或其他组织的名称、地址和法定代表人或者主要负责人的姓名、职务；

2）仲裁请求和所根据的事实、理由；

3）证据和证据来源、证人姓名和住所。

申请仲裁时，应当向仲裁委员会递交仲裁协议、仲裁申请及其他有关材料。

(3) 仲裁受理

仲裁委员会收到当事人的仲裁申请书之日起五日内，认为符合受理条件的，应当受理，并通知当事人；认为不符合受理条件的，应当书面通知当事人不予受理，并说明理由。

仲裁委员会受理仲裁申请后，应当在仲裁规则规定的期限内将仲裁规则和仲裁员名册送达申请人，并将仲裁申请书副本和仲裁规则、仲裁员名册送达被申请人。当事人应当在仲裁规则规定的期限内约定仲裁庭的组成方式或者选定仲裁员，没有约定或选定的，由仲裁委员会主任指定。

(4) 开庭和裁决

仲裁一般应开庭进行，但当事人协议不开庭的，也可以不开庭，而由仲裁庭根据仲裁申请书、答辩书以及其他材料作出裁决。仲裁不公开进行，如果当事人协议公开进行的，可以公开进行，但涉及国家秘密的除外。

开庭应当根据仲裁法的规定和仲裁规则进行。一般经过调查、辩论、调解、裁决等阶段。当事人在仲裁过程中有权进行辩论，辩论终结时，首席仲裁员或者独任仲裁员应当征询当事人的最后意见。仲裁庭作出裁决前，可以先行调解，调解成功的，调解书经双方当事人签收后，即发生法律效力。若当事人不愿调解或调解不成的，以及当事人在签收调解书前反悔的，仲裁庭应当及时作出裁决，裁决书自作出之日起发生法律效力。

仲裁书要写明仲裁请求、争议事实、裁决结果、仲裁费用的负担和裁决日期。裁决书由仲裁员签名，加盖仲裁委员会印章。

4. 申请撤销仲裁裁决

申请撤销仲裁裁决是法律赋予当事人的一项重要权利，仲裁裁决违反《仲裁法》的有关规定应属可撤销之列的，当事人有权申请人民法院予以撤销。法律赋予当事人该项权利，目的在于消除错误的仲裁裁决的不良后果，维护当事人的合法权益。根据《仲裁法》第58条规定，当事人有证据证明裁决有下列情形之一的，可以向仲裁委员会所在地的中级人民法院申请撤销裁决：

(1) 没有仲裁协议的；

(2) 裁决的事项不属于仲裁协议的范围或者仲裁委员会无权仲裁的；

(3) 仲裁庭的组成或者仲裁的程序违反法定程序的；

(4) 裁决所根据的证据是伪造的；

(5) 对方当事人隐瞒了足以影响公正裁决证据的；

（6）仲裁员在仲裁该案时有索贿受贿、徇私舞弊、枉法裁决行为的。

此外，如果当事人认为仲裁裁决违背社会公共利益的，可以申请人民法院对该裁决进行审查，人民法院认定该裁决确系违背社会公共利益的，应当裁定撤销。

申请撤销裁决的，应当自收到裁决书之日起六个月内提出。人民法院应当在受理撤销裁决申请之日起两个月内作出撤销裁决或者驳回申请的裁定。

5. 仲裁裁决的执行

依据《仲裁法》第62条规定，当事人应当自觉履行裁决，如果一方当事人不履行的，另一方当事人有权依照民事诉讼法的有关规定向人民法院申请执行。《民事诉讼法》第217条第（1）款规定："对依法设立的仲裁机构的裁决，一方当事人不履行的，对方当事人可以向有管辖权的人民法院申请执行。受申请的人民法院应当执行。"撤销裁决的申请被裁定驳回的，人民法院应当裁定恢复执行。仲裁裁决被人民法院裁定不予执行的，当事人可以根据双方达成的书面仲裁协议重新申请仲裁，也可以向人民法院提起诉讼。

（三）建设工程合同纠纷诉讼

诉讼是指当事人双方之间发生的纠纷未通过自行协商、调解或仲裁的途径解决，而交由法院作出判决。诉讼是按照民事诉讼程序向人民法院对一定的人提出权益主张并要求人民法院予以解决和保护的请求。

1. 诉讼的基本原理

（1）诉讼的基本特征

1）提出诉讼请求的一方，是自己的权益受到侵犯和与他人发生争端；

2）该权益的争端，应当适用于民事诉讼解决程序；

3）请求的目的是为了使法院通过审判，保护受到侵犯和发生争端的权益。

（2）诉讼的特点

1）人民法院受理案件，任何一方当事人都有权起诉，而无须征得对方当事人同意。

2）向人民法院提起诉讼，应当遵循地域管辖、级别管辖和专属管辖的原则。

3）当事人在不违反级别管辖和专属管辖原则的前提下，可以选择管辖法院。当事人协议选择由法院管辖的，仲裁机构不予受理。

4）人民法院审理案件，实行两审终审制度。当事人对人民法院作出的一审判决、裁定不服的，有权上诉。对生效判决、裁定不服的，尚可向人民法院申请再审。

（3）诉讼的条件

1）合同纠纷当事人不愿和解或调解的，可以直接向人民法院起诉；

2）合同纠纷当事人经过和解或调解不成的，可以向人民法院起诉；

3）当事人没有订立仲裁协议或者仲裁协议无效的，可以向人民法院起诉；

4）仲裁裁决被人民法院依法裁定撤销或者不予执行的，可以向人民法院起诉。

选择诉讼方法解决合同纠纷可以在签订合同时，双方约定；但在合同履行过程中发生纠纷时采用诉讼方法，当事人可依法选择有管辖权的人民法院，但不得违反《民事诉讼法》对级别管辖和专属管辖的规定。

2. 建设工程合同诉讼的原则

依据我国有关法律规定，民事诉讼活动必须遵循以下四个原则：

(1) 人民法院依法独立审判民事案件的原则

《宪法》第126条规定："人民法院依照法律规定独立行使审判权，不受行政机关、社会团体和个人的干涉。"这是我国最高法律赋予人民法院的权利，也是诉讼活动必须遵循的原则。

(2) 民事诉讼当事人有平等的诉讼权利原则

1) 诉讼当事人双方有平等的诉讼权利；

2) 双方当事人有同等的行使诉讼权利的手段；

3) 双方当事人负有同等的诉讼义务。

(3) 人民法院审理案件，遵循以事实为根据、以法律为准绳原则

这一原则是民事诉讼的各项原则中居核心地位的原则。事实是适用法律的前提和基础，法律是解决案件的尺度和标准，二者相辅相成，只有在查明案件的基础上，才能使用法律，正确处理案件。

(4) 人民法院审理民事案件，应当根据自愿和合法的原则进行调解，也就是先行调解原则。法院调解和审理判决一样，都是解决民事纠纷案件的一种方法。因此，调解始终是贯穿于诉讼的全过程中。

3. 建设工程合同诉讼的基本制度

《民事诉讼法》第10条规定："人民法院审理民事案件，依照法律规定实行合议、回避、公开审判和两审终审制度。"

(1) 回避制度

回避制度是指人民法院审判某一案件的审判人员，不参加处理与自己有利害关系或其他关系的案件。采取回避制度的目的是避开嫌疑，防止审判人员利用职权徇私舞弊，以保证审理工作正常进行。根据《民事诉讼法》第45条规定：审判人员有下列情形之一的，必须回避，当事人有权用口头或者书面方式申请他们回避：

1) 是本案当事人或者当事人、诉讼代理人的近亲属；

2) 与本案有利害关系；

3) 与本案当事人有其他关系，可能影响对案件公正审理的。

上述需要回避的情形，不仅适用于审判人员，也适用于书记员、翻译人员、鉴定人员和勘验人员。

当事人提出回避申请，必须说明理由，在案件开始审理时提出。案件开始审理后知道的，也可以在法庭辩论终结前提出。是否需要回避，由人民法院作出决定。根据需要回避的审判人员的身份，分别由审判委员会、法院院长或审判长作出回避决定。

(2) 合议制度

合议制度是人民法院审判诉讼案件的一种人员组成形式。审判诉讼案件的人员组成形式有独任制审判庭和合议制审判庭两种。我国《民事诉讼法》规定：只

有适用简易程序审理的民事案件，由审判员一人独任审理外，采用其他程序审理案件的均采用合议制度。合议制度要求参加合议庭的人员享有平等的权利，对整个案件审理过程，包括调查、审理、判决、裁定，都要共同研究决定。合议庭评议案件实行少数服从多数原则，这是民主集中制在审判工作中的具体体现。

(3) 公开审判制度

公开审判制度是指案件的审判活动公开进行。即对社会公开，案件开庭的时间、地点对外公布，允许公民进入法庭旁听，允许新闻记者采访，判决结果对外宣布。

(4) 两审终审制

两审终审制是指诉讼案件经过两级法院审判即告终结的制度。即地方各级人民法院对民事诉讼案件，第一审判决和裁定，当事人不服，可以在规定时间内向上一级人民法院上诉，上一级人民法院作出的第二审判决和裁定是终审的判决和裁定，当事人不得再向上一级法院上诉。

4. 管辖

在民事诉讼中，管辖是指确定法院审理第一审民事纠纷案件的权限。即各级法院和同级法院之间对审理第一审民事纠纷案件的内部分工。

人民法院受理民事案件，遵循级别管辖、地域管辖和专属管辖的原则。

级别管辖是人民法院对受理第一审民事案件的分工，即基层人民法院、中级人民法院、高级人民法院和最高人民法院，分别受理自己管辖范围内的第一审民事案件。我国《民事诉讼法》规定：基层人民法院管辖第一审民事案件，但是法律另有规定的除外。中级人民法院管辖的第一审民事案件是涉外案件和本管辖区有重大影响的案件。高级人民法院管辖在本辖区有重大影响的第一审民事案件。最高人民法院管辖在全国有重大影响的，以及它认为应当由自己审判的第一审民事案件。

地域管辖是按行政区域划分的人民法院对第一审案件审判管辖的权限和分工。《民事诉讼法》第24条规定：“因合同纠纷提起诉讼，由被告住所地或者合同履行地人民法院管理。”

专属管辖是指根据诉讼标的或案件的其他特殊性质，由法律规定的特定的人民法院实施的审判管理。专属管辖具有排他性，即排除一般地域管辖和特殊地域管辖，也排除当事人的协议管辖。

建设工程合同的履行对象是建设工程，合同的履行地为建设工程项目所在地。因此，因建设工程合同所产生的纠纷，应由建设工程项目所在地有管辖权的人民法院管辖为宜。但如果合同没有实际履行，当事人双方住所地又都不在合同约定的履行地的，应由被告住所地人民法院管辖。

5. 建设工程合同诉讼程序

建设工程合同纠纷诉讼应按规定程序进行。通常起诉人首先递交起诉状，然后人民法院按法庭调查、法庭辩论和判决进行审理和判决。

(1) 起诉状

起诉人在符合起诉条件的情况下，向有管辖权的人民法院递交起诉状。起诉状主要包括以下内容：

1）当事人的姓名、性别、年龄、民族、职业、工作单位和住所，法人或者其他组织的名称、地址和法定代表人或者主要负责人的姓名、职务；

2）诉讼请求和所根据的事实和理由；

3）证据和证据来源，证人姓名和住址。

人民法院接到起诉状后，经审查，符合《民事诉讼法》有关规定的受理条件的应依法立案，否则不予受理。

人民法院受理合同纠纷案件，着重进行调解。调解无效时进行审理和判决。

（2）法庭调查

法庭调查通常按下列顺序进行：

1）当事人陈述；

2）告知证人的权利义务，询问证人，宣读未到庭的证人证言；

3）询问鉴定人，宣读鉴定结论；

4）出示书证、物证和视听材料；

5）宣读鉴定结论。

当事人在法庭上，可以提出新证据。经法庭许可当事人可以向证人、鉴定人、勘验人发问，人民法院决定是否允许当事人要求重新进行鉴定、调查或者勘验。

（3）法庭辩论

辩论一般按下列顺序进行：

1）原告及其诉讼代理人发言；

2）被告及其诉讼代理人答辩；

3）第三人及其代理人发言或者答辩；

4）互相辩论。

法庭辩论终结，由审判长按原告、被告的先后顺序征询双方最后意见。可以再行调解，调解未达成协议的，依法作出判决。

（4）判决

人民法院要公开宣告判决。判决应制作判决书，内容主要包括：

1）案由、诉讼请求、争议的事实和理由；

2）判决认定的事实、理由和运用的法律；

3）判决结果和诉讼费用的负担；

4）上诉期限和上诉的法院。

判决书由审判人员、书记员署名，加盖人民法院印章。

以上是人民法院审理合同纠纷案件的第一审程序的主要内容。如果当事人不服第一审判决的，在判决书规定的上诉期限内，有权向上一级人民法院提起上诉。第二审人民法院收到上诉状，依法进行审理，并做出终审判决。

（四）仲裁时效与诉讼时效

通过仲裁、诉讼的方式解决建设工程合同纠纷的，应当注意和遵守有关仲裁时效与诉讼时效的法律规定。

1. 时效的基本概念

（1）时效的含义

时效包括仲裁时效和诉讼时效两种。

1）仲裁时效。是指当事人在法定申请仲裁的期限内没有将其纠纷提交仲裁机关进行仲裁的，即丧失请求仲裁机关保护其权利的权利。在明文约定合同纠纷由仲裁机关仲裁的情况下，若合同当事人在法定提出仲裁申请的期限内没有依法申请仲裁的，则该权利人的民事权利不受法律保护，债务人可依法免于履行债务。

2）诉讼时效。是指权利人在法定提起诉讼的期限内如不主张其权利，即丧失请求法院依诉讼程序强制债务人履行债务的权利。诉讼时效实质上就是消灭时效，诉讼时效期间届满后，债务人依法可免除其应负之义务，即权利人在诉讼时效期间届满后才主张权利的，丧失了胜诉权，其权利不受司法保护。

（2）时效制度

时效制度是指一定的事实状态经过一定的期间之后即发生一定的法律后果的制度。民法上所称的时效，可分为取得时效和消灭时效，一定事实状态经过一定的期间之后即取得权利的，为取得时效；一定事实状态经过一定的期间之后即丧失权利的，为消灭时效。

法律确立时效制度的意义，是为了防止债权债务关系长期处于不稳定状态，催促债权人尽快实现债权，避免债权债务纠纷因年长日久而难以举证，便于对合同纠纷的解决。

（3）诉讼时效的法律特征

1）诉讼时效期间届满后，债权人仍享有向法院提起诉讼的权利，只要符合起诉的条件，法院应当受理。至于是否支持原告的诉讼请求，应审查有无延长诉讼时效的正当理由。

2）诉讼时效期间届满，又无延长诉讼时效的正当理由的，债务人可以以原告的诉讼请求已超过诉讼时效期间为抗辩理由，请求法院予以驳回。

3）债权人的实体权利不因诉讼时效期间届满而丧失，但其权利的实现依赖于债务人的自愿履行。如债务人于诉讼时效期间届满后清偿了债务，债权人的请求已超过诉讼时效期间为由反悔的，亦为法律所不允。《中华人民共和国民法通则》第 138 条规定："超过诉讼时效期间，当事人自愿履行的，不受诉讼时效限制。"

4）诉讼时效属于强制性规定，不能由当事人协商确定。当事人对诉讼时效的长短所达成的任何协议，均无法律约束力。

2. 诉讼时效时间

（1）诉讼时效期间的起算

诉讼时效期间的起算是指诉讼时效期间从何时开始。《中华人民共和国民法通则》第 135 条规定，向人民法院请求保护民事权利的诉讼时效期间为 2 年，法律另有规定的除外。第 137 条规定，诉讼时效期间从权利人知道或者应当知道其权利被侵害时起计算。例如，某业主欠某建筑工程公司工程款 300 万元，双方约定在 2006 年 8 月 31 日前付清，如业主到期未付清，则建筑工程公司请求法院强制业主清偿债务的诉讼时效期间，从 2006 年 9 月 1 日起计算。

（2）诉讼时效期间的中止

诉讼时效期间的中止是指诉讼时效期间开始后，因一定法定事由的发生，阻碍了权利人提起诉讼，为保护其权益，法律规定暂时停止诉讼时效期间的计算，已经经过的诉讼时效期间仍然有效，待阻碍诉讼时效期间继续进行的事由消失后，时效继续进行。《中华人民共和国民法通则》第139条规定："在诉讼时效期间的最后6个月内，因不可抗力或者其他障碍不能行使请求权的，诉讼时效中止。从中止时效的原因消除之时起，诉讼时效期间继续计算。"

诉讼时效期间的中止，必须满足下列条件：

1）必须有中止诉讼时效的事由。即必须是不可抗力或者其他客观障碍，致使权利人无法行使请求权的情况。

2）中止时效事由的发生，必须是在诉讼时效期间届满前的最后6个月内。如该事由系在最后6个月之前发生的，不能以诉讼时效中止为延长诉讼时效的理由。如果该事由是在最后6个月内发生的，被阻碍行使请求权的日数，可以在届满之日起补回。

（3）诉讼时效期间的中断

诉讼时效期间的中断是指诉讼时效期间开始计算后，因一定法定事由的发生，阻碍了时效的进行，致使以前经过的时效期间全部无效，中断时效的事由消除之后，诉讼时效期间重新计算。《中华人民共和国民法通则》第140条规定："诉讼时效因提起诉讼，当事人一方提出要求或者同意履行义务而中断。从中断时起，诉讼时效期间重新计算。"例如，某业主欠某建筑工程公司工程款300万元，双方约定在2006年8月31日前付清，但期满时业主未付，则诉讼时效期间应从2006年9月1日起计算，至2008年8月31日届满。2008年6月20日该建筑工程公司派人催促业主付款。由于建筑工程公司催促引起诉讼时效的中断，诉讼时效期间应自2008年6月21日起重新计算，直至2010年6月19日届满。

诉讼时效期间的中断，必须满足下列条件：

1）诉讼时效中断的事由必须是在诉讼时效期间开始计算之后，届满之前发生；

2）诉讼时效中断的事由，应当属于下列情况之一：

①权利人向法院提起诉讼。

②当事人一方提出要求。提出要求的方式可以是书面的方式、口头的方式等。

③当事人一方同意履行债务。同意的形式可以是口头承诺、书面承诺等。

应当注意，虽然诉讼时效期间可因权利人多次主张权利或债务人多次同意履行债务而多次中断，且中断的次数没有限制，但权利人应当在权利被侵害之日起最长不超过20年的时间内提起诉讼。否则，在一般情况下，权利人之权利不再受法律保护。《中华人民共和国民法通则》第137条规定："诉讼时效期间从知道或者应当知道权利被侵害时起计算。但是，从权利被侵害之日起超过20年的，人民法院不予保护。有特殊情况的，人民法院可以延长诉讼时效期间。"

（4）诉讼时效期间的延长

诉讼时效期间的延长是指人民法院对于诉讼时效完成的期限给予适当的延长。

根据《中华人民共和国民法通则》第137条的规定，诉讼时效的延长，应当有特殊情况的发生。所谓特殊情况，最高人民法院《关于贯彻执行中华人民共和国民法通则若干问题的意见（试行）》第169条规定："权利人由于客观的障碍在法定诉讼时效期间内不能行使请求权的，属于民法通则第137条规定的'特殊情况'。"

3.解决建设工程合同纠纷适用时效法律规定应注意的问题

(1) 关于时效期间的计算问题

1) 追索工程款、勘察费、设计费，仲裁时效期间和诉讼时效期间均为2年，从工程竣工之日起计算，双方对付款时间有约定的，从约定的付款期限届满之日起计算。

工程因建设单位的原因中途停工的，仲裁时效期间和诉讼时效期间应当从工程停工之日起计算。

工程竣工或工程中途停工，施工单位应当积极主张权利。施工单位提出工程竣工结算报告或对停工工程提出中间工程竣工结算报告，系施工单位主张权利的基本方式，可引起诉讼时效的中断。

2) 追索材料款、劳务款，仲裁时效期间和诉讼时效期间亦为2年，从双方约定的付款期限届满之日起计算；没有约定期限的，从购方验收之日起计算，或从劳务工作完成之日起计算。

3)《中华人民共和国民法通则》第136条第三款规定："出售质量不合格的商品未申明的"情况，仲裁时效期间和诉讼时效期间均为一年，从商品售出之日起计算。超过一年的，人民法院不予受理。

(2) 适用有关仲裁时效和诉讼时效的法律规定，保护自身债权的具体做法

根据《中华人民共和国民法通则》的规定，诉讼时效因提起诉讼、债权人提出要求或债务人同意履行债务而中断。从中断时起，诉讼时效期间重新计算。因此，对于债权，具备申请仲裁或提起诉讼条件的，应在规定的时效期限内提请仲裁或提起诉讼；尚不具备条件的，应设法引起诉讼时效中断，具体办法有：

1) 工程竣工后或工程中间停工的，应尽早向建设单位或监理单位提出结算报告；对于其他债权，亦应以书面形式主张债权。对于履行债务的请求，应争取到对方有关工作人员签名、盖章，并签署日期。

2) 债务人不予接洽或拒绝签字盖章的，应及时将要求该单位履行债务的书面文件制作一式数份，至少自存一份备查。将该文件以电报的形式或其他妥善的方式通知对方。

(3) 主张债权已超过时效期间的补救办法

债权人主张债权超过诉讼时效期间的，除非债务人自愿履行，否则债权人依法不能通过仲裁或诉讼的途径使其履行。在这种情况下，应设法与债务人协商，并争取达成履行债务的协议。只要签订该协议，债权人仍可通过仲裁或诉讼途径使债务人履行债务。最高人民法院1997年4月16日法复［1997］4号司法解释——《关于超过诉讼时效期间当事人达成的还款协议是否应当受法律保护问题的批复》规定："超过诉讼时效期间，当事人双方就原债务达成的还款协议，属于新的债权、债务关系。根据《中华人民共和国民法通则》第90条规定的精神，该还

款协议应受法律保护。”最高人民法院 1999 年 1 月 29 日法释（1999）7 号司法解释——《关于超过诉讼时效期间借款人在催款通知单上签字或者盖章的法律效力问题的批复》规定：“根据《中华人民共和国民法通则》第 4 条、第 90 条规定的精神，对于超过诉讼时效期间，信用社向借款人发出催收到期贷款通知单，债务人在该通知单上签字或者盖章的，应当视为对原债务的重新确认，该债权债务关系应受法律保护。”

复习思考题

1.《合同法》和《司法解释》对合同无效认定有何规定？
2.《合同法》和《司法解释》对合同无效的处理有何规定？
3. 合同当事人在什么情形下可以行使解除合同的权利？
4.《司法解释》对工程垫款及垫款利息有何规定？
5.《司法解释》对工程质量缺陷而产生的法律后果有哪些规定？
6. 在工程合同协议书中约定的开竣工日期有哪几种形式？
7.《司法解释》对工程价款结算有何规定？
8.《司法解释》对工程争议的解决有哪些规定？
9. 工程签证的概念和法律特征是什么？
10. 建设工程施工合同示范文本有关工程签证有哪些规定？
11. 工程索赔的概念和法律特征是什么？
12. 工程索赔应遵循的原则是什么？
13. 为什么发承包双方在履行合同过程中要进行工程索赔？
14. 如何进行工程索赔？
15. 工程索赔的类型有哪些？
16. 通常索赔和反索赔有何区别？
17. 建设工程施工合同示范文本对工程索赔的规定和要求有哪些？
18. 通常由业主或监理工程师的原因所引起的索赔事件有哪些？
19. 通常由承包人原因引起的延误有哪些？
20. 通常不可控制因素导致的延误有哪些？
21. 工期索赔的计算方法有哪几种？掌握各种方法的应用。
22. 通常承包人向发包人进行费用索赔事件有哪些？
23. 发包人向承包人的费用索赔（反索赔）事件有哪些？
24. 进行费用索赔应注意哪些问题？
25. 建设工程合同的常见纠纷事项有哪些？
26. 建设工程合同纠纷的解决方式有哪几种？
27. 建设工程合同仲裁的概念、原则和基本制度是什么？
28. 通常建设工程合同仲裁按什么程序进行？
29. 建设工程合同纠纷诉讼的概念、基本特征、特点及条件是什么？
30. 建设工程合同应遵循诉讼的原则和基本制度是什么？
31. 我国民事诉讼中的管辖有何规定？

32. 通常建设工程合同诉讼按什么程序进行？
33. 什么是仲裁时效和诉讼时效？
34. 诉讼时效有哪些法律特征？
35. 我国法律对诉讼时效时间有哪些规定？
36. 我国法律对诉讼时效期间的起算、中止、中断及延长有何规定？
37. 解决建设工程合同纠纷适用时效法律规定应注意哪些问题？

附录　黑龙江省《建设工程施工合同》(通用条款)

一、总则

1　词语定义

下列词语除专用条款另有约定外，应具有本条所赋予的定义：

1.1　合同：指发包人与承包人之间为实施、完成并保修工程所订立的合同。合同由通用条款第2.1款所列的文件组成。

1.2　通用条款：指根据法律、法规、规章、相关文件规定及建设工程施工的需要订立，通用于建设工程施工的条款。如果双方在专用条款中没有具体约定，均按通用条款执行。

1.3　专用条款：指发包人与承包人根据法律、法规、规章及相关文件规定，结合具体工程实际，经协商达成一致意见的条款，是对通用条款的具体化、补充或修改。

1.4　发包人：指在协议中约定，具有工程发包主体资格和支付工程价款能力的当事人以及取得该当事人资格的合法继承人。

1.5　发包人代表：指发包人指定的履行本合同的代表，其具体人选和职权在专用条款中约定。

1.6　承包人：指在协议书中约定，被发包人接受的具有工程施工承包主体资格的当事人以及取得该当事人资格的合法继承人。

1.7　承包人代表：指承包人在专用条款中指定的负责施工管理和合同履行的代表。

1.8　设计单位：指发包人委托的负责本工程设计并取得相应工程设计资质等级证书的当事人以及取得该当事人资格的合法继承人。

1.9　监理单位：指发包人委托的负责本工程监理并取得相应工程监理资质等级证书的当事人以及取得该当事人资格的合法继承人。

1.10　监理工程师：指发包人委托的负责本工程监理的单位委派的监理工程师，其具体人选和职权在专用条款中约定。

1.11　造价咨询单位：指发包人委托的负责本工程造价咨询且具有相应工程造价咨询资质的当事人，以及取得该当事人资格的合法继承人。

1.12　造价工程师（或造价员）：指发包人委托的负责本工程造价咨询的单位委派的造价工程师（或造价员），或者发包人委托的负责工程监理的单位委派的造价工程师（或造价员），或者发包人自己委派的造价工程师（或造价员）。

1.13　工程造价管理部门：指国务院有关部门、县级以上人民政府建设行政主管部门或其委托的工程造价管理机构。

1.14　县级以上建设行政主管部门：指各省（自治区、直辖市）建设厅、各地、市、县建设局（建委）。

1.15　工程：指发包人承包人在协议书中约定的承包范围内的工程。

1.16　合同价款：指发包人承包人在协议书中约定，发包人用以支付承包人按照合同约定完成承包范围内全部工程并承担质量保修责任的款项。

1.17　追加（或减少）合同价款：指在合同履行中发生需要增加（或减少）合同价款的情况，经发包人确认后按计算合同价款的方法增加（或减少）的合同价款。

1.18　费用：指不包含在合同价款之内的应当由发包人或承包人承担的经济支出。

1.19　工程量清单：指表现拟建工程的分部分项工程项目、措施项目、其他项目名称和相应数量的明细清单。

1.20　综合单价：指完成工程量清单中一个规定计量单位项目所需的人工费、材料费、机械使用费、管理费和利润，并考虑风险因素。

1.21　计价依据：指工程估算指标、概算定额（概算指标）、预算定额、费用定额、工期定额、补充定额、建设工程工程量清单计价规范、消耗量定额、施工机械台班费用定额、施工机械台班费用编制规则、概算定额单位估价表、预算定额单位估价表、人工单价、材料和设备价格以及有关工程造价调整规定等。

1.22　工期：指发包人、承包人在协议书中约定，按总日历天数（包括法定节假日）计算的承包天数。

1.23　开工日期：指发包人、承包人在协议书中约定，承包人开始施工的绝对或相对的日期。

1.24　竣工日期：指发包人、承包人在协议书中约定，承包人完成承包范围内工程的绝对或相对的日期。

1.25　分包人：指被发包人接受且具有相应资格，并与承包人签订了分包合同，分包一部分工程的当事人，以及取得该当事人资格的合法继承人。

1.26　分包工程：指工程中由分包人实施的非主体结构的专业工程。

1.27　单项工程：指具有独立的设计文件，竣工后可以独立发挥生产能力或工程效益的工程。组成工程的单项工程名称、内容和范围等应在专用条款中明确。

1.28　工程内容：指反映工程状况的一些指标内容，主要包括工程的建设规模、结构特征等，如建筑面积、结构类型、层数、长度、跨度、容量、生产能力等。

1.29　图纸：指由发包人提供或承包人提供并经发包人批准，满足承包人施工需要的所有图纸（包括配套说明和有关资料）。

1.30　施工场地：指由发包人提供的用于工程施工的场所以及发包人在图纸中具体指定的供施工使用的任何其他场所。

1.31　施工机械：指承包人临时带入现场用于工程施工的仪器、机械、运输工具和其他物品，但不包括用于或安装在工程中的材料设备。

1.32　书面形式：指合同书、信件和数据电文（包括电报、电传、传真、电子数据交换和电子邮件）等可以有形地表现所载内容的形式。

1.33　违约责任：指合同一方不履行合同义务或履行合同义务不符合约定所应承担的责任。

1.34　索赔：指在合同履行过程中，对于并非自己的过错，而是应由对方承担责任的情况造成的实际损失，向对方提出经济补偿和（或）工期顺延的要求。

1.35　不可抗力：指不能预见、不能避免并不能克服的客观情况。

1.36　小时或天：本合同中规定按小时计算时间的，从事件有效开始时计算(不扣除休息时间)；规定按天计算时间的，开始当天不计入，从次日开始计算。时限的最后一天是休息日或者其他法定节假日的，以节假日次日为时限的最后一天，但竣工日期除外。时限的最后一天的截止时间为当日24时。

1.37　第三方：除发包人、承包人双方（含双方成员及代表其工作的人员）以外的任何其他人或组织。

2　合同文件及解释顺序

2.1　下列组成本合同的文件是个合同整体，彼此应能相互解释，互为说明。除专用条款另有约定外，组成本合同的文件及优先解释顺序如下：

（1）本合同协议书；

（2）履行本合同的相关补充协议、会议纪要、工程变更、签证等文件；

（3）本合同专用条款；

（4）中标通知书；

（5）投标书（包括工程量清单报价书或预算书）及其附件；

（6）本合同通用条款；

（7）标准、规范与相关技术文件；

（8）图纸；

（9）工程量清单；

（10）专用条款约定的其他文件。

2.2　当合同文件内容含糊不清或不相一致时，在不影响工程正常进行的情况下，由发包人、承包人协商解决。双方也可以提请负责监理的工程师做出解释。双方协商不成或不同意负责监理的工程师的解释时，按本通用条款第67条关于争议的约定处理。

3　语言文字和适用法律、标准及规范

3.1　语言文字

本合同文件使用汉语语言文字书写、解释和说明。如专用条款约定使用两种以上（含两种）语言文字时，汉语应为解释和说明本合同的标准语言文字。

在少数民族地区，双方可以约定使用少数民族语言文字书写和解释、说明本合同。

3.2　适用法律、法规和规章履行合同期间，双方均应遵守国家现行的法律、法规、规章及有关文件。

3.3　适用工程建设标准发包人提供：工程建设标准或双方在专用条款中约定适用国家工程建设标准；没有国家工程建设标准但有行业工程建设标准的，约定适用行业工程建设标准的名称；没有国家和行业工程建设标准的，约定适用黑龙江省地方工程建设标准的名称。国内没有相应工程建设标准的，由发包人按专用条款约定的时间向承包人提出施工技术要求，承包人按约定的时间和要求提出施工工艺，经发包人认可后执行。发包人要求使用国外工程建设标准的，应负责提供中文译本，有异议时，以中文译本为准。本条所发生的购买、翻译工程建设标准或制定施工工艺的费用，由发包人承担。

4　图纸

4.1　发包人应根据工程需要向承包人提供图纸，并按专用条款约定的日期和套数（不少于6套）及时向承包人提供图纸。承包人需要增加图纸套数的，发包人应代为复制，复制费用由承包人承担，承包人在约定保密期限内履行保密义务。

4.2　承包人未经发包人同意，不得将本工程图纸转给第三人。工程质量保修期满后，除承包人存档需要的图纸外，应将全部图纸退还给发包人。

4.3　承包人应在施工现场保留一套完整图纸，供承包人代表、监理工程师及有关人员进行工程检查时使用。

5　通讯联络

5.1　本合同中无论何处所涉及各方之间的申请、批准、确认、同意、决定、核实；通知、任命、指令或表示同意、否定的通讯（包括派人面交、邮寄、电子传输等），均应采用书面形式，且只有在对方收到后生效。

5.2　合同中无论何处所涉及各方之间的通讯都不应无理扣压或拖延。发包人、承包人应在专用条款中约定各方通讯地址和收件人；并按约定发送通讯，收件人应在通讯回执上签署姓名和时间。一方拒绝签收另一方通讯，另一方以特快专递，挂号信等专用条款约定的通讯方式将通讯送至通讯地址的，视为送达。

6　工程分包

6.1　承包人可以依法分包工程。承包人分包工程应取得发包人的同意，但下列情况除外：

(1) 施工劳务作业分包；

(2) 按照合同约定的标准购买材料设备；

(3) 合同专用条款中约定的分包工程。

6.2　承包人分包工程应与分包人签订分包合同，并按规定将备案分包合同送工程所在地建设行政主管部门备案，分包合同分别送发包人代表和监理工程师。

6.3　工程分包不能免除承包人任何责任与义务。承包人应在分包场地派驻相应管理人员，保证本合同的履行。分包人的任何违约行为或疏忽导致工程损害或给发包人造成其他损失，承包人应承担连带责任。

6.4　分包工程价款由承包人与分包人结算。除合同另有规定或取得承包人同意外，发包人不得以任何形式向分包人支付各种工程价款。如果发包人有要求时，承包人应提供已向分包人支付其应得的任何款项的证明材料。否则，发包人有权直接向分包人支付承包人未支付的应得款项。

6.5　无论何种原因，当本合同终止时，承包人与分包人签订的分包合同随即终止，承包人应向分包人支付其应得的所有款项。

7　文物和地下障碍物

7.1　在施工中发现古墓、古建筑遗址等文物及化石或其他有考古、地质研究等价值的物品时，承包人应立即保护好现场并于4小时内以书面形式通知监理工程师和发包人代表，监理工程师应于收到书面通知后24小时内报告当地文物管理部门，发包人、承包人按文物管理部门的要求采取妥善保护措施。发包人承担由此发生的费用，顺延延误的工期。如发现后隐瞒不报或报告不及时，致使上述文物遭受破坏，责任者依法承担相应责任。

7.2　本合同专用条款中已明确指出的地下障碍物，应视为承包人在报价时已预见到其对施工的影响，并已在合同价款中予以考虑。

本合同未明确指出的地下障碍物，在施工中受到影响时，承包人应于8小时内以书面形式通知监理工程师和发包人代表，同时提出处置方案，监理工程师收到处置方案后24小时内予以认可或提出修改方案，并发出施工指令，承包人应按监理工程师指令进行施工。发包人承担由此发生的费用，并支付承包人合理利润，顺延延误的工期。

8　事故处理

8.1　发生重大伤亡及其他安全事故，承包人应按有关规定立即上报有关部门并通知监理工程师和发包人代表，同时按政府有关部门要求处理，由事故责任方承担发生的费用。

8.2　发包人、承包人对事故责任争议时，应按政府有关部门的认定处理。

9　专利权和特殊工艺

9.1　发包人要求使用专利技术或特殊工艺，应负责办理相应的申报手续，承担申报、试验、使用等费用；承包人提出使用专利技术或特殊工艺，应取得监理工程师认可，承包人负责办理申报手续并承担有关费用。

9.2　擅自使用专利技术侵犯他人专利权的，责任者依法承担相应责任。

9.3　发包人、承包人各自对属于自己的设计图纸及其他文件保留版权和知识产权。双方签订本合同后，视为分别授权对方为实施工程而复制、使用、传送上述图纸和文件。但未经对方同意，另一方不得将其另作他用或转给第三方。

10　联合体

10.1　如果承包人是联合体经营，则联合体各方应在工程开工前签订联合体施工协议书，作为本合同的附件。该联合体的成员都应在合同履行期间对发包人负有共同的和各自的责任。

10.2　联合体应有一个被授权的、对联合体成员单位有约束力的主办单位，并由该主办单位指派专职代表负责，有关文件应由该专职代表签署。未经发包人事先书面同意，联合体的组成与结构不得随意变动。

11　保障

11.1　合同一方应负责和保障另一方不负责因其自身的行为疏忽所引起的一切损害、损失和索赔。但受保障的一方应积极采取合理措施减少可能发生的损失或损害。因受保障的一方未采取合理措施而导致损失扩大，则损失扩大部分由自己承担。

11.2　承包人应保障发包人不负担因承包人移动或使用施工场地外的施工机械和临时设施所造成的损害而引起的索赔。

12　财产

12.1　合同工程所需的材料设备和承包人的施工机械一经运至现场，均应视为专门用于实施工程。没有经监理工程师同意并取得发包人批准，承包人不得将它们移出现场，但用于运送材料设备、施工机械和雇员的运输工具除外。

12.2　如果发包人依据第68.3款规定的情形解除合同，则现场的所有材料设备（周转性材料除外）和工程，均应认为是发包人的财产，而且发包人有权留下承包人的任何施工机械、周转性材料，直到工程完工为止。

12.3　如果承包人依据第68.4款规定的情形解除合同，则承包人有权要求发包人支付已完工程价款，并赔偿因而造成的损失。发包人应为承包人撤出现场提供便利和协助。如发包人未付完相关款项，承包人有权留置施工现场，直到发包人付完款项为止。

二、合同主体

13　发包人

13.1　发包人应按合同约定完成下列工作：

（1）办理土地征用、拆迁工作、平整施工场地、施工合同备案等工作，使施工场地具备施工条件，在开工后继续负责解决以上事项遗留问题；

（2）将施工所需水、电、通信线路从施工场地外部接至专用条款约定地点，保证施工期间的需要；

（3）开通施工场地与城乡公共道路的通道，满足施工运输的需要；

（4）向承包人提供施工场地的工程地质勘察资料，以及施工现场及毗邻区域内供水、排水、供电、供气、供热、通信、广播电视等地下管线资料，气象和水文观测资料，相邻建筑物和构筑物、地下工程的有关资料，并对资料的真实性、准确性负责；

（5）办理施工许可证及其他施工所需证件、批准文件和临时用地、停水、停电、中断道路交通、爆破作业等的申请批准手续（承包人自身施工资质的证件除外）；

（6）确定水准点与坐标控制点，组织现场交验并以书面形式移交给承包人；

（7）组织承包人和设计单位进行图纸会审和设计交底；

（8）协商处理施工场地周围地下管线和邻近建筑物、构筑物（包括文物保护建筑）、古树名木等的保护工作；

（9）双方在专用条款内约定的发包人应做的其他工作。

发包人可以将其中部分工作委托承包人办理，具体委托内容由双方在专用条款中约定。上述工作所需的费用，除合同价款中已包括的以外，均由发包人承担。

13.2　发包人应按合同约定的期限和方式向承包人支付工程价款及其他应支付的款项。

13.3　发包人应按专用条款约定的日期和份数向承包人提供标准与规范、技术要求等有关资料。如承包人需要增加有关资料数量，发包人可代为复制，复制费用由承包人承担。

13.4　发包人应按专用条款约定的时间提供施工场地。如果未注明时间，发包人应在能使承包人可以按进度计划顺利开工的时间内给予承包人进入和使用施工场地的权利。但发包人保留其工作人员、雇员和相关执法人员进入和使用施工场地的权利。

13.5　发包人供应材料设备的，发包人按附件2“发包人供应材料设备一览表”的要求及时向承包人提供材料设备。

13.6　发包人未能正确完成本合同约定的全部义务，导致拖延了工期和（或）增加了费用，其增加的费用由发包人承担，工期相应顺延；给承包人造成损失的，发包人应予以赔偿。

13.7　发包人不得将工程的任何部分及附属设施（如：上水、下水、化粪池、各种管道、道路、围墙、绿化等工程）直接发包给第三方。

14　承包人

14.1　承包人应按合同约定完成以下工作：

(1) 按合同规定和监理工程师的指令实施、完成并保修工程；

(2) 按合同规定和监理工程师的要求提交工程进度计划和进度报告；

(3) 承担施工场地安全保卫工作，提供和维修非夜间施工使用的照明、围栏设施及要求的标志；

(4) 按专用条款约定的数量和要求，向发包人提供施工场地办公和生活的房屋及设施，发包人承担由此发生的费用；

(5) 遵守政府有关部门对施工场地交通、施工噪声、环境保护、文明施工、安全生产等的管理规定，办理有关手续，并以书面形式通知发包人；

(6) 已竣工工程未交付发包人之前，承包人负责已完工程的保护工作，保护期间发生损坏，承包人应予以修复并承担费用；发包人要求采取特殊措施保护的，由发包人承担相应费用；

(7) 做好施工场地地下管线和邻近建筑物、构筑物（包括文物保护建筑）、古树名木的保护工作；

(8) 遵守政府部门有关环境卫生的管理规定，保证施工场地的清洁和交工前施工现场的清理，并承担因自身责任造成的损失和罚款；

(9) 双方在专用条款内约定的承包人应做的其他工作。

14.2　承包人不按合同约定或监理工程师依据合同发出的指令组织施工，且在监理工程师书面要求改正后的7天内仍未采取补救措施的，则发包人可自行或者指派第三方进行补救，因此发生的费用和损失由承包人承担。

14.3　承包人对所有现场作业和施工方法的完备性、稳定性和安全性负责，并应向监理工程师提交为实施工程拟采取的施工组织设计和工作安排。如果承包人对施工组织设计和工作安排做出重大改动，应事先征得监理工程师同意。

14.4　施工期间，承包人应在施工现场保留一份合同、一套完整图纸、适用的标准与规范、变更资料等，供监理工程师、发包人及有关人员进行工程检查、检验时使用。

14.5　在承包人设计资质的允许范围内，如果合同约定由承包人设计，或为了配合施工，经发包人批准并由监理工程师指令承包人完成设计，则承包人应按专用条款约定的时间将设计图纸提交监理工程师审批。即使监理工程师批准，承包人仍应对其设计图纸负责。

14.6　承包人应按合同规定或监理工程师的指令，为下列人员从事其工作提供必要的配合和协助：

(1) 发包人的工作人员；

(2) 发包人的雇员；

(3) 监督管理机构的执法人员。

如果承包人由于提供配合和协助而增加了承包人的工作或支出，包括使用承包人的设备、临时工程或通行道路等，发包人应承担由此增加的费用；构成工程变更的，按合同第57条的规定调整合同价款。

14.7　承包人未能正确完成本合同约定的全部义务，导致拖延了工期和（或）增加了费用，其增加的费用由承包人承担，工期不予顺延；给发包人造成损失的，承包人应予以赔偿。

15　现场管理人员的任命和更换

15.1　发包人应任命代表发包人工作的现场管理人员。包括发包人代表、监理工程师、造价工程师（造价员）等。

发包人如需更换任何管理人员，应至少提前7天以书面形式通知承包人。在未将有关文件送交承包人之前，该项更换无效。后任管理人员应继续行使合同规定的发包人现场管理人员的职权和履行相应的义务。

15.2　承包人应任命代表承包人工作的承包人代表，该代表的人选由承包人依法提出，经发包人同意，在专用条款中写明；建设行政主管部门有规定的，应遵守其规定。招标工程的承包人代表，应为投标文件所载明的人选。

承包人代表如需更换，应取得发包人的同意和遵守建设行政主管部门的规定，否则更换无效。承包人更换承包人代表的，应至少提前7天以书面形式通知发包人，发包人应在收到通知后7天内予以答复，否则视为同意。后任承包人代表应继续行使合同约定的承包人代表的职权和履行相应的义务。

15.3　除合同约定或依法应由监理工程师履行的职权外，监理工程师将其职权以书面形式授予其任命的监理工程师代表，亦可将其授权撤回。任何此类任命和撤回，均应至少提前7天以书面形式通知承包人。未将有关文件送交承包人之前，任何此类任命和撤回均为无效。

15.4　除合同约定或依法应由承包人代表履行的职权外，承包人代表可将其职权以书面形式授予其临时任命的一名合适人选，亦可将其授权撤回。任何此类任命和撤回，均应至少提前7天以书面形式通知发包人和监理工程师。未将有关文件送交发包人和监理工程师之前，任何此类任命和撤回均为无效。

16　发包人代表

16.1　发包人代表的具体人选应在专用条款中约定，并授予其代表发包人履行合同规定职责所需的一切权利。除专用条款另有约定或经承包人同意外，发包人不应对发包人代表的权力另有限制。

16.2　发包人代表应代表发包人履行合同规定的职责、行使合同明文规定或必然隐含的权利，对发包人负责。发包人代表在发包人授予职权范围内的工作，发包人应予认可。

17　监理工程师

17.1　监理单位和监理工程师的具体人选以及监理内容和监理权限应在专用条款中约定。

17.2　监理工程师行使合同明文规定或必然隐含的职权，代表发包人负责监督和检查工程的质量、进度，试验和检验承包人使用的与合同工程有关的材料、设备和工艺，及时向承包人提供工作所需的指令、批准和通知等。监理工程师无权免除合同任何一方在合同履行期间应负的任何责任和义务。

17.3　除属于第67条规定的争议外，监理工程师在职权范围内的工作，发包人应予认可，但下列事项应事先取得发包人的专项批准：

(1) 根据第6.1款规定同意承包人分包工程；

(2) 根据第12.1款规定批准承包人将材料设备、施工机械移出施工场地；

(3) 根据第14.5款规定批准承包人的设计；

(4) 根据第27条规定批准承包人的施工组织设计和工程进度计划；

(5) 根据第31.2款规定发出加快进度的变更指令；

(6) 根据第41.5款规定使用替换材料；

(7) 根据第53条规定发出使用预留金的工作指令；

(8) 根据第54条规定发出使用零星工作项目费的工作指令；

(9) 根据第56条规定指令或批准工程变更；

(10) 专用条款约定需要发包人批准的其他事项。

17.4　监理工程师应按合同约定时间及时向承包人提供工作所需的指令、批准和通知等。

监理工程师提供的指令、批准和通知等，均应采用书面形式。如有必要，监理工程师也可发出口头指令，但应在48小时内给予书面确认。对监理工程师的口头指令，承包人应予执行。如果承包人在监理工程师发出的口头指令48小时后未收到书面确认，则应在接到口头指令后7天内提出书面确认要求。监理工程师应在承包人提出书面确认要求后48小时内给予答复，逾期不予答复的，视为承包人的书面要求已被确认。

17.5　如果承包人认为监理工程师的指令不合理，应在收到指令后24小时内向监理工程师提出书面报告，监理工程师应在收到承包人报告后24小时内做出修改指令或继续执行原指令的决定，并书面通知承包人。逾期不做出决定的，承包人可不执行监理工程师的指令。

17.6　监理工程师可按第15.3款规定授权给其任命的监理工程师代表，亦可将其授权撤回。监理工程师代表行使监理工程师授予的职权，对监理工程师负责。监理工程师代表在监理工程师授予职权范围内的工作，监理工程师应予认可，但监理工程师保留因监理工程师代表未曾对任何工作、材料设备错误加以反对的失误而否定该工作、材料设备，并发出纠正指令的权力。未按第15.3款规定，任何此类任命和撤回均为无效。

17.7　监理工程师（含其代表）未能正确完成本合同约定的全部义务，或工作出现失误，导致拖延了工期和（或）增加了费用，其增加的费用由发包人承担，工期相应顺延；给承包人造成损失的，发包人应予以赔偿。

18　造价工程师（或造价员）

18.1　造价咨询单位和造价工程师（或造价员）的具体人选以及权限应在专用条款中约定。

18.2　造价工程师（造价员）行使合同明文规定或必然隐含的职权，代表发包人负责工程计量和计价、工程款的调整和核实、工程款的支付、结算价款的调整和复核，及时向承包人提供合同价款的核实、调整和通知等指令。

18.3　除属于第67条规定的争议外，造价工程师（或造价员）在职权范围内的工作，发包人应予认可，但下列事项应事先取得发包人的专项批准：

（1）根据第53条规定使用预留金；

（2）根据第54条规定使用零星工作项目费；

（3）根据第57.1款规定调整合同价款；

（4）专用条款约定需要发包人批准的其他事项。

18.4　造价工程师（或造价员）应按合同约定时间及时向承包人提供合同价款的核实、调整和通知等指令。

造价工程师（或造价员）提供的指令，均应采用书面形式。如有必要，造价工程师也可发出口头指令，但应在48小时内给予书面确认。对造价工程师的口头指令，承包人应予执行。如果承包人在造价工程师发出的口头指令48小时后未收到书面确认，则应在接到口头指令后7天内提出书面确认要求。造价工程师应在承包人提出书面确认要求后48小时内给予答复，逾期不予答复的，视为承包人的书面要求已被确认。

18.5　如果承包人认为造价工程师（或造价员）的指令不合理，应在收到指令后24小时内向造价工程师提出书面报告，造价工程师应在收到承包人报告后24小时内做出修改指令或继续执行原指令的决定，并书面通知承包人。逾期不作出决定的，承包人可不执行造价工程师的指令。

18.6　造价工程师未能正确完成本合同约定的全部义务，或工作出现失误，导致拖延了工期和（或）增加了费用，其增加的费用由发包人承担，工期相应顺延；给承包人造成损失的，发包人应予以赔偿。

19　承包人代表和技术负责人

19.1　承包人代表的具体人选应按照15.2款的规定在专用条款中约定，并授予其代表承包人履行合同规定职责所需的一切权力；承包人任命的工程技术负责人应在专用条款中约定。

19.2　承包人代表应代表承包人履行合同规定的职责、行使合同明文规定或必然隐含的权利，对承包人负责。承包人代表在承包人授予职权范围内的工作，承包人应予认可。

19.3　如果承包人代表在合同履行期间确需暂离现场，则应在监理工程师同意下，可按第15.4款规定授权给其临时任命的一名合适人选，亦可将其授权撤回。临时任命人行使承包人代表授予的职权，对承包人代表负责。临时任命人在承包人代表授予职权范围内的工作，承包人代表应予认可。未按第15.4款规定，任何此类任命和撤回均为无效。

19.4　承包人代表按经发包人认可的施工组织设计和监理工程师发出的指令组织施工。在情况紧急且无法与监理工程师取得联系时，承包人代表应立即采取保证人员生命和工程、财产安全的有效措施，并在采取措施后48小时内向监理工程师送交书面报告，抄送发包人。属于发包人或第三方责任的，其发生的费用由发包人承担，工期相应顺延；属于承包人责任的，其发生的费用由承包人承担，工期不予顺延。

20　指定分包人

20.1　指定分包人是指根据专用条款的约定，发包人依法事先指定的实施、完成任何工程的分包人。

20.2　发包人指定分包人应当取得承包人的同意，指定分包人是承包人的分包人，指定分包人应与承包人签订分包合同。

20.3　由于指定分包人责任造成的工程质量缺陷，由指定分包人和发包人承担过错责任。

20.4　指定分包人应向承包人缴纳管理费，根据工程的实际情况，管理费的具体数额在分包合同中约定。

21　承包人劳务

21.1　承包人应雇佣投标文件中确定的人员，不得从发包人为发包人服务的人员中招聘雇员。

21.2　承包人应完善雇佣员工劳务手续，并与其订立劳动合同，办理各种社会保险，为其缴纳相应的保险费用，明确双方的权利和义务。雇佣期间，承包人应做好下列工作：

(1) 负责为雇员提供和保持必要的食宿及各种生活设施，采取合理的卫生和安全防护措施，保护雇员的健康和安全。

(2) 保证雇员的合法权利和人身安全。

(3) 充分考虑和尊重法定节假日，尊重宗教信仰和风俗习惯。

(4) 雇员和发包人现场人员应佩戴工作证（或标牌、胸卡等）上岗。工作证（或标牌、胸卡等）应由承包人发包人共同签发。

21.3　承包人如需在法定节假日施工，应经监理工程师批准；如需在夜间施工，除应经监理工程师批准外，还应经有关部门批准。如无特殊原因，只要不影响工程质量、施工安全、周围环境，监理工程师应予同意。但为抢救生命或保护财产，或为工程安全、质量而不可避免的作业，则不必事先经监理工程师的批准。

21.4　承包人应按时足额向雇员支付劳务工资，并不低于当地最低工资标准。因承包人拖欠其雇员工资而造成群体性示威、游行等一切责任，由承包人承担。

对发包人造成损失或导致工期延误的，应赔偿发包人的损失，工期不予顺延。因发包人拖欠承包人工程款引起承包人拖欠其雇员工资的一切责任，由发包人承担。

21.5　承包人雇员应是在行业或职业内具有相应资格、技能和经验的人员。对有下列行为的任何承包人雇员，监理工程师和发包人可要求承包人撤换：

(1) 经常行为不当，或工作漫不经心；

(2) 无能力履行义务或玩忽职守：

(3) 不遵守合同的约定；

(4) 有损安全、健康和环境保护的行为。

21.6　承包人应自始至终采取各种合理的预防措施，防止雇员内部发生任何无序、非法和打斗等不良行为，以确保现场安定和保护现场及邻近人员的生命、财产安全。

21.7　如果监理工程师提出要求，承包人应按要求向监理工程师提交一份详细的统计表，该表内容包括承包人在施工场地的各类职员和各个工种、各等级的雇员人数等。

三、担保、保险与风险

22　工程担保

22.1　为正确履行本合同，发包人应在招标文件中或在签订合同前明确履约担保的有关要求，承包人应在签订本合同时按要求向发包人提供履约担保。履约担保采用银行保函的形式，提供履约担保所发生的费用由承包人承担。

22.2　履约担保的有效期，是从提供履约担保之日起至工程竣工验收合格之日止。发包人应在担保有效期满后的14天内将此担保退还给承包人。

22.3　发包人在对履约担保提出索赔要求之前，应书面通知承包人，说明导致此项索赔的原因，并及时向担保人提出索赔文件。担保人根据担保合同的约定在担保范围内承担担保责任，并无须征得承包人的同意。

22.4　承包人按第22.1款的要求提交了履约担保，发包人应在签订本合同时向承包人提交与履约担保等值的支付担保。支付担保采用银行保函的形式，提供支付保函所发生的费用由发包人承担。

22.5　支付担保的有效期，是从提供支付担保之日起至发包人根据本合同约定支付完除质量保证金以外的全部款项之日止。承包人应在担保有效期满后的14天内将此担保退还给发包人。

22.6　承包人在对支付担保提出索赔要求之前，应书面通知发包人和造价工程师（或造价员），说明导致此项索赔的原因，并及时向担保人提出索赔文件。担保人根据担保合同的约定在担保范围内向承包人支付索赔款项，并无须征得发包人的同意。

22.7　发包人承包人均应确保工程担保有效期符合工期合理顺延的要求。若合同一方未能保证延长担保有效期，另一方可向其索赔担保的全部金额。

22.8　发包人承包人在专用条款中约定担保内容、方式和责任等事项，并签订担保合同，作为本合同附件。

23　发包人风险

发包人应承担本合同中规定应由发包人承担的风险。

自开工之日起至颁发工程竣工验收证书之日止，发包人风险为：

（1）由于工程本身或施工而不可避免造成的财产（除工程本身、材料设备和施工机械外）损失或损坏；

（2）由于发包人工作人员及其相关人员（除承包人外）疏忽或违规造成的人员伤亡、财产损失或损坏；

（3）由于发包人提前使用或占用工程或其部分造成的损失或损坏；

（4）由于发包人提供或发包人负责的设计造成的对工程、材料设备和施工机械的损失或损害。

24　承包人风险

承包人应承担本合同中规定应由承包人承担的风险。

自开工之日起直到颁发工程竣工验收证书之日止，承包人风险为：

除第23条和第25条以外的人员伤亡以及财产（包括工程、材料设备和施工机械，但不限于此）的损失或损坏。

25　不可抗力

25.1　不可抗力包括因战争、敌对行动（无论是否宣战）、入侵、外敌行为、军事政变、恐怖主义、动乱、空中飞行物坠落或其他非发包人承包人责任或原因造成的罢工、停工、爆炸、火灾，当地卫生部门的规定，以及专用条款约定的风、雨、雪、洪、震等自然灾害。

25.2　不可抗力事件发生后，承包人应立即通知发包人和监理工程师，并在力所能及的条件下迅速采取措施，尽力减少损失，发包人应协助承包人采取措施。监理工程师认为应当暂停施工的，承包人应暂停施工。不可抗力事件结束后48小时内，承包人向监理工程师通报受害情况和损失情况，并预计清理和修复的费用，抄送造价工程师。不可抗力事件持续发生，承包人应每隔7天向监理工程师和造价工程师（或造价员）报告一次受害情况。不可抗力事件结束后14天内，承包人应分别按第30条规定索赔工期、按第63条规定索赔费用。

25.3　因不可抗力事件导致费用增加和工期顺延，由双方按以下规定分别处理：

（1）工程本身的损害、因工程损害导致第三方人员伤亡和财产损失以及运至施工场地用于施工的材料和待安装在工程上的设备的损害，由发包人承担；

（2）发包人承包人施工场地内的人员伤亡由其所在单位负责，并承担相应费用；

（3）承包人带入现场的施工机械和用于本工程的周转材料损坏及停工损失，由承包人承担；发包人提供的施工机械、设备损坏，由发包人承担；

（4）停工期间，承包人按监理工程师要求留在施工场地的必要的管理人员及保卫人员的费用，由发包人承担；

（5）工程所需的清理、修复费用，由发包人承担；

（6）延误的工期相应顺延。

25.4　因合同一方迟延履行合同后发生不可抗力的，不能免除迟延履行方的相应责任。

26　保险

26.1　发包人应为下列事项办理保险，并支付保险费：

（1）工程开工前，为工程办理保险；

（2）工程开工前，为施工场地内从事危险作业的自有人员办理意外伤害保险；

（3）为第三方生命财产办理保险；

（4）为运至施工场地内用于工程的材料和待安装设备办理保险。

保险期从办理保险之日起至工程竣工验收合格之日止。发包人可以将其中部分事项委托承包人办理。

26.2　承包人应为下列事项办理保险：

（1）工程开工前，为施工场地内从事危险作业的自有人员办理意外伤害保险；

（2）为施工场地内的自有施工机械、设备办理保险。

但发包人支付本款第（1）保险费，承包人支付本款第（2）保险费。

保险期从开工之日起至工程竣工验收合格之日止。

26.3　合同一方应按本合同要求向另一方提供有效的投保保险单和保险证明。如果发包人未投保，承包人可代为办理，保险费由发包人承担；如果承包人未投保，发包人可代为办理，并从支付或将要支付给承包人的款项中扣回代办费。

26.4　发包人承包人应遵守本合同保险条款的规定。如果任何一方未遵守，责任一方应赔偿另一方由此引起的损失。

26.5　当工程发生保险事故时，被保险人应及时通知保险公司，并提供有关资料。发包人承包人有责任采取合理有效措施防止或减少损失，并应相互协助做好向保险公司的报告和索赔工作。

26.6　当工程施工的性质、规模或计划发生变更时，被保险人应及时通知保险公司，并在合同履行期间按本合同保险条款的规定保证足够的保险额，因而造成的费用由责任人承担。

26.7　从保险公司收到的因工程本身损失或损坏的保险赔偿金，应专项用于修复合同工程这些损失或损坏，或作为对未能修复工程这些损失或损坏的补偿。

26.8　具体投保内容和相关责任，发包人承包人应在专用条款中约定。

四、工期

27　进度计划和报告

27.1　承包人应在签订本合同后的7天内，向发包人和监理工程师提交施工组织设计和工程进度计划。发包人和监理工程师应在收到该设计和计划后的7天内予以确认或提出修改意见，逾期不确认也不提出书面意见的，视为同意。工程进度计划，应对工程的全部施工作业提出总体上的施工方法、施工安排、作业顺序和时间表。合同约定有多个单项工程的，承包人还应编制各单项工程进度计划。

27.2　承包人应按经监理工程师确认并取得发包人批准的进度计划组织施工，接受监理工程师对工程进度的监督和检查。

27.3　除专用条款另有约定外，承包人应编制月施工进度报告和每季对进度计划修订一次，并在每月或季结束后的7天内一式2份提交给监理工程师。月施工进度报告的内容至少应包括：

(1) 施工、安装、试验以及承包人工作等进展情况的图表和说明；

(2) 材料、设备、货物的采购和制造商名称、地点以及进入现场情况；

(3) 索赔情况和安全统计；

(4) 实际进度与计划进度的对比，以及为消除延误正在或准备采取的措施。

27.4　如果监理工程师指出承包人的实际进度和经确认的进度计划不符时，承包人应按监理工程师的要求提出改进措施，经监理工程师确认后执行。因承包人原因导致实际进度与计划进度不符，承包人无权就改进措施要求支付任何附加的费用。工程进度计划即使经监理工程师确认，也不能免除承包人根据合同约定应负的任何责任和义务。

28　开工

28.1　工程开工必须具备法律、法规规章及有关文件规定的开工条件，并已经领取了施工许可证。

28.2　承包人应当按照协议书约定的开工日期开工。承包人不能按时开工，应当不迟于协议书约定的开工日期前7天，以书面形式向监理工程师提出延期开工的理由和要求。监理工程师应当在接到延期开工申请后的48小时内以书面形式答复承包人。监理工程师在接到延期开工申请后48小时内不答复，视为同意承包人要求，工期相应顺延。监理工程师不同意延期要求或承包人未在规定时间内提出延期开工要求，工期不予顺延，造成损失的由承包人承担。

28.3　因发包人原因不能按照协议书约定的开工日期开工，监理工程师应至少提前7天以书面形式通知承包人推迟开工，给承包人造成损失的，由发包人承担，工期相应顺延。

29　暂停施工和复工

29.1　监理工程师认为确有必要暂停施工时，应向承包人发出暂停施工指令，并在48小时内提出处理意见。承包人应按监理工程师的指令停止施工，并妥善保护已完工程。承包人实施监理工程师的处理意见后，可向监理工程师提交复工报审表要求复工；监理工程师应当在收到复工报审表后的48小时内予以答复。如果监理工程师未在规定时间内提出处理意见或未予答复的，承包人可自行复工，监理工程师应予认可。

29.2　如果非承包人原因造成暂停施工持续70天以上，承包人可向监理工程师发出书面通知，要求自收到该通知后14天内准许复工。如果在上述期限内监理工程师未予准许，则承包人可以作如下选择：

(1) 如果此项停工仅影响工程的一部分时，则根据第56.2款规定及时提出工程变更，取消该部分工程，并书面通知发包人，抄送监理工程师和造价工程师(或造价员)；

(2) 如果此项停工影响整个工程时，则根据第68.4款规定解除合同。

29.3　因发包人原因造成暂停施工的，由发包人承担所发生的费用，工期相应顺延，并赔偿承包人因而造成的损失。但下列情形造成暂停施工的，发包人不予补偿：

(1) 承包人某种失误或违约造成，或应由承包人负责的必要暂停施工；

(2) 承包人为工程的施工调整部署，或为工程安全而采取必要的技术措施所需的暂停施工；

(3) 因现场气候条件（除不可抗力停工外）导致的必要暂停施工。

因承包人原因造成暂停施工的，由承包人承担发生的费用，工期不予顺延。因不可抗力因素造成暂停施工的，按照第25条规定处理。

29.4 如果发包人未按合同约定支付工程进度款，经催告后在28天内仍未支付的，承包人可以暂停施工，直至收到包括第59.2款规定的应付利息在内的所欠全部款项。由此造成的暂停施工，视为是因发包人原因造成的。

29.5 暂停施工结束后，承包人和监理工程师应对受暂停施工影响的工程、材料设备进行检查。承包人负责修复在暂停期间发生的任何变质、缺陷或损坏，因而发生的费用和造成的损失按第29.3款规定处理。

30 工期延误

30.1 合同履行期间，因下列原因造成工期延误的，承包人有权要求工期相应顺延：

(1) 发包人未能按专用条款的约定提供图纸及开工条件；

(2) 发包人未能按约定日期支付工程预付款、进度款；

(3) 发包人代表或施工现场发包人雇用的其他人的人为因素；

(4) 监理工程师未按合同约定及时提供所需指令、批准等；

(5) 工程变更；

(6) 工程量增加；

(7) 一周内非承包人原因停水、停电、停气造成停工累计超过8小时；

(8) 不可抗力；

(9) 发包人风险事件；

(10) 非承包人失误、违约，以及监理工程师同意工期顺延的其他情况。

顺延工期的天数，由承包人提出，经监理工程师核实后与发包人承包人协商确定；协商不能达成一致的，由监理工程师暂定，通知承包人并抄报发包人。

30.2 当第30.1款所述情况首次发生后，承包人应在14天内向监理工程师发出要求延期的通知，并抄送发包人。承包人应在发出通知后的7天内向监理工程师提交要求延期的详细情况，以备监理工程师查核。

30.3 如果延期的事件持续发生时，承包人应按第30.2款规定的14天之内发出要求延期的通知，然后每隔7天向监理工程师提交事件发生的详细资料，并在该事件终结后的14天内提交最终详细资料。

30.4 如果承包人未能在第30.2款和第30.3款（发生时）规定的时间内发出要求延期的通知和提交（最终）详细资料，则视为该事件不影响施工进度或承包人放弃索赔工期的权利，监理工程师可拒绝做出任何延期的决定。

31　加快进度

31.1　在承包人无任何理由取得顺延工期的情况下，如果监理工程师认为工程或其任何部分的进度过慢，与进度计划不符或不能按期竣工，则监理工程师应书面通知承包人加快进度。承包人按第27.4款规定采取必要措施，加快工程进度。如果承包人在接到监理工程师通知后的14天内，未能采取加快工程进度的措施，致使实际工程进度进一步滞后；或承包人虽然采取了一些措施，仍无法按期竣工，监理工程师应立即报告发包人，并抄送承包人。发包人可按第68.3款的规定解除合同，也可将合同工程中的一部分工作交由第三方完成。承包人既应承担由此增加的一切费用，也不能免除其根据合同约定应负的任何责任和义务。

31.2　如果发包人希望承包人在计划竣工日期之前完成工程，应事先征得承包人同意。如果承包人同意，那么发包人可要求承包人提交为加快进度而编制的建议书。承包人应在7天内做出书面回应，该建议书的内容至少应包括：

（1）加快进度拟采取的措施；

（2）加快进度后的进度计划，以及与原计划的对比；

（3）加快进度所需的合同价款增加额。该增加额按第57、73条规定计算。

发包人应在接到建议书后的7天内予以答复。如果发包人接受了该建议书，则监理工程师应以书面形式发出变更指令，相应调整工期，并由造价工程师（或造价员）核实和调整合同价款。

32　竣工日期

32.1　承包人必须按照协议书约定的竣工日期或监理工程师同意顺延的工期竣工。

32.2　因承包人原因不能按照协议书约定的竣工日期或工程师同意顺延的工期竣工的，承包人承担相应责任。

32.3　实际竣工日期按下列情况分别确定：

（1）工程经竣工验收合格的，以承包人提请发包人进行竣工验收的日期为实际竣工日期；

（2）工程竣工验收不合格的，承包人应按要求修改后再次提请发包人验收，以承包人再次提请发包人进行竣工验收的日期为实际竣工日期。

（3）承包人已经提交竣工验收报告，发包人在收到承包人送交的竣工验收报告后28天内未能组织验收，或验收后14天内不提出修改意见的，以承包人提请发包人进行竣工验收日期为实际竣工日期；

（4）工程未经竣工验收，发包人擅自使用的，以转移占有工程之日为实际竣工日期。

33　误期赔偿

33.1　如果承包人未能按照协议书约定的竣工日期或工程师同意顺延的工期竣工，承包人应按第55.2款规定向发包人支付误期赔偿费。但误期赔偿费的支付不能免除承包人根据合同约定应负的任何责任和义务。

33.2　误期（实际延误竣工天数）按第32.3款规定的实际竣工日期减去协议书约定的竣工日期或工程师同意顺延的日期，即按照下述公式计算：

实际延误竣工天数＝实际竣工日期－协议书约定的竣工日期或工程师同意顺

延的日期

上述各相关日期，依据本合同相关条款确定。

五、质量和安全

34　质量管理

34.1　发包人在领取施工许可证或者开工报告之前，应当按照有关规定办理工程质量监督手续。

34.2　发包人不得以任何理由，要求承包人在施工作业中违反法律、法规和建筑工程质量与安全标准，降低工程质量。

34.3　承包人应对工程施工质量负责，并按照工程的设计图纸、标准与规范和有关技术要求施工，不得偷工减料。

35　质量目标

35.1　工程质量必须达到国家规定的工程质量验收评定标准。双方约定参加某项工程质量评比的（如：龙江杯、鲁班奖等），应当在专用条款中约定具体的评比项目、因此而增加的费用或奖惩办法。

35.2　发包人承包人对工程质量有争议的，按第67.4款规定调解或认定。或由双方共同选定的工程质量检测机构鉴定，所需的费用及因而造成的损失，由责任方承担。双方均有责任的，由双方根据其责任划分分别承担。

35.3　承包人对工程的质量向发包人负责，其职责包括但不限于下列内容：

（1）编制施工技术方案，确定施工技术措施；

（2）提供和组织足够的工程技术人员，检查和控制工程施工质量；

（3）控制施工所用的材料设备，使其符合标准与规范、设计要求及合同约定的标准；

（4）组织并参加所有工程的验收工作，包括隐蔽验收、中间验收；参加竣工验收，组织分包人参加工程验收；

（5）承担质量保修期的工程保修责任；

（6）承担的其他工程质量责任。

35.4　承包人应建立和保持完善的质量保证体系。在工程实施前，监理工程师有权要求承包人提交质量保证体系实施程序和贯彻质量要求的文件。承包人遵守质量保证体系，也不能免除承包人根据合同约定应负的任何责任和义务。

36　工程照管

36.1　从开工之日起，承包人应全面负责照管工程及运至现场将用于和安装在工程中的材料设备，直到发包人颁发工程竣工验收证书之日止。此后，工程的照管即转由发包人负责。

如果在整个工程竣工验收证书颁发前，分包人已就其中任何单项工程颁发了竣工验收证书，则从竣工验收证书颁发之日起承包人无须对该单项工程负责照管，而转由发包人负责。但是，承包人应继续负责照管尚未完成的工程和将用于或安装在工程中的材料设备，直至发包人颁发工程竣工验收证书之日止。

36.2　承包人在负责工程照管期间，如因自身原因造成工程或其任何部分，以及材料设备或临时工程的损坏，承包人应自费弥补上述损坏，保证工程质量在各方面都符合合同约定的标准。

37　安全生产和文明施工

37.1　发包人应遵守安全生产和文明施工的规定，在领取施工许可证或者开工报告之前，按照有关规定办理工程安全监督手续，并按第61条规定支付安全生产措施费。

37.2　发包人应对其在施工现场人员进行安全生产、文明施工教育，并对他们的安全负责。在工程实施、完成及保修期间，发包人不得有下列行为：

(1) 要求承包人违反安全生产、文明施工规定进行施工；

(2) 对承包人提出不符合建设工程安全生产法律、法规、规章、强制性标准及有关规定的要求；

(3) 明示或暗示承包人购买、租赁、使用不符合安全施工要求的安全防护用具、机械设备、施工机具及配件、消防设施和器材。

发包人违反上述规定或由于发包人原因导致安全事故的，由发包人承担相应责任和费用，顺延延误的工期。

37.3　承包人应建立健全安全生产和文明施工制度，完善安全生产和文明施工条件，严格按照安全生产和文明施工的规定组织施工，采取必要的安全防护措施，消除事故隐患，自觉接受和配合依法实施的监督检查。在工程实施、完成及保修期间，承包人应做好下列工作：

(1) 在施工现场入口处、施工起重机械、临时用电设施、脚手架、出入通道口、楼梯口、电梯井口、孔洞口、桥梁口、隧道口、基坑边沿、爆破物及有害危险气体和液体存放处等危险部位，设置明显的安全警示标志；

(2) 保持现场道路畅通、排水及排水设施畅通，实施必要的工地地面硬化处理和设置必要的绿化带；

(3) 妥善存放和处理材料设备和施工机械，水泥和其他易飞扬细颗粒建筑材料应密闭存放或采取覆盖等措施，易燃易爆和有毒有害物品应分类存放；

(4) 现场设置消防通道、消防水源、配置消防设施和灭火器材，合理布置安全通道和安全设施，保证现场安全，建立消防安全责任制度；

(5) 现场设置密闭式垃圾站，施工垃圾、生活垃圾应分类存放。施工垃圾必须采用相应的容器或管道运输及时从现场清除并运走；

(6) 为了公众安全和方便或为了保护工程，按照监理工程师的指令或政府的要求提供并保持必要的照明、防护、围栏、警告信号和看守；

(7) 政府有关部门关于安全生产、文明施工规定的其他工作。

承包人对工程的安全施工负责，并应及时、如实报告生产安全事故。承包人违反上述规定或由于承包人原因造成的安全事故，由承包人承担相应责任和费用，工期不予顺延。

37.4　监理工程师应当审查施工组织设计中的安全技术措施或者专项施工方案是否符合建设行政主管部门的有关规定。监理工程师发现承包人未遵守安全生产和文明施工规定或施工现场存在安全事故隐患的，应以书面形式通知承包人整改；情况严重的，应要求承包人暂停施工，并及时报告发包人。承包人在收到监理工程师发出书面通知后的48小时内仍未整改的，监理工程师可在报经发包人批准后指派第三方采取措施。该款项经造价工程师（或造价员）核实后，由发包人从应付或将付给承包人的款项中扣除。

37.5　承包人在动力设备、输电线路、地下管道、密封防震车间、易燃易爆地段、毗邻建（构）筑物或临街交通要道附近、放射毒害性环境中施工以及实施爆破作业、使用毒害性腐蚀性物品施工时，应事先向监理工程师提出安全防护措施，经监理工程师认可后实施。除合同价款中已经列有此类工作的支付项目外，安全防护措施费由发包人承担。

37.6　承包人应保证施工场地的清洁达到环境卫生部门的管理要求，为现场所有人员提供并维护有效的和清洁的生活设施，并在颁发工程竣工验收证书后的14天内，清理现场，运走全部施工机械、剩余材料和垃圾，保持施工场地和工程的清洁整齐。否则，发包人可自行或指派第三方出售或处理留下的物品，所得金额在扣除因而发生的各种支出之后，余额退还给承包人。

38　放线

38.1　监理工程师应在协议书约定的开工日期前，向承包人提供原始基准点、基准线、基准高程等书面资料，并对承包人的施工定线或放样进行检查验收。

38.2　承包人应根据监理工程师书面确定的原始基准点、基准线、基准高程对工程进行准确的放样，并对工程各部分的位置、标高、尺寸或定线的正确性负责。

38.3　如果工程任何部分的位置、标高、尺寸或定线超过合同规定的误差，承包人应自费纠正，直到监理工程师认为符合合同约定为止。如果这些误差是由于监理工程师书面提供的数据不正确所致，则视为变更；监理工程师应及时发出纠正指令，顺延延误的工期，并由造价工程师（或造价员）根据第57条规定确定合同价款的增加额。

38.4　监理工程师对工程位置、标高、尺寸、定线的检查，不能免除承包人对工作准确性应负的任何责任和义务。承包人应有效地保护一切基准点、基准线和其他有关的标志，直到工程竣工验收合格为止。

39　钻孔与勘探性开挖

在工程施工期间，如果需要承包人进行钻孔或勘探性开挖（含疏浚工作在内）工作，除合同价款中已列有此类项目外，此项工作应由监理工程师发出专项指令，并按第56条规定处理。

40　发包人供应材料设备

40.1　发包人供应材料设备的，双方应当约定“发包人供应材料设备一览表”，作为本合同的附件（附件2）。一览表包括发包人供应材料设备的品种、规格、型号、数量、单价、质量标准、提供的时间和地点。

40.2　发包人应按一览表的约定提供材料设备，并向承包人提供产品合格证明，对其质量负责。发包人应在所供应材料设备到货前24小时，以书面形式通知承包人和监理工程师，由承包人与发包人在监理工程师的见证下共同清点，并按承包人的合理要求堆放。

40.3　由发包人供应的材料设备，承包人派人参加清点后由承包人妥善保管，保管费由发包人承担，因承包人保管不善或承包人原因导致的丢失或损坏由承包人负责赔偿。除合同价款中已列有此类工作的支付项目外，造价工程师（或造价员）应与发包人承包人协商确定保管费，并增加到合同价款中；协商不能达成一致的，由造价工程师（或造价员）暂定，通知承包人并抄报发包人。

40.4　发包人供应的材料设备与一览表不符时，发包人应按照下列规定承担相应责任：

(1) 材料设备的单价与一览表不符，由发包人承担所有价差；

(2) 材料设备的品种、规格、型号、质量标准与一览表不符，承包人可以拒绝接受保管，由发包人运出施工场地并重新采购；

(3) 材料设备的品种、规格、型号、质量标准与一览表不符，经发包人同意，承包人可代为调剂替换，由发包人承担相应费用；

(4) 到货地点与一览表不符，由发包人负责运至一览表指定地点；

(5) 供应数量少于一览表约定的数量时，由发包人补齐；多于一览表约定数量时，发包人负责将多出部分运出施工场地；

(6) 到货时间早于一览表约定时间，由发包人承担因此发生的保管费；到货时间迟于一览表约定的供应时间，发包人赔偿因而造成的承包人损失，造成工期延误的，工期相应顺延。

40.5　发包人供应的材料设备使用前，由承包人负责检验或试验，不合格的不得使用。

40.6　发包人供应材料设备的结算方式，由发包人承包人在专用条款中约定。

41　承包人采购材料设备

41.1　承包人负责采购材料设备的，应按照标准与规范、设计要求和其他技术要求采购，并提供产品合格证明，对材料设备质量负责。

41.2　承包人采购的材料设备与设计要求、标准与规范不符时，承包人应按监理工程师要求的时间运出施工场地，重新采购符合要求的产品，承担由此发生的费用，工期不予顺延。

41.3　监理工程师发现承包人使用不符合标准与规范、设计要求的材料设备时，应要求承包人负责修复、拆除或重新采购，由承包人承担发生的费用，工期不予顺延。

41.4　如果承包人不执行监理工程师依据第41.2款和第41.3款规定发出的指令，则发包人可自行或指派第三方执行该指令，因而发生的费用由承包人承担。该笔款项经造价工程师（或造价员）核实后，由发包人从支付或到期应付给承包人的工程款中扣除。

41.5　承包人需要使用替换材料的，应向监理工程师提出申请，经监理工程师认可并取得发包人批准后才能使用，由此引起合同价款的增减由造价工程师（或造价员）与发包人承包人协商确定；协商不能达成一致的，由造价工程师（或造价员）暂定，通知承包人并抄报发包人。

41.6 承包人采购的材料设备在使用前，由承包人负责检验或试验，不合格的不得使用。

42 材料设备的检验

42.1 监理工程师及其委派的代表可进入施工场地、材料设备的制造、加工或制配的所有车间和场所进行检验。承包人应为他们进入上述场所提供便利和协助。

42.2 标准与规范或合同要求进行见证取样检测的材料设备，承包人应在见证取样前24小时通知监理工程师参加，并在监理工程师的见证下负责：

(1) 材料设备的见证取样；

(2) 送至有资质的检测机构检测。

标准与规范或合同没要求进行见证取样检测的材料设备，承包人应与监理工程师协商确定合同约定的材料设备的检验时间和地点，并按时到场参加检验。如果监理工程师或其委派的代表不能按时到场参加检验，监理工程师应至少提前24小时发出延期检验指令并书面说明理由，延期不得超过48小时。如果监理工程师或其委派的代表未发出延期检验指令也未能按时到场检验，承包人可自行检验，并认为该检验是在监理工程师在场的情况下完成的。检验完成后，承包人应立即向监理工程师提交检验数据的有效证据，监理工程师应认可检验结果。

42.3 材料设备检验合格的，可在工程中使用。材料设备检验不合格的，不能在工程中使用，并及时清出施工场地。

42.4 发包人供应的材料设备，检验费由发包人承担；承包人采购的材料设备，检验费包含在合同价款中。

42.5 如监理工程师认为需要，可要求对材料设备进行再次检验。发包人供应的材料设备，再次检验费由发包人承担，顺延延误的工期。承包人采购的材料设备，再次检验结果表明该材料设备不符合标准与规范、设计要求的，检验费由承包人承担，工期不予顺延；再次检验结果表明该材料设备符合标准与规范、设计要求的，检验费由发包人承担，顺延延误的工期。

43 检查和返工

43.1 承包人应按照标准与规范、设计要求以及监理工程师依据合同发出的指令施工，确保工程质量，随时接受监理工程师的检查检验，并为监理工程师的检查检验提供便利和协助。

43.2 发现工程质量达不到国家规定的标准，承包人应拆除和重新施工，直到符合标准为止。因承包人原因达不到国家规定的标准的，由承包人承担拆除和重新施工的费用，工期不予顺延；因发包人原因达不到国家规定的标准的，由发包人承担拆除和重新施工的费用及相应的损失，顺延延误的工期。

43.3 监理工程师的检查检验，不应影响施工的正常进行。如影响施工正常进行时，承包人应向监理工程师或发包人发出纠正通知，监理工程师应及时纠正其行为，否则承包人有权提出索赔和得到补偿。

44 隐蔽工程和中间验收

44.1 没有监理工程师的批准，任何工程均不得覆盖或隐蔽。工程具备隐蔽条件或达到专用条款约定的中间验收部位，承包人进行自检，并在隐蔽或中间验收前48小时向监理工程师提出隐蔽工程或中间验收申请，通知监理工程师验收。通知的内容包括隐蔽或中间验收的内容、验收的时间和地点。承包人应准备验收记录，并提供必要的资料和协助。

44.2　如果监理工程师不能按时参加验收，应至少提前24小时发出延期验收指令并书面说明理由，延期不得超过48小时。如果监理工程师或其委派的代表未发出延期验收指令也未能到现场验收，承包人可自行验收，并认为该验收是在监理工程师在场的情况下完成的。验收完成后，承包人应立即向监理工程师提交验收数据的有效证据，监理工程师应认可验收记录。

44.3　经验收工程质量符合标准与规范、设计要求的，监理工程师应在验收记录上签字，承包人可进行隐蔽或继续施工。验收合格24小时后，监理工程师不在验收记录上签字，视为监理工程师已认可验收记录。验收不合格，由承包人按监理工程师的指令修改后重新验收，并承担因而造成的发包人损失，工期不予顺延。

44.4　当监理工程师有指令时，承包人应对隐蔽工程进行拍摄或照相，保证监理工程师能充分检查和测量覆盖或隐蔽的工程。

45　重新检验和额外检验

45.1　当监理工程师要求对已经隐蔽的工程重新检验时，承包人应按要求进行剥露或开孔，并在检验后重新覆盖或修复。如检验合格，则发包人承担因而发生的全部费用，赔偿承包人损失，工期相应顺延。如检验不合格，则承包人应按监理工程师的指令重新施工，承担因而发生的全部费用，工期不予顺延。

45.2　当监理工程师指示承包人进行相关规范或标准以及合同中没有规定的检（试）验，以核实工程某一部分或某种材料设备是否有缺陷时，承包人应按要求进行检（试）验或修复。如果该检（试）验表明确有缺陷存在，则检（试）验和试样的费用，发包人供应材料设备的，由发包人承担；承包人采购材料设备的，由承包人承担。如果该检（试）验表明没有缺陷，则由发包人承担检（试）验和试样的费用。

46　工程试车

46.1　按合同约定需要试车的，试车的内容应与承包人承包的安装范围相一致。

46.2　设备安装工程具备单机无负荷试车条件时，承包人应组织试车，并在试车前48小时以书面形式通知监理工程师。通知包括试车内容、时间和地点。承包人应自行准备试车记录，发包人应为承包人试车提供便利和协助。

监理工程师不能按时参加试车，应至少在开始试车前24小时发出延期试车指令并书面说明理由，延期不能超过48小时。监理工程师未发出延期试车指令也未能按时参加试车，承包人可自行试车，并认为试车是在监理工程师在场的情况下完成的。试车完成后，承包人应立即向监理工程师提交试车数据的有效证据，监理工程师应认可试车记录。

46.3　单机试车合格，监理工程师应在试车记录上签字，承包人可继续施工或申请办理竣工验收手续。单机试车合格24小时后，监理工程师不在试车记录上签字的，视为监理工程师已认可试车记录。

46.4　设备安装工程具备联动无负荷试车条件时，发包人组织试车，并在试车前48小时以书面形式通知承包人。通知包括试车内容、时间、地点和对承包人的要求，承包人应按要求做好准备工作。试车合格，发包人和承包人应在试车记录上签字。

46.5　试车费用，除非已含在合同价款内，否则，由发包人承担。试车达不到验收要求的，按下列规定处理：

（1）由于设计原因试车达不到验收要求，发包人应要求设计单位修改设计，承包人按修改后的设计重新安装。发包人承担修改设计、拆除及重新安装的全部费用，工期相应顺延。

（2）由于设备制造质量原因试车达不到验收要求，由该责任方负责重新购置或修理，承包人负责拆除和重新安装。设备由承包人采购的，由承包人承担修理或重新采购、拆除及重新安装的费用，工期不予顺延；设备由发包人供应的，发包人承担上述各项费用，并列入合同价款，工期相应顺延。

（3）由于承包人施工原因试车达不到验收要求，承包人按监理工程师要求重新安装和试车，并承担拆除、重新安装和重新试车的费用，工期不予顺延。

46.6　投料试车应在工程竣工验收后由发包人负责。如果发包人要求在工程竣工验收前进行或需要承包人配合时，应事先取得承包人同意，并另行签订补充协议。

47　竣工资料

47.1　工程具备竣工验收条件，承包人应按规定的工程竣工验收技术资料格式和要求，向发包人提交完整的竣工资料及竣工报告，发包人承包人应按第48条规定进行验收。提交上述资料的费用已包含在合同价款中。

47.2　如果承包人不按规定提交竣工资料或提交的资料不符合要求，则认为工程尚未达到竣工条件。

48　竣工验收

48.1　发包人收到承包人提交的竣工报告后，应在竣工报告中承包人提请发包人验收的日期起28天内组织验收，并在验收后14天内予以认可或提出修改意见。验收不合格，承包人按要求修改后再次提请发包人验收，并承担因自身原因造成修改的费用，工期不予顺延。

48.2　发包人收到承包人提交的竣工报告后，在竣工报告中承包人提请发包人验收的日期起28天内不组织验收，或验收后14天内不提出修改意见，视为竣工报告已被认可。

48.3　发包人收到承包人提交的竣工报告后，在竣工报告中承包人提请发包人验收的日期起28天内不组织验收，从第29天起承担工程照管和一切意外责任。

48.4　竣工报告被认可，则表明已完成工程，并视为通过竣工验收，发包人应向承包人颁发工程竣工验收证书。

48.5　中间交工工程的范围及其计划竣工时间，发包人承包人应在专用条款中约定，其验收程序按第48.1款至第48.4款规定办理。

48.6　工程未经竣工验收或竣工验收未通过的，发包人不得使用。发包人强行使用的，视为工程质量合格，由此发生的质量问题及其他问题，由发包人承担责任。

48.7　工程竣工验收时发生工程质量争议，由双方同意的工程质量检测机构鉴定，工程质量符合国家规定的标准的，由发包人承担所需费用，工期相应顺延；工程质量不符合国家规定的标准的，承包人应按要求修改后再次提请发包人验收，并承担修改的费用，工期不予顺延。

49　质量保修

49.1　承包人应在质量保修期内对交付发包人使用的工程承担质量保修责任，并在签订本合同的同时，与发包人签订“工程质量保修书”，作为本合同的附件(附件3)。

49.2　质量保修期从竣工验收合格之日起计算，保修期由发包人承包人根据国家有关规定在附件3中约定。在质量保修期内，发包人发现质量缺陷的，应及时通知承包人修正，承包人应在收到通知后的7天内派人修正；发生紧急抢修事故的，承包人应在接到通知后立即到达事故现场抢修。

49.3　如果承包人未能在规定时间内修正质量缺陷，则发包人可自行或指派第三方修正缺陷，因此产生的费用由承包人承担。

49.4　承包人修正属于质量缺陷以外的费用，由责任方承担。

六、工程造价

50　合同价款的确定方式

50.1　招标工程的合同价款由发包人承包人依据中标通知书中的中标价格在本合同协议书中约定。非招标工程的合同价款由发包人承包人依据工程量清单报价书或预算在本合同协议书中约定。

50.2　合同价款在协议书中约定后，任何一方不得擅自改变。下列三种确定合同价款的方式，双方可在专用条款中约定采用其中一种：

(1) 采用固定单价方式确定合同价款。执行《建设工程工程量清单计价规范》和黑龙江省关于工程量清单计价的有关规定。

(2) 采用固定总价方式确定合同价款。执行现行黑龙江省预算定额、费用定额有关计价规定，或者执行《建设工程工程量清单计价规范》和黑龙江省关于工程量清单计价的有关规定（按照《黑龙江省实施〈建设工程价款结算暂行办法〉细则》）的规定，工期较短、技术不复杂、风险不大且合同总价在200万元以内的工程，可以采用此方式）。

(3) 采用可调价格方式确定合同价款。执行现行黑龙江省预算定额、相应的费用定额及有关计价规定。

51　合同价款的调整

51.1　采用50.2 (1) 款方式确定合同价款的，合同价款的调整因素包括：

(1) 工程量的偏差；

(2) 工程变更;

(3) 法律、法规、国家有关政策及物价的变化;

(4) 费用索赔事件或发包人负责的其他情况;

(5) 工程造价管理机构发布的造价调整;

(6) 一周内非承包人原因停水、停电、停气造成的停工累计超过8小时;

(7) 专用条款约定的其他调整因素。

本款(1)、(2)、(3)调整因素应分别按第56、57、58、72、73条的规定调整合同价款。

51.2 采用50.2(2)款方式确定合同价款的,双方在专用条款中约定合同价款包含的风险范围和风险费用的计算方法,在约定的风险范围内合同价款不再调整。风险范围以外的合同价款调整方法,双方应当在专用条款中约定。包括以下调整因素:

(1) 工程变更;

(2) 法律、法规、国家有关政策及物价的变化;

(3) 费用索赔事件或发包人负责的其他情况;

(4) 一周内非承包人原因停水、停电、停气造成的停工累计超过8小时;

(5) 专用条款约定的其他调整因素。

本款(1)、(2)调整因素应分别按第56、57、58条的规定调整合同价款。

51.3 采用50.2(3)款方式确定合同价款的,双方在专用条款中约定合同价款的调整方法、材料价差的调整方法、各项费率的具体标准等。合同价款的调整因素包括:

(1) 工程变更;

(2) 法律、法规和国家有关政策变化;

(3) 费用索赔事件或发包人负责的其他情况;

(4) 工程造价管理机构发布的造价调整;

(5) 一周内非承包人原因停水、停电、停气造成的停工累计超过8小时;

(6) 专用条款约定的其他调整因素。

本款(1)、(2)调整因素应分别按第56、57、58.2条的规定调整合同价款。

如果施工过程中不发生第56条规定的工程变更,投标书或预算书中的工程量不予调整。

52 工程计量和计价

52.1 工程的计量和计价由造价工程师(或造价员)负责。造价工程师(或造价员)应按照合同约定,依据国家标准《建设工程工程量清单计价规范》、黑龙江省消耗量定额、黑龙江省预算定额(估价表)、黑龙江省建筑安装工程费用定额和黑龙江省有关计价规定进行工程计量和计价。

52.2 承包人应按第62.1款规定向造价工程师(或造价员)提交已完工程款额报告。造价工程师(或造价员)应在收到报告后的7天内核实工程量,并将核实结果通知承包人、抄报发包人,作为工程计价和工程款支付的依据。

52.3 当造价工程师(或造价员)进行现场计量时,应在计量前24小时通知承包人，承包人应为计量提供便利条件并派人参加。承包人收到通知后不派人参加计量，视为认可计量结果。造价工程师（或造价员）不按约定时间通知承包人，致使承包人未能派人参加计量，计量结果无效。

52.4　造价工程师（或造价员）收到承包人按第62.1款规定提交的已完工程款额报告后7天内，未进行计量或未向承包人通知计量结果的。从第8天起，承包人报告中开列的工程量即视为被确认，作为工程计价和工程款支付的依据。

52.5　如果承包人认为造价工程师（或造价员）的计量结果有误，应在收到计量结果通知后的7天内向造价工程师（或造价员）提出书面意见，并附上其认为正确的计量结果和详细的计算过程等资料。造价工程师（或造价员）收到书面意见后，应立即会同承包人对计量结果进行复核，确定计量结果，同时通知承包人、抄报发包人。承包人对复核计量结果仍有异议或发包人对计量结果有异议的，按照第67条规定处理。

52.6　对承包人超出设计图纸范围和因承包人原因造成返工的工程量，造价工程师不予计量。

53　预留金

53.1　预留金是招标人为可能发生的工程量变更而预留的金额。

53.2　经发包人批准后，监理工程师应就承包人实施第53.1款规定的工作发出指令。造价工程师（造价员）就此项指令提出所需价款，经发包人确认后支付。

53.3　造价工程师有要求时，承包人应提供使用预留金的所有报价单、发票、账单或收据。

54　零星工作项目费

54.1　承包人投标文件（或预算书）中的零星工作项目单价用于少量额外工作计价。经发包人批准后，监理工程师应就使用零星工作项目费的工作发出书面指令。造价工程师（造价员）按实际数量和承包人投标文件（或预算书）中的零星工作项目单价的乘积计算并提出此类工作所需价款，经发包人确认后向承包人支付。

54.2　所有按零星工作项目方式支付的工作，承包人应按零星工作项目表格做好记录。当此工作持续进行时，承包人应每天将记录完毕的零星工作项目表一式2份送交给监理工程师。监理工程师在收到承包人提交记录的2天内予以确认，并将其中一份返还给承包人，作为工程计价和工程款支付的依据。逾期未确认或未提出修改意见的，视为监理工程师已认可记录。

54.3　零星工作项目费与工程进度款同期支付。每个支付期末，承包人应按第62.1款规定向发包人提交本期间所有零星工作项目记录汇总表，以说明本期间自己认为有权获得的零星工作项目费。

55　提前竣工奖与误期赔偿费

55.1　发包人承包人可在专用条款中约定提前竣工奖，明确每日历天应奖额度。约定提前竣工奖的，如果承包人的实际竣工日期早于协议书约定的竣工日期或监理工程师同意顺延的竣工日期，承包人有权向发包人提出并得到提前竣工奖。除专用条款另有约定外，提前竣工奖的最高限额为合同价款的5%。提前竣工奖列入竣工结算文件中，与竣工结算款一并支付。

55.2　发包人承包人应在专用条款中约定误期赔偿费，明确每日历天应赔付额度。如果承包人的实际竣工日期迟于协议书约定的竣工日期或监理工程师同意顺延的竣工日期，发包人有权向承包人索取专用条款中约定的误期赔偿费。除专用条款另有约定外，误期赔偿费的最高限额为合同价款的5%。发包人可从应支付或到期应支付给承包人的款项中扣除误期赔偿费。如果在工程竣工之前，发包人已对合同工程内的某单项工程签发了竣工验收证书，且竣工验收证书中表明的竣工日期并未延误，而是工程的其他部分产生了工期延误，则误期赔偿费应按已签发竣工验收证书的工程价值占合同价款的比例予以减少。

56　工程变更

56.1　没有监理工程师指令并取得发包人批准，承包人应按合同约定施工，不得进行任何变更。工程量的偏差不属于工程变更，该项工程量增减不需要任何指令。

56.2　合同履行期间，发包人可对工程或其任何部分的形式、质量或数量做出变更。为此，监理工程师应至少提前14天以书面形式向承包人发出变更指令，提供变更的相应图纸及其说明等资料。承包人应按照监理工程师发出的变更指令和要求，及时进行工程变更。变更项目包括：

(1) 本合同中任何工程数量的改变（不含工程量的偏差）；

(2) 任何工作的删减，但不包括取消拟由发包人或其他承包人实施的工程；

(3) 任何工作内容的性质、质量或其他特征的改变；

(4) 工程任何部分的标高、基线、位置和（或）尺寸的改变；

(5) 工程完工所必须的任何附加工作的实施；

(6) 工程的施工次序和时间安排的改变。

56.3　合同履行期间，承包人可以提出工程变更建议。变更建议应以书面形式向监理工程师提出，同时抄送发包人，详细说明变更的原因、变更方案及合同价款的增减情况。

发包人采纳承包人的建议给发包人带来的利益，由发包人承包人另行约定分享比例。

56.4　如果发包人要求承包人提交一份工程变更建议书，则承包人应在7天内做出书面回应，该建议书的内容至少应包括：

(1) 对所涉及工作的说明，以及实施的进度计划；

(2) 对原进度计划做出的必要修改；

(3) 因变更所需调整的金额。

发包人应在接到建议书后的7天内予以答复。在等待答复期间内，承包人不得延误任何工作。

56.5　工程变更不应使合同作废或无效。工程变更导致合同价款的增减，按第57条规定确定，工期相应调整。但是，如果变更是由于下列原因导致或引起的，则承包人无权要求任何额外或附加的费用，工期不予顺延：

(1) 为了便于组织施工需采取的技术措施的变更或临时工程的变更；

(2) 为了施工安全、避免干扰等原因需采取的技术措施的变更或临时工程的变更;

(3) 因承包人的违约、过错或承包人负责的其他情况导致的变更。

57 工程变更价款的确定

57.1 承包人应在工程变更确定后的14天内向造价工程师(或造价员)提出工程变更价款报告;如承包人未在工程变更确定后的14天内提出工程变更价款报告,则造价工程师(或造价员)可以在报经发包人批准后,根据掌握的实际资料决定是否调整合同价款以及调整的金额。变更合同价款按下列方法进行:

(1) 合同中已有适用于变更工程的价格,按合同已有的价格变更合同价款;

(2) 合同中只有类似于变更工程的价格,可以参照类似价格变更合同价款;

(3) 合同中没有适用或类似于变更工程的价格,由承包人提出适当的变更价格,经造价工程师(或造价员)核实,并经发包人确认后执行。

57.2 造价工程师(或造价员)在收到工程变更价款报告之日起14天内对其核实,并予以确认或提出修改意见。造价工程师(或造价员)在收到工程变更价款报告之日起14天内未确认也未提出修改意见的,视为工程变更价款报告已被确认。造价工程师(或造价员)提出修改意见的,双方应在承包人收到修改意见后的14天内进行协商确定;协商不能达成一致的,由造价工程师(或造价员)暂定工程变更价款,通知承包人并抄报发包人。工程变更价款被确认或被暂定后列入合同价款,与工程进度款同期支付。

57.3 如果因为非承包人原因删减了合同中的某项原定工作或工程,致使承包人发生的费用或(和)预期收益不能被包括在其他已支付或应支付的项目中,也未包含在任何替代的工作或工程中,则承包人有权按照本条规定提出和得到补偿。

58 法律、法规、国家有关政策及物价的变化

58.1 合同履行期间,当工程造价管理机构发布的人工、材料、设备价格或机械台班价格涨落超过合同工程基准期(招标工程为递交投标文件截止日期前28天;非招标工程为订立合同前28天。下同)价格10%或者专用条款中约定的幅度时,发包人承包人不利一方应在事件发生的14天内通知另一方,超过10%(或专用条款中约定的幅度)的部分,按专用条款中约定的调整方法调整合同价款。否则,除征得有利一方同意外,合同价款不作调整。

58.2 如果在合同工程基准期以后,国家或省颁布的法律、法规出现修改或变更,且因执行上述法律、法规致使承包人在履行合同期间的费用发生了第58.1款规定以外的增减,则应调整合同价款。调整的合同价款由承包人依据实际变化情况提出,经造价工程师(或造价员)核实,并经发包人确认后调整合同价款。

59 支付事项

59.1 发包人应按下列规定向承包人支付工程款及其他各种款项:

(1) 预付款按第60条的规定支付;

(2) 安全生产措施费按第61条规定支付;

(3) 进度款按第62条的规定支付;

(4) 竣工结算款按第64条的规定支付;

(5) 质量保证金按第65条的规定支付。

59.2 如果发包人支付延迟,则承包人有权按专用条款约定的利率计算和得到利息。计息时间从应支付之日算起直到该笔延迟款额支付之日止。专用条款没有约定利率的,按照中国人民银行发布的同期同类贷款利率计算。

59.3 如果造价工程师(或造价员)有要求,承包人应向造价工程师提供其对雇员劳务工资、分包人已完工程和供应商已提供材料设备的支付凭证。如果承包人未能提供上述凭证,视为承包人未向雇员、分包人、供应商支付。

59.4 如果承包人不按雇员劳动合同和政府有关规定支付雇员劳务工资、或不按分包合同支付分包人工程款、或不按购销合同支付材料设备供应商货款的,可认为承包人违约。若在造价工程师(或造价员)书面通知之后的7天内,承包人仍未采取措施补救的,发包人可在不损害承包人其他权利的前提下,实施下列工作:

(1) 立即停止向承包人支付应付的款项;

(2) 在合同履行相应时期的工程价款范围内,直接向雇员、分包人和材料设备供应商支付承包人应付的款项。

发包人在实施上述工作后的14天内应以书面形式通知承包人,抄送造价工程师(造价员)。下期支付时,应扣除已由发包人直接支付的款项。因上述工作发生的费用由承包人承担;给发包人造成损失的,承包人应赔偿损失。

59.5 除非经承包人同意,否则,本条规定的各种款项的支付必须以法定货币形式支付,不得以实物或有价证券抵付。

60 预付款

60.1 发包人应在合同约定的开工之日前7天内预付工程款,双方在专用条款中约定预付工程款的金额(扣除安全生产措施费)和支付办法。重大工程项目可按年度施工进度或投资计划逐年预付。

60.2 发包人没有按时支付预付款的,承包人可在付款期限满后向发包人提出付款要求,发包人在收到付款要求后的7天内仍未按要求支付的,承包人可在提出付款要求后的第8天起暂停施工,因此造成的损失由发包人承担,工期相应顺延。

60.3 发包人不应向承包人收取预付款的利息。预付款应依据专用条款约定的抵扣方式,从应支付给承包人的款项中扣回。

61 安全生产措施费

61.1 发包人承包人应按黑龙江省建设行政主管部门的规定,在专用条款中明确安全生产措施费的内容、范围和金额,并按第37条规定做好安全生产和文明施工工作。专用条款没有约定的,安全生产措施费的内容、范围和金额应以黑龙江省现行有关规定为准。

61.2 发包人承包人应按黑龙江省建设行政主管部门的规定在专用条款中明确安全生产措施费的预付金额、预付时间、支付办法和抵扣方式。合同工期在一年以内的,预付安全生产措施费不得低于该费用总额的50%,合同工期在一年以上的（包括一年）预付安全生产措施费不得低于该费用总额的30%，其余部分在该预付款扣完之日起与工程进度款同期支付。工程结算时，安全生产措施按黑龙江省建设行政主管部门的规定计取。

61.3　安全生产措施费专款专用，设专项资金账户，承包人应在财务账目中单独列项备查，不得挪作他用，否则造价工程师（或造价员）有权责令限期改正；逾期未改正的，可以责令暂停施工，因此造成的损失由承包人承担，延误的工期不予顺延。

62　进度款

62.1　发包人承包人应在专用条款中明确进度款的支付期的时限。专用条款没有约定的，支付期间按月为单位。承包人应在每个支付期间结束后的7天内向造价工程师（或造价员）发出由承包人代表签署的已完工程款额报告，详细说明此支付期间自己认为有权获得的款额，包括分包人、指定分包人已完工程的价款，并抄送发包人和监理工程师各一份。

已完工程款额报告应包括已完工程的工程量和工程价款、已经支付的工程价款、本期完成的工程量和工程价款、其他应在本期结算的工程价款、按合同约定应在本期扣除的工程价款、本期应支付的工程价款。

62.2　造价工程师（或造价员）在收到上述资料后，应按第52条的规定进行计量，并报送发包人确认。发包人应在造价工程师（或造价员）报送计量结果后3天内予以确认，并向承包人支付进度款。

62.3　如果造价工程师未在第62.2款规定的期限内进行计量，则视为承包人的已完工程款额报告已被认可，承包人可向发包人发出要求付款的通知。发包人应在收到通知后的7天内，按承包人已完工程款额报告中的金额支付进度款。

62.4　发包人未按第62.2款和第62.3款规定支付进度款的，承包人有权根据第59.2款规定获得延迟支付的利息，并可向发包人提出付款要求。发包人在收到付款要求后的7天内仍未按要求支付的，承包人可在提出付款要求后的第8天起暂停施工，因此造成的损失由发包人承担，工期相应顺延。

62.5　造价工程师（或造价员）有权在支付进度款时修正以前各期支付中的错误。如果工程或其任何部分没有达到质量要求，造价工程师有权在任何一期支付进度款时扣除该项价款。

63　费用索赔

63.1　如果承包人根据合同约定提出任何费用或损失的索赔时，应在该索赔事件首次发生的14天内向造价工程师（或造价员）发出索赔意向书，并抄送发包人。

63.2　在索赔事件发生时，承包人应保存当时的记录，作为申请索赔的凭证。造价工程师（或造价员）在接到索赔意向书时，无需认可是否属于发包人责任，应先审查记录并可指示承包人进一步做好补充记录。承包人应配合造价工程师（或造价员）审查其记录，在造价工程师（或造价员）有要求时，应当向造价工程师（或造价员）提供记录的复印件。

63.3　在发出索赔意向书后的14天内，承包人应向造价工程师（或造价员）

提交索赔报告和有关资料。如果索赔事件持续进行时，承包人应每隔 7 天向造价工程师（或造价员）发出索赔意向书，在索赔事件终了后的 14 天内，提交最终索赔报告和有关资料。

63.4　如果承包人提出的索赔未能遵守第 63.1 款至第 63.3 款，则承包人无权获得索赔或只限于获得由造价工程师按提供记录予以核实的那部分款额。

63.5　造价工程师（或造价员）在收到承包人提供的索赔报告和有关资料后的 28 天内予以核实或要求承包人进一步补充索赔理由和证据，并与发包人和承包人协商确定承包人有权获得的全部或部分的索赔款额；协商不能达成一致的，由造价工程师（或造价员）暂定，通知承包人并抄报发包人。如果造价工程师（或造价员）在规定期限内未予答复也未对承包人做出进一步要求，视为该项索赔已经认可。

63.6　承包人未能按合同约定履行各项义务或发生错误，给发包人造成损失，发包人可按本条规定的时限和要求向承包人提出索赔。

63.7　造价工程师（或造价员）应将根据第 63.5 款和第 63.6 款规定确定或暂定的结果通知承包人并抄报发包人。索赔款额列入合同价款，与工程进度款或竣工结算款同期支付或扣回。

64　竣工结算

64.1　发包人承包人应按财政部、建设部颁发的《建设工程价款结算暂行办法》规定的程序和时限办理竣工结算。在办理竣工结算期间，按第 59 条规定的支付不停止。

64.2　承包人应在提交竣工报告的同时向造价工程师（或造价员）递交由承包人签署的竣工结算报告，并附上完整的结算资料，同时抄送发包人和监理工程师各一份。

在未取得延期的情况下，承包人未按本款规定的时间递交竣工结算报告的，造价工程师（或造价员）可根据自己掌握的情况编制竣工结算文件，在报经发包人批准后作为竣工结算和支付的依据，承包人应予以认可。

64.3　造价工程师（或造价员）在收到承包人按第 64.2 款规定递交的报告和资料后，应按照第 64.1 款规定的时限进行核实，并向承包人提出核实意见（包括进一步补充资料和修改结算文件），同时抄报发包人。承包人在收到核实意见后的 14 天内按造价工程师（或造价员）提出的合理要求补充资料，修改竣工结算报告，并再次递交竣工结算报告和结算资料。

造价工程师（或造价员）在收到报告和资料后未按照第 64.1 款规定的时限进行核实的，视为造价工程师（或造价员）对承包人递交的竣工结算报告和结算资料已核实无误。

64.4　造价工程师应在收到承包人按第 64.3 款规定再次递交的报告和资料后，应按照第 64.1 款规定的时限进行复核，并将复核结果通知承包人、抄报发包人。

（1）经复核无误的，除属于第 67 条规定的争议外，发包人应在 7 天内予以认可并在竣工结算报告上签字确认，竣工结算报告生效。

(2) 经复核认为有误的：无误部分按本款第（1）点规定办理不完全竣工结算；有误部分由造价工程师（或造价员）与发包人承包人协商解决，或按照第67条规定处理。

64.5　发包人应在竣工结算报告生效后的14天内向承包人支付竣工结算价款。承包人收到竣工结算价款后14天内将竣工工程交付发包人。

64.6　发包人未按第64.5款规定支付竣工结算价款的，承包人有权依据第59.2款规定取得延迟支付的利息，并可催告发包人支付结算价款。竣工结算报告生效后28天内仍未支付的，承包人可与发包人协商将该工程折价，也可直接向人民法院申请将该工程依法拍卖，承包人就该工程折价或拍卖价款优先受偿。

64.7　承包人未按64.2款规定向发包人提交竣工结算报告及完整的结算资料，拖延工程竣工结算的，发包人要求交付工程，承包人应当交付；发包人不要求交付工程，承包人承担照管工程责任。

64.8　因工程性质或政府管理等方面的需要，发包人对工程竣工结算有特殊要求的，应在专用条款中约定。

65　质量保证金

65.1　质量保证金是用于承包人对工程质量的担保。承包人未按约定及有关法律法规的规定履行质量保修义务的，发包人有权从质量保证金中扣留用于质量返修的各项支出。

65.2　除专用条款中另有约定外，质量保证金为合同价款的5%，发包人将按该比例从每次应支付给承包人的工程款中扣留。

65.3　工程竣工验收合格满二年后的28天内，发包人应将剩余的质量保证金和利息返还给承包人。剩余质量保证金的返还，并不能解除承包人按合同约定应负的质量保修责任。

66　其他

本合同中对有关工程造价、支付事项、竣工结算、保修、索赔、工程变更、计价依据等事项没有约定或约定不明确的，按照《黑龙江省建设工程造价计价管理办法》、《黑龙江省实施（建设工程价款结算暂行办法）细则》、黑龙江省工程造价计价依据等有关规定执行。

七、合同争议、解除与终止

67　合同争议

67.1　本合同履行期间，合同双方应在收到监理工程师或造价工程师（或造价员）依据合同约定做出暂定结果之后的14天内，对暂定结果予以确认或提出意见。

合同双方对暂定结果认可的，应以书面形式予以确认，暂定结果成为最终决定，对合同双方都有约束力，合同双方或一方不同意暂定结果的，应以书面形式向监理工程师或造价工程师（或造价员）提出，说明自己认为正确的结果，同时抄送另一方，此时该暂定结果成为争议。除非本合同已解除，在暂定结果不实质影响双方履约的前提下，双方应尽量实施该结果，直到其被改变为止。

合同双方在收到监理工程师或造价工程师（或造价员）的暂定结果之后的14天内，未对暂定结果予以确认也未提出意见的，视为合同双方已认可暂定结果。

67.2 争议发生后的14天内，合同双方可进一步进行协商。协商达成一致的，双方应签订书面协议，并将结果抄送监理工程师或造价工程师（或造价员）；协商仍不能达成一致的，按第67.3款至第67.5款规定进行调解或认定、仲裁或诉讼。

67.3 合同双方没有按第67.2款规定进一步协商的，或虽然协商但未在规定期限内达成一致的，合同双方或一方应在争议发生后的28天内，将争议提交有关部门调解或认定，或直接按第67.5款规定提请仲裁或诉讼。

合同双方或一方逾期既未将争议提交有关部门调解或认定，也未提请仲裁或诉讼的，视为合同双方已认可暂定结果，暂定结果成为最终决定，对合同双方都有约束力。

67.4 有关主管部门在收到争议调解或认定请求后，可组织调查、勘察、计量等工作，合同双方应为其开展工作提供便利和协助。有关主管部门应就争议做出书面调解或认定结果，并通知合同双方。

67.5 合同双方协商不成或对有关主管部门做出的书面调解认定结果不认可，可按专用条款约定的下列一种方式解决争议：

(1) 向约定的仲裁委员会申请仲裁；

(2) 向有管辖权的人民法院提起诉讼。

67.6 争议期间，除出现下列情况，双方都应继续履行合同，保持施工连续，保护好已完工程：

(1) 双方协议停止施工；

(2) 一方违约导致合同确已无法履行而停止施工；

(3) 调解时双方同意停止施工；

(4) 仲裁机构法院认为需要停止施工。

68 合同解除

68.1 发包人承包人协商一致，可以解除合同。

68.2 因不可抗力致使合同无法继续履行，发包人承包人可以解除合同。

68.3 承包人有下列情形之一者，发包人可以解除合同：

(1) 承包人未能在规定的开工期限内开工，经监理工程师催告后的28天内仍未开工的；

(2) 进度计划未表明有停工而且监理工程师也未授权停工，但承包人停止施工时间持续达28天或累计停止施工时间达42天的；

(3) 承包人破产或清偿的，但为机构重组或联合的目的除外；

(4) 承包人拖延完工而可偿付的误期赔偿费已达专用条款约定最高限额的；

(5) 承包人明确表示不履行合同规定的主要义务的；

(6) 承包人未遵守合同约定或监理工程师的指令，经监理工程师书面指出后仍未按要求改正的；

(7) 承包人在投标过程中或履行合同期间参与欺诈行为的；

（8）承包人转包工程、违法分包或未经许可擅自分包工程的；

（9）承包人严重违反合同的其他违约行为。

在上述情况下，发包人可自行或指派第三方实施、完成合同工程或其任何部分，并可使用根据第12.2款留下的承包人施工机械、周转性材料和临时工程，直至工程完成为止。

68.4　发包人有下列情形之一者，承包人可以解除合同：

（1）非承包人原因不能在规定期限内开工，经承包人催告后的28天内仍无法开工的；

（2）非承包人原因造成暂停施工持续了84天以上或累计停工时间超过了140天的；

（3）发包人破产或清偿的，但为机构重组或联合的目的除外；

（4）发包人未按合同约定向承包人支付工程款，经承包人催告后的28天内仍未支付的；

（5）发包人未履行合同约定的义务，致使承包人无法继续施工的；

（6）发包人提供的设计图纸存在缺陷或供应的材料设备不符合强制性标准，致使承包人无法施工，经承包人催告后28天内仍未修正或更换的；

（7）发包人严重违反合同的其他违约行为。

68.5　合同一方根据第68.2款至第68.4款规定要求解除合同的，应以书面形式向另一方发出解除合同的通知，对方收到通知时合同即告解除。对解除合同有争议的，应按第67条规定处理。

68.6　合同一旦解除，承包人应立即停止施工，保证现场安全，尽快撤离现场，并将所有与本合同有关的施工文件、设计文件移交给监理工程师。发包人应为承包人的撤离提供便利和协助。

69　合同解除的支付

69.1　根据第68.1款规定解除合同的，按达成的协议办理结算和支付工程价款。

69.2　根据第68.2款规定解除合同的，发包人应向承包人支付合同解除之日前已完成的尚未支付的工程款。此外，发包人还应支付下列款项：

（1）已实施或部分实施的措施项目费应付款额；

（2）承包人为工程合理订购且已交付的材料设备款额。发包人一经支付此项款额，该材料设备即成为发包人的财产；

（3）承包人为完成合同工程而预期开支的任何合理款额，且该项款额未包括在本款其他各项支付之内；

（4）根据第25.3款规定的任何工作应得到的款额；

（5）根据第68.6款规定承包人撤离现场所需的合理款额，包括雇员遣送费和临时工程的拆除、施工机械运离现场的款额。

发包人承包人按第64条规定办理，但扣除合同解除之日前发包人应向承包人收回的任何款额。如果应扣除的款额超过了应向承包人支付的款额，则承包人应在合同解除后的56天内将其差额退还给发包人。

69.3　根据第68.3款规定解除合同的，发包人暂停向承包人支付任何款额，造价工程师（或造价员）应在合同解除后的28天内核实合同解除时承包人已完成的全部工程价款以及已运至现场的材料设备的价款，并扣除误期赔偿费（如有）和发包人已支付给承包人的各项款额，同时将结果通知承包人并抄报发包人。发包人承包人应在收到核实结果后的28天内予以确认或提出意见，并按64.4款第（1）点、第（2）点规定办理。如果应扣除的款额超过了应向承包人支付的款额，则承包人应在合同解除后的56天内将其差额退还给发包人。

69.4　根据第68.4款规定解除合同的，发包人除应按第69.2款规定向承包人支付各项款额外，还应支付给承包人由于合同解除而引起的或涉及的对承包人的损失或损害的款额。该笔款额由承包人提出，造价工程师（或造价员）核实后与发包人承包人协商确定，并在确定后的14天内支付给承包人。协商不能达成一致的，按照第67条规定处理。

70　合同终止

70.1　合同解除后，除双方享有第67条至第69条规定的权利外，本合同即告终止，但不损害因一方在此以前的任何违约而使另一方应享有的权利，也不影响双方在合同中约定的结算和清理条款的效力。

70.2　除第49条和第65条规定的工程质量保修外，发包人承包人履行完合同全部义务，发包人向承包人支付竣工结算价款完毕，承包人向发包人交付竣工工程后，本合同即告终止。

70.3　本合同的权利义务终止后，发包人承包人仍应当遵循诚实信用原则，履行通知、协助、保密等义务。

八、采用工程量清单计价的工程应特别遵循的约定

71　工程量

71.1　工程量清单中开列的工程量应包括由承包人完成施工、安装等工作内容，其任何遗漏或错误既不能使合同无效，也不能免除承包人按照图纸、标准与规范实施合同工程的任何责任。对于依据图纸、标准与规范应在工程量清单中计量但未计量的工作，应根据第57条规定确定合同价款的增加额。

71.2　工程量清单中开列的工程量是根据工程设计图纸提供的预计工程量，不能作为承包人履行合同义务中应予完成合同工程的实际和准确工程量。

发包人应按承包人实际完成的工程量及其在工程量清单项目中填报的综合单价的乘积向承包人支付工程价款。

72　工程量的偏差

72.1　工程量的偏差是指承包人按招标工程招标时（非招标工程按合同签订时）的图纸（含经发包人批准由承包人提供的图纸和履行本合同的相关大样图等）实施、完成工程的实际工程量与工程量清单开列的工程量之间的偏差。

72.2　对于任一分部分项工程的清单项目，如果因本条规定工程量的偏差和第56条规定工程变更等原因导致最终完成的工程量与工程量清单中开列的工程量相差15％以上，则超过15％幅度以外的，其增加部分的工程量或减少后剩余部分

的工程量的综合单价，除专用条款另有约定外，由承包人按第64.2款规定在递交竣工结算文件时向发包人提出调整后的清单项目综合单价，按以下规定调整分部分项工程清单项目结算价：

(1) 当$Q_1>1.15Q_0$时，$C=1.15Q_0\times P_0+(Q_1-1.15Q_0)\times P_1$

(2) 当$Q_1<0.85Q_0$时，$C=Q_1\times P_1$

式中　C——调整后的分部分项工程清单项目结算价；

Q_1——最终完成的工程量；

Q_0——工程量清单中开列的工程量；

P_1——调整后的清单项目综合单价；

P_0——承包人在报价文件中填报的综合单价。

以上调整由造价工程师(或造价员)按照64.3款规定在核实竣工结算时予以核实，并经发包人确认后计入竣工结算。

72.3　如果工程量的偏差使分部分项工程项目费的变化超过了15%，则分部分项工程项目费超过15%部分的措施项目费应予调整。除专用条款另有约定外，由承包人按第64.2款规定在递交竣工结算文件时向发包人提出，并按以下规定调整措施项目费：

(1) 当$S_1>1.15S_0$时，$M_1=M_0\times(S_1/S_0-0.15)$

(2) 当$S_1<0.85S_0$时，$M_1=M_0\times(0.15+S_1/S_0)$

式中　S_1——最终完成的分部分项工程项目费；

S_0——承包人报价文件中填报的分部分项工程项目费；

M_1——调整后的结算措施项目费；

M_0——承包人在报价文件中填报的措施项目费。

以上调整由造价工程师(或造价员)按照64.3款规定在核实竣工结算时予以核实，并经发包人确认后计入竣工结算。

73　工程变更造成措施项目变化，措施项目费的确定

当工程变更将造成措施项目发生变化时，承包人有权提出调整措施项目费。承包人提出调整措施项目费的，应事先将拟实施的方案提交监理工程师确认，并详细说明与原方案措施项目的变化情况。拟实施的方案经监理工程师认可，并报发包人批准后执行。

工程变更部分的措施项目费，由承包人按实际发生的措施项目，依据变更工程资料、计量规则和计价办法、工程造价管理机构发布的参考价格，按64.2款规定在递交竣工结算文件时向发包人提出调整价款，由造价工程师(或造价员)按照64.3款规定在核实竣工结算时予以核实，并经发包人确认后计入竣工结算。

如果承包人未按本条规定事先将拟实施的方案交给监理工程师，则认为工程变更不引起措施项目费的调整或承包人放弃调整措施项目费的权利。

九、其他

74　税费缴纳

74.1　发包人、承包人及其分包人按照国家现行税法和有关部门现行规定缴纳合同工程需缴的一切税费。

74.2　合同任何一方没交或少交合同工程需缴税费的，由违法方承担一切责任；给另一方造成损失的，应赔偿其损失。

75　保密要求

75.1　合同双方应在合同规定期限内提供保密信息。自对方收到保密信息之日起，双方应履行保密义务；除双方另有约定外，保密义务不因合同完成而终止。

75.2　合同双方仅允许因执行本合同而使用另一方提供的保密信息。任何一方不得将另一方相关的或属于另一方所有的保密信息提供给第三方。任何一方不得超出允许范围从另一方复制摘录和转移任何保密信息。任何保密信息的公布，均应事先征得提供方的书面同意。

75.3　双方应以保护自身秘密的谨慎态度采取有效措施保护另一方的保密信息，避免保密信息被不当公开或使用。任何一方若发现有第三方盗用或滥用另一方保密信息时，应及时通知另一方。

75.4　如果法律法规或政府执法、监督管理等有求，合同任何一方应积极配合和支持，并提供需要的保密信息。需提供另一方保密信息的，应立即通知另一方，以便另一方及时履行义务。若另一方未能及时做出回应的，除依法应提供另一方信息外，应尽最大努力维护另一方合法权益。

75.5　保密信息包括但不限于双方确认的信息，以及与材料设备产品、价格、工程设计、图纸、技术、工艺和财务等相关信息。但不包括下述信息：

（1）提供前已由双方所持有的；

（2）已公开发表或非对方原因向公众公开的；

（3）已由各相关方书面同意其公开的；

（4）对方从对保密信息不承担保密义务的第三方合法获得的。

76　合同份数

76.1　除专用条款另有约定外，发包人应按第76.2款、第76.3款规定的份数免费为承包人提供合同文本。

76.2　本合同正本两份，由发包人承包人分别保存一份。

76.3　本合同副本份数，由双方根据需要在专用条款中约定。正本与副本具有同等效力。

77　补充条款

双方根据有关法律、法规、规章及有关文件规定，结合工程实际，经协商一致后，可对本通用条款内容具体化、补充或修改，在专用条款中约定。

主要参考文献

[1] 全国人大常委会法工委研究室．中华人民共和国招标投标法释义．北京：人民法院出版社．1999.

[2] 标准文件编制组．中华人民共和国2007年版标准施工招标资格预审文件使用指南．北京：中国计划出版社．2008.

[3] 本书编写组．中华人民共和国2007年版标准施工招标文件使用指南．北京：中国计划出版社．2008.

[4] 全国人大常委会法工委研究室．中华人民共和国合同法释义．北京：人民法院出版社．1999.

[5] 张毅主编．工程项目建设指南．北京：中国建筑工业出版社．2003.

[6] 黄文杰主编建设工程招标实务．北京：中国计划出版社．2002.

[7] 何红锋著．工程建设中的合同法与招标投标法．北京：中国计划出版社．2002.

[8] 范宏、杨松森．建筑工程招标投标实务．北京：化学工业出版社．2008.

[9] 叶东文、马占福．招标投标法律实务．北京：中国建筑工业出版社．2003.

[10] 孙宏斌．招投标与合同管理．武汉：华中科技大学出版社．2008.

[11] 徐崇禄、董红梅编著．建设工程施工合同系列文本应用．北京：中国计划出版社．2003.

[12] 朱昊主编．建设工程合同管理原理与案例评析．北京：机械工业出版社．2008.

[13] 成虎著．建设工程合同管理与索赔．南京：东南大学出版社．2008.

[14] 朱树英著．工程合同实务问答．北京：法律出版社．2007.

[15] 董平、胡维建主编．工程合同管理．北京：科学出版社．2004.

[16] 谷学良主编．工程招标投标与合同．哈尔滨：黑龙江科学技术出版社．2000.

尊敬的读者：

感谢您选购我社图书！建工版图书按图书销售分类在卖场上架，共设22个一级分类及43个二级分类，根据图书销售分类选购建筑类图书会节省您的大量时间。现将建工版图书销售分类及与我社联系方式介绍给您，欢迎随时与我们联系。

★建工版图书销售分类表（详见下表）。

★欢迎登陆中国建筑工业出版社网站www.cabp.com.cn，本网站为您提供建工版图书信息查询，网上留言、购书服务，并邀请您加入网上读者俱乐部。

★中国建筑工业出版社总编室　电　话：010—58934845
传　真：010—68321361

★中国建筑工业出版社发行部　电　话：010—58933865
传　真：010—68325420
E-mail：hbw@cabp.com.cn

建工版图书销售分类表

一级分类名称（代码）	二级分类名称（代码）	一级分类名称（代码）	二级分类名称（代码）
建筑学（A）	建筑历史与理论（A10）	园林景观（G）	园林史与园林景观理论（G10）
	建筑设计（A20）		园林景观规划与设计（G20）
	建筑技术（A30）		环境艺术设计（G30）
	建筑表现·建筑制图（A40）		园林景观施工（G40）
	建筑艺术（A50）		园林植物与应用（G50）
建筑设备·建筑材料（F）	暖通空调（F10）	城乡建设·市政工程·环境工程（B）	城镇与乡（村）建设（B10）
	建筑给水排水（F20）		道路桥梁工程（B20）
	建筑电气与建筑智能化技术（F30）		市政给水排水工程（B30）
	建筑节能·建筑防火（F40）		市政供热、供燃气工程（B40）
	建筑材料（F50）		环境工程（B50）
城市规划·城市设计（P）	城市史与城市规划理论（P10）	建筑结构与岩土工程（S）	建筑结构（S10）
	城市规划与城市设计（P20）		岩土工程（S20）
室内设计·装饰装修（D）	室内设计与表现（D10）	建筑施工·设备安装技术（C）	施工技术（C10）
	家具与装饰（D20）		设备安装技术（C20）
	装修材料与施工（D30）		工程质量与安全（C30）
建筑工程经济与管理（M）	施工管理（M10）	房地产开发管理（E）	房地产开发与经营（E10）
	工程管理（M20）		物业管理（E20）
	工程监理（M30）	辞典·连续出版物（Z）	辞典（Z10）
	工程经济与造价（M40）		连续出版物（Z20）
艺术·设计（K）	艺术（K10）	旅游·其他（Q）	旅游（Q10）
	工业设计（K20）		其他（Q20）
	平面设计（K30）	土木建筑计算机应用系列（J）	
执业资格考试用书（R）		法律法规与标准规范单行本（T）	
高校教材（V）		法律法规与标准规范汇编/大全（U）	
高职高专教材（X）		培训教材（Y）	
中职中专教材（W）		电子出版物（H）	

注：建工版图书销售分类已标注于图书封底。